"十二五"国家重点图书出版规划项目

材料科学研究与工程技术系列

高分子材料科学导论

张德庆　张东兴　刘立柱　主编

陈　平　郭亚军　主审

U0223508

哈尔滨工业大学出版社

内 容 简 介

  本书以满足读者在短时间内了解掌握高分子材料科学基本知识的需要为宗旨,阐述了高分子材料结构与性能、高分子合成化学、高分子材料学及高分子材料成型加工等四个方面的基本内容。每章后附小结、常用术语、习题。论述深入浅出,取材新颖,理论联系实际,注重实用。

  本书是高等学校材料科学与工程专业及化学工程与工艺、应用化学、轻化工程等专业高分子导论课程的教材,同时也是从事高分子材料研究与应用工作的科技人员的参考书。

图书在版编目(CIP)数据

高分子材料科学导论/张德庆等主编. —哈尔滨:哈尔滨工业大学出版社,2012.8(2017.8 重印)
(材料科学与工程系列教材)
ISBN 978 - 7 - 5603 - 1389 - 4

Ⅰ.高… Ⅱ.张… Ⅲ.高分子材料-高等学校-教材
Ⅳ.TB324

中国版本图书馆 CIP 数据核字(2012)第 018867 号

责任编辑 张秀华
封面设计 卞秉利
出版发行 哈尔滨工业大学出版社
社 址 哈尔滨市南岗区复华四道街 10 号 邮编 150006
传 真 0451 - 86414749
网 址 http://hitpress.hit.edu.cn
印 刷 哈尔滨市经典印业有限公司
开 本 787mm×1092mm 1/16 印张 15.75 字数 400 千字
版 次 2012 年 8 月第 1 版 2017 年 8 月第 7 次印刷
书 号 ISBN 978 - 7 - 5603 - 1389 - 4
定 价 36.00 元

(如因印装质量问题影响阅读,我社负责调换)

序　言

　　材料科学与工程系列教材是由哈尔滨工业大学出版社组织国内部分高等院校的专家学者共同编写的一套大型系列教学丛书,其中第一系列和第二系列已分别被列为新闻出版总署"九五"、"十五"国家重点图书出版计划。第一系列共计 10 种已于 1999 年后陆续出版。编写本套丛书的基本指导思想是:总结已有、通向未来、面向 21 世纪,以优化教材链为宗旨,依照为培养材料科学人才提供一个较为广泛的知识平台的原则,并根据培养目标,确定书目和编写大纲及主干内容。为了确保图书品位体现较高水平,编审委员会全体成员对国内外同类教材进行了细致的调查研究,广泛征求各参编院校第一线任课教师的意见,认真分析教育部新的学科专业目录和全国材料工程类专业教学指导委员会第一届全体会议的基本精神,进而制定了具体的编写大纲。在此基础上,聘请国内一批知名专家对本系列教材书目和编写大纲审查认定,最后确定各册的体系结构。

　　经过全体编审人员的共同努力,第二系列 21 种和第三系列 11 种也都已出版发行。值得欣慰的是系列丛书几经修订再版在该领域已经有了广泛的基础,像《材料物理性能》、《材料合成与制备方法》等 10 余种图书被选入教育部普通高等教育"十一五"国家级规划教材。我们热切地期望这套大型系列丛书能够满足国内高等院校材料工程类专业教育改革发展的部分需要,并且在教学实践中得以不断总结、充实、完善和发展。

　　在大型系列丛书的编写过程中,我们注意突出了以下几方面的特色:

　　1.根据科学技术发展的最新动态和我国高等学校专业学科归并的现实需求,坚持面向一级学科、加强基础、拓宽专业面、更新教材内容的基本原则。

　　2.注重优化课程体系,探索教材新结构,即兼顾材料工程类学科中金属材料、无机非金属材料、高分子材料、复合材料共性与个性的结合,实现多学科知识的交叉与渗透。

　　3.反映当代科学技术的新概念、新知识、新理论、新技术、新工艺,突出反映教材内容的现代化。

　　4.注重协调材料科学与材料工程的关系,既加强材料科学基础的内容,又强调材料工程基础,以满足培养宽口径材料学人才的需要。

　　5.坚持体现教材内容深广度适中、够用为原则,增强教材的适用性和针对性。

　　6.在系列教材编写过程中,进行了国内外同类教材对比研究,吸取了国内外同类教材的精华,重点反映新教材体系结构特色,把握教材的科学性、系统性和适用性。

　　此外,本套系列教材还兼顾了内容丰富、叙述深入浅出、简明扼要、重点突出等特色,能充分满足少学时教学的要求。

　　参加本套系列丛书编审工作的单位有:清华大学、哈尔滨工业大学、东北大学、山东大学、装甲兵工程学院、北京理工大学、哈尔滨工程大学、合肥工业大学、燕山大学、北京化工大学、中国海洋大学、上海大学等 50 多所院校近 200 多名专家学者。他们为本套系列教材编审付出了大量的心血,在此,编审委员会对这些同志无私的奉献致以崇高的敬意。

同时,编审委员会特别鸣谢中国科学院院士肖纪美教授、中国工程院院士徐滨士少将、中国工程院院士杜善义和才鸿年教授、全国材料工程类专业教学指导委员会主任吴林教授,感谢他们对本套系列丛书编审工作的指导与大力支持。

限于编审者的水平,疏漏和错误之处在所难免,欢迎同行和读者批评指正。

材料科学与工程系列教材
编审委员会
2007 年 7 月

前　言

　　材料、信息、能源是当代科学技术的三大支柱。材料科学是当今世界的带头学科之一。高分子材料是材料领域之中的后起之秀,它的出现带来了材料领域的重大变革,从而形成了金属材料、无机非金属材料、高分子材料和复合材料多角共存的格局。随着高分子科学和高分子材料科学的建立以及石油化工的蓬勃兴起,形成了新兴而庞大的高分子材料工业。高分子材料在尖端技术、国防工业和国民经济各个领域得到了广泛的应用,已成为现代社会生活中衣、食、住、行、用各方面所不可缺少的材料。

　　高分子材料科学是本世纪20年代由极富创新精神的德国著名科学家H·斯陶丁格尔所开创,是材料科学中一个分支学科。它是研究高分子材料性质,结构和组成,合成和加工,材料的性能(或行为)这四个要素以及它们之间相互关系的一门科学。高分子材料科学是当代科学技术发展中的一个热点,研究开发活动十分活跃。随着高分子材料生产和应用范围越来越大,在现有高分子科学的基础上发展高分子材料科学就十分必要,从而使生产能建立在更合乎科学的基础上,使人们对现有的高分子材料进一步提高性能,找到更广泛而合理的应用。

　　本书主要是为了满足高等工科院校非高分子材料专业的学生和科技工作者的需要而编写的。为此,本书涵盖了高分子化学、高分子物理、高分子材料学、高分子材料成型加工四个大方面的主要内容。在各部分内容的编写上坚持取材新颖,论理深入浅出,理论联系实际,重视应用的基本原则,从而既可使读者在短时间内从一定的深度和广度较为系统地掌握该学科的基本知识和概貌,又能基本了解今后的发展方向。

　　全书共十一章,其中第一、二、三、四、十一章由张德庆编写,第五、六、七、八章由张东兴编写,第九、十章由刘立柱编写。

　　令编者感到荣幸的是,哈尔滨工业大学高分子材料与工程专业博士生导师魏月贞教授为本书作序,哈尔滨理工大学陈平教授和哈尔滨工程大学郭亚军教授任本书主审,对本书提出了许多宝贵的建议,在此表示衷心的感谢。本书引用了许多国内外文献资料,谨此向文献资料的作者致以深切的谢意。

　　由于作者水平有限,本书定有不足之处,热诚欢迎高分子材料科学界的前辈和广大读者批评指正。

编　者

1999 年 3 月

　　虽然在本书的再次印刷中修订了原书中发现的问题和不足,但还是衷心地希望读者对本书提出宝贵意见。

编　者

2000 年 6 月

来信请寄哈尔滨工业大学出版社　张秀华(收)

地址:哈尔滨市南岗区教化街 21 号

邮编:150001

目　录

第一章　绪论 …………………………………………………………………… 1

1.1　高分子材料科学概述 ………………………………………………… 1

1.2　高分子材料分类 ……………………………………………………… 8

小结 ………………………………………………………………………… 10

常用术语 …………………………………………………………………… 10

习题 ………………………………………………………………………… 11

第二章　高分子结构 ………………………………………………………… 12

2.1　高分子分子结构 ……………………………………………………… 12

2.2　高分子聚集态结构 …………………………………………………… 16

2.3　高分子转变和松弛 …………………………………………………… 28

2.4　高分子结构与性能的关系 …………………………………………… 35

小结 ………………………………………………………………………… 36

常用术语 …………………………………………………………………… 37

习题 ………………………………………………………………………… 38

第三章　高分子溶液及相对分子质量 ……………………………………… 40

3.1　高分子溶液基本理论 ………………………………………………… 40

3.2　高聚物相对分子质量及其分布 ……………………………………… 45

3.3　高聚物相对分子质量及其分布的测定 ……………………………… 47

小结 ………………………………………………………………………… 50

常用术语 …………………………………………………………………… 51

习题 ………………………………………………………………………… 52

第四章　高分子材料性能与表征 …………………………………………… 54

4.1　高分子材料的流变特性 ……………………………………………… 54

4.2　高分子材料的机械强度 ……………………………………………… 58

4.3　高分子材料性能的物理试验 ………………………………………… 58

4.4　高分子材料的现代分析简介 ………………………………………… 63

小结 ………………………………………………………………………… 66

常用术语 …………………………………………………………………… 67

习题 ………………………………………………………………………… 67

第五章　逐步聚合反应 ……………………………………………………… 69

5.1　引言 …………………………………………………………………… 69

5.2　一般逐步聚合反应 …………………………………………………… 70

5.3 逐步聚合反应动力学 ……………………………………………………… 74

5.4 逐步聚合反应机理 ………………………………………………………… 80

5.5 合成方法 …………………………………………………………………… 84

小结 …………………………………………………………………………… 91

常用术语 ……………………………………………………………………… 91

习题 …………………………………………………………………………… 92

第六章 自由基聚合反应 ………………………………………………………… 93

6.1 自由基聚合反应机理 ……………………………………………………… 94

6.2 自由基聚合引发剂及引发作用 …………………………………………… 96

6.3 链转移反应 ………………………………………………………………… 101

6.4 自由基共聚合动力学 ……………………………………………………… 105

6.5 聚合方法 …………………………………………………………………… 112

小结 …………………………………………………………………………… 119

常用术语 ……………………………………………………………………… 119

习题 …………………………………………………………………………… 119

第七章 离子及配位聚合 ………………………………………………………… 122

7.1 阳离子聚合 ………………………………………………………………… 122

7.2 阴离子聚合 ………………………………………………………………… 128

7.3 配位聚合简介 ……………………………………………………………… 133

小结 …………………………………………………………………………… 136

常用术语 ……………………………………………………………………… 136

习题 …………………………………………………………………………… 137

第八章 高分子材料的化学反应 ………………………………………………… 138

8.1 引言 ………………………………………………………………………… 138

8.2 高分子材料的反应特点及其影响因素 …………………………………… 139

8.3 分子质量增加的化学反应 ………………………………………………… 141

8.4 分子质量降低的化学反应 ………………………………………………… 152

小结 …………………………………………………………………………… 156

常用术语 ……………………………………………………………………… 156

习题 …………………………………………………………………………… 156

第九章 高分子合成材料 ………………………………………………………… 157

9.1 塑料 ………………………………………………………………………… 157

9.2 橡胶 ………………………………………………………………………… 182

9.3 纤维 ………………………………………………………………………… 189

第十章 高分子材料添加剂 ……………………………………………………… 193

10.1 概述 ……………………………………………………………………… 193

10.2 增塑剂 …………………………………………………………………… 194

10.3 稳定剂 …………………………………………………………………… 196

10.4 填充剂、增强剂和偶联剂 ·· 199

10.5 阻燃剂 ·· 203

小结 ·· 205

常用术语 ·· 206

习题 ·· 207

第十一章 高分子材料成型工艺 ······································· 208

11.1 塑料成型加工 ·· 208

11.2 橡胶成型加工 ·· 218

11.3 化学纤维成型加工 ·· 220

小结 ·· 221

常用术语 ·· 222

习题 ·· 222

参考文献 ··· 224

附录一 常用高聚物英文缩写 ·· 225

附录二 部分常用高分子材料测试标准题录 ······················ 231

第一章 绪 论

1.1 高分子材料科学概述

材料是科学与工业技术发展的基础。一种新材料的出现,能为社会文明带来巨大变化,给新技术的发展带来划时代的突破。材料已当之无愧地成为当代科学技术的三大支柱之一。高分子材料科学尽管只有几十年的历史,但在新材料的发展中尤其引人注目。作为一门学科,高分子材料科学已与金属材料、无机非金属材料并驾齐驱,在国际上被列为一级学科。

高分子材料在自然界中是广泛存在的。从人类出现之前已存在的各种各样动植物,到人类本身,都是由高分子如蛋白质、核酸、多糖(淀粉、纤维素)等为主构成的。自有人类以来,人们的衣、食、住、行就一直在利用着这些天然高分子,须臾不可缺:人们住房建筑用的茅草、木材、竹材;制作交通工具用的木材、竹材、油漆,还有天然橡胶等等,都是高分子。此外,人类历史上早就使用的石棉、石墨、金刚石等也是高分子即天然无机高分子。显然,高分子材料对人类的生存与发展有着特别重要的意义和作用。

虽然人类一直在加工、利用这些天然高分子材料,但是,由于受科学技术发展的限制,长期以来,人们对它的本质可以说是毫无所知。高分子材料工业和高分子科学的发展是很晚才起步的。对天然高分子的化学改性只是从 19 世纪中叶才刚刚开始(橡胶硫化,硝化纤维等)。真正人工合成高分子产品的问世是 20 世纪的事。而在科学上,现代高分子概念在 20 世纪 30 年代才确立并获得公认,至今仅 60 余年。自此之后,尤其自 50 年代以来,伴随着石油化学工业的发展,合成高分子工业的发展迅猛异常,高分子材料的应用越来越广泛,越来越重要。至 80 年代初,全世界整个合成高分子材料(塑料、合成纤维、合成橡胶等)的年产量已达一亿吨以上,在体积上超过了所有金属材料的总和。今天,从最普通的日常生活用品到最尖端的高科技产品都离不开高分子材料。高分子材料是材料领域中发展最为迅速的一类。

高分子材料科学是材料科学中一个重要的分支学科。现代材料科学的范围定义为研究材料性质、结构和组成、合成和加工、材料的性能(或行为)这四个要素以及它们之间的相互关系。高分子材料科学的基本任务是:研究高分子材料的合成、结构和组成与材料的性质、性能之间的相互关系;探索加工工艺和各种环境因素对材料性能的影响;为改进工艺,提高高分子材料的质量,合理使用高分子材料,开发新材料、新工艺和新的应用领域提供理论依据和基础数据。高分子材料科学是一门年轻而新兴的学科,它的发展要求科学和工程技术最为密切地配合,它的进步需要跨部门、多学科的最佳协调和共同参与。

高分子材料科学是当前科学技术发展中的一个热点,研究开发活动十分活跃。随着高分子材料工业生产和应用范围的扩展,在现有高分子科学基础上发展高分子材料科学是十分必要的。这有利于使高分子材料的生产能建立在更合理、更合乎科学的基础上,有利于人们进一步提高现有高分子材料性能,并找到更广泛而合理的应用。更重要的是使人们有可能按应用的需要创造出适用的新材料,达到高分子分子设计和材料设计的目标。

1.1.1 高分子性

在无机化学和有机化学中,人们所接触的主要是无机化合物和基本有机化合物,如氯化钠、碳酸钙、正辛醇、乙酸乙酯等等,其相对分子质量一般均为数百以下,属小分子或低分子。与它们截然不同,高分子是一种许许多多原子由共价键联结而组成的相对分子质量很大($10^4 \sim 10^7$,甚至更大)的化合物。如果把一般的小分子化合物看作为"点"分子,则高分子恰似"一条链"。这条贯穿于整个分子的链称之为高分子的主链。高分子主链的长径比可达 $10^3 \sim 10^5$ 以上。Staudinger 在提出现代高分子的长链概念时,曾强调高分子是用共价键结合起来的大分子。今天,这个定义仍然被人们所沿用。但我们也可以把它的范围稍稍扩充一下:高分子是指其分子主链上的原子都直接以共价键连接,且链上的成键原子都共享成键电子的化合物。这样,组成高分子链的键的类型除了共价键外,还可包括某些配位键和缺电子键,而金属键和离子键是被排除在外的。

高分子化合物之所以区别于小分子化合物并具有种种高分子的特性,如高强度、高弹性、高粘度、力学状态的多重性、结构的多样性等,都是由于高分子的长链结构所衍生出来的。由于每个高分子都是一根长链,与小分子化合物相比,其分子间的作用力要大得多,超过了组成大分子的化学键能,所以它不能像一般小分子化合物那样容易被气化,或用蒸馏法加以纯化。这也正是高分子化合物能具有各种力学强度而被用作材料的内在因素。不同种类的高分子链可以是柔性、比较柔性或刚性的。由于键可以旋转,因而高分子链可以呈伸展的、折叠的、螺旋状的直至缠结的线团等等众多的构象。线型链上可以有支化的侧链,线型链间可以发生键合形成二维、三维的网状交联结构。分子链间的聚集可以形成各种晶态、非晶态、聚集态结构。这些结构变化给了高分子材料千变万化的性质和广泛的应用,如硬性或韧性的塑料、高强度的纤维和高弹性的橡胶等等。

高分子在溶液中由于是一个伸展或缠结的线团,且相互缠结并包括了众多的溶剂分子,故而呈现出高粘度。高分子在熔融状态,由于分子链间的缠结和相互作用比溶液中更为强烈,其熔融粘度就更大。这是许多高分子在加工时会遇到的问题。高分子作为机械材料使用,一般都要求它呈化学惰性。但也有不少高分子品种其主链和侧基上含有种种可反应性基团,如羧基、羟基、酯基和酰胺基等等。这些基团在化学反应上除了和小分子化合物中的基团有相同的一面外,还有因连接于大分子上而带来的种种高分子效应和特性。高分子在化学反应性上的种种特性,使人们期望由此开拓各种功能高分子的新领域。

高分子材料的结构是非常复杂的,与小分子物质相比有以下几个特点:

(1)高分子是由很大数目的结构单元组成的,每一结构单元相当于一个小分子,它可以是一种均聚物,也可以是几种共聚物。结构单元以共价键相连接,形成线型分子、支化分子、网状分子等等。

(2)一般高分子的主链都有一定的内旋转自由度,可以使主链弯曲而具有柔性。并由于分子的热运动,柔性链的形状可以不断改变,如化学键不能作内旋转,或结构单元间有强烈的相互作用,则形成刚性链,而具有一定的形状。

(3)高分子是由很多结构单元所组成,因此结构单元之间的范德华力相互作用显得特别重要。

(4)只要高分子链中存在交联,即使交联度很小,高聚物的物理力学性能也会发生很大变化,最主要的是不溶解和不熔融。

(5)高聚物的聚集态有晶态和非晶态之分,高聚物的晶态比小分子晶态的有序程度差很多,存在很多缺陷。但高聚物的非晶态却比小分子液态的有序程度高,这是因为高分子的长链是由结构单元通过化学键联结而成的,所以沿着主链方向的有序程度必然高于垂直于主链方向的有序程度,尤其是经过受力变形后的高分子材料更是如此。

(6)要将高聚物加工成为有用的材料,往往需要在树脂中加入填料、各种助剂、色料等。当用两种以上高聚物共混改性时,又存在这些添加物与高聚物之间以及不同的高聚物之间是如何堆砌成整块高分子材料的问题,即所谓织态结构问题。织态结构也是决定高分子材料性能的重要因素。

1.1.2　高分子合成的基本概念

以聚甲基丙烯酸甲酯为例

$$\sim\sim CH_2-\underset{COOCH_3}{\overset{CH_3}{C}}-CH_2-\underset{COOCH_3}{\overset{CH_3}{C}}-CH_2-\underset{COOCH_3}{\overset{CH_3}{C}}\sim\sim$$

（Ⅰ）

它是由许多相同的 $-CH_2-\underset{COOCH_3}{\overset{CH_3}{C}}-$ 作为结构单元重复联结而成。"～～～"符号代表高分子延伸的主链。为简便,其结构式通常缩写为

$$\overset{CH_3}{\underset{COOCH_3}{\left[CH_2-C\right]}}_n$$

（Ⅱ）

在结构式中,其两端的端基只占大分子中很少一部分,对聚合物性能的影响通常也甚微,且在合成中往往也并不确知,所以常略去不写。(Ⅱ)式表示聚合物是由方括号内的结构单元重复联结而成,所以括号内的结构单元也称重复结构单元或重复单元,也称为链节。式中 $\left[CH_2-C\right]_n$ 是该高分子长链骨架,即为主链;主链旁的—CH_3 和—$COOCH_3$ 等基团称之为侧基。"n"代表重复单元的数目,称为聚合度(DP)。

能够形成聚合物中结构单元的小分子化合物称之为单体,它是合成聚合物的原料。由单体合成聚合物的反应称之为聚合反应。

在高分子化学发展的早期,曾把聚合反应和聚合物分为两大类。即加聚反应和加聚物;缩聚反应和缩聚物。加聚反应和加聚物是指生成的聚合物结构单元与其单体相比较,除电子结构有改变外,其所含原子的种类、数目均未变化的聚合反应和聚合物

$$n \; CH_2 = \underset{\underset{COOCH_3}{|}}{\overset{\overset{CH_3}{|}}{C}} \xrightarrow{\text{聚合}} \underset{\underset{COOCH_3}{|}}{\overset{\overset{CH_3}{|}}{\{CH_2-C\}}}_n \tag{1-1}$$

在加聚物中,结构单元即重复单元,也称单体单元,三者的含义是一致的。聚乙烯是个特例,其重复单元是(CH_2),而结构单元和单体单元因为其单体是乙烯,所以写成$\{CH_2-CH_2\}$。缩聚反应和缩聚物是指所生成的聚合物结构单元在组成上比其相应的原单体分子少了一些原子的聚合反应和聚合物。这是因为在这些聚合反应中官能团间进行聚合反应时失去某些小分子的缘故。例如,由己二酸、己二胺两种单体经缩聚反应生成聚己二酰己二胺(尼龙66)的反应,如式(1-2)所示

$$n\,NH_2(CH_2)_6NH_2 + n\,HOOC(CH_2)_4COOH \longrightarrow$$
$$\{NH(CH_2)_6NH - CO(CH_2)_4)CO\}_n + 2n\,H_2O \tag{1-2}$$

这里的结构单元不宜再称为单体单元,且和重复单元的含义不同了。聚合物的相对分子质量 M 是聚合物的一个重要表征参数。显然有

$$M = nM_0 = DP \cdot M_0 \tag{1-3}$$

式中,M_0 代表重复单元的相对分子质量。例如聚甲基丙烯酸甲酯的相对分子质量 $M = 10^5$,其 $M_0 = 100$,则聚合度 DP = 1 000。

在有些书籍中,将缩聚物的聚合度定义为结构单元数,记为 $\bar{X}_n$。这样有下列关系式

$$M = \bar{X}_n \cdot \bar{M}_0 = 2n \cdot \bar{M}_0 = 2DP \cdot \bar{M}_0 \tag{1-4}$$

式中,$\bar{M}_0$ 是重复单元内结构单元的平均相对分子质量。例如(1-2)式中尼龙66,如已知其相对分子质量为 2×10^4,由于 $\bar{M}$ 为113,$\bar{X}_n$ 约为117。

凡是聚合物中结构单元数目小(2~20),且其端基不清楚者,称为齐聚物或低聚物。一般由调聚反应生成的调聚物也是齐聚物,其端基随所使用的链转移剂而定。遥爪预聚物也是低分子聚合物,但具有已知功能团作为端基,常常是最终聚合物产品中间体或聚合物的改性剂。

在加聚反应中,由一种单体进行的聚合反应称之为均聚反应,所得的聚合物称为均聚物。由两种或两种以上单体进行的聚合反应称之为共聚反应,所得聚合物称为共聚物,相应地有二元、三元、四元等共聚物。

1.1.3 高分子材料科学发展简史

为了使读者对高分子材料科学的发展历史有个概括的了解,我们将高分子材料科学发展史上各个历史时期的发展特征、重要事件列于表1-1。

表 1-1　高分子材料科学发展简史

年代及发展特征	高分子工业		高分子科学
19世纪之前天然高分子的加工和利用	食物蛋白质、淀粉、棉、毛、麻、木、竹、纸、油漆、天然橡胶等天然高分子		1833年，Berzelius提出"Polymer"一词（包括以共价键、非共价键联结的聚集体）
19世纪中叶天然高分子化学改性	天然橡胶硫化， 硝化纤维， 硝化纤维塑料， 人造丝工厂，	1838年 1845年 1868年 1889年	1870年，开始意识到纤维素、淀粉和蛋白质是大的分子 1892年，确定天然橡胶干馏产物异戊二烯的结构式
20世纪初高分子材料科学创立的准备时期	酚醛树脂， 丁钠橡胶， 醋酸纤维和塑料， 聚醋酸乙烯、醇酸树脂、PVA、PMMA、UF，	1907年 1911年 1914年 1929年	1902年，认识到蛋白质是由氨基酸残基组成的多肽结构 1904年，确认纤维素和淀粉是由葡萄糖残基组成 1907年，分子胶体概念的提出 1920年，纤维素结晶的研究 1920年，现代高分子概念共价键联结的大分子的提出
20世纪30~40年代高分子材料科学创立时期	塑料： PVC, PS, PCTFE, PVB, LDPE, PVDC， UP, EP, PTFE, PU, ABS, HDPE， 纤维： PVC, PA66, PU， PA6, PET, 维纶, PAN， 橡胶： 氯丁橡胶， 丁基橡胶， 丁苯橡胶，	 1931~1940年 1941~1950年 1931~1939年 1941~1950年 1931年 1940~1942年 1940~1942年	1930年，纤维素相对分子质量测定研究，现代高分子概念获得公认 1932年，《高分子有机化合物》出版 1929~1940年，缩聚反应理论 1932~1938年，橡胶弹性理论 1935~1948年，链式聚合反应和共聚理论 1942~1949年，高分子溶液理论及测定相对分子质量的各种溶液法的建立 1945年，确定胰岛素一级结构 40年代，建立乳液聚合理论
20世纪50年代现代高分子工业的确立，高分子合成大发展时期	HDPE， PP， POM， PC， 顺丁橡胶， 众多新产品不断涌现	1953~1955年 1955~1957年 1956年 1957年 1959年	1953年，Ziegler-Natta催化剂和配位阴离子聚合 50年代，阴离子聚合活性高分子，阳离子聚合，结晶性高分子研究的发展 1957年，聚乙烯单晶的获得 1958年，肌血球朊结构测定 1951年，蛋白质 α 螺旋结构提出 1953年，H.Staudinger获诺贝尔化学奖

年代及发展特征	高分子工业	高分子科学
20 世纪 60 年代高分子物理大发展时期	工程塑料的出现和发展 PI,　　　　　　1962 年 PPO,　　　　　　1964 年 Polysulfone,　　1965 年 PBT,　　　　　　1970 年 耐高温高分子的开发 PBI,　　　　　　1961 年 Nomex 纤维,　1967～1972 年 聚芳酰胺 异戊橡胶,　　　1962 年 乙丙橡胶,　　　1961 年 SBS,　　　　　　50 年代	1960～1969 年,结晶高分子,高分子粘弹性,流变学研究的进一步开展,各种近代研究方法在高分子结构研究中的应用和开发,如 NMR,GPC,IR,热谱,力谱,电镜等手段的应用,PVDF 的压电性研究。1963 年 Ziegler-Natta 获诺贝尔化学奖
20 世纪 70 年代高分子工程科学大发展（生产的高效化,自动化,大型化）	高分子共混物（ABS,MBS,HIPS,Noryl 等） 高分子复合材料（如玻璃纤维增强树脂基复合材料生产的大型化） 30 万吨级的 PE,PP 工厂,PP,PVC 的本体聚合,大型聚合反应设备及新工艺的使用,大型加工设备的出现,新型合成方法的建立	70 年代,PE,PP 高效催化剂研制 1971 年,聚乙炔薄膜研制 1972 年,中子小角散射法应用 1973 年,Kevlar 纤维的开发,高分子共混理论的发展 1974 年,P.J.Flory 获诺贝尔化学奖 1977 年,掺杂聚乙炔的金属导电性
20 世纪 80 年代高性能材料研究,精细高分子,功能高分子,生物医学高分子发展		分子设计的提出 1983 年,基团转移聚合

在世界范围内,人类在 19 世纪以前,仅仅局限于对天然高分子材料的加工、利用。19 世纪中叶,开始了对天然高分子的化学改性,诸如天然橡胶的硫化、硝化纤维炸药和塑料等等。20 世纪初期是高分子科学创立的准备时期。这时期,高分子的长链概念获得了公认。多种塑料、合成纤维、合成橡胶得到开发,开始形成较完整的高分子工业体系。各种聚合反应理论也相继出现并得到发展。

自 50 年代以后,随着石油化工的发展,高分子工业获得了丰富、价廉的原料来源,全世界高分子材料的生产蓬勃发展,几乎一直以年 12%～15% 的速率高速增长。究其原因,可以概括为原料丰富、品种繁多、性能良好、成型简便、能源节省、成本低廉和用途广泛等方面。

今天,高分子材料科学自高分子长链概念的确立算起,经过 60 余年的发展,尤其是近 30 年的发展,它的三个主要组成部分:高分子化学、高分子物理和高分子工程都得到了充分发展。

由于对高分子结构和性能之间的关系已经积累了相当充分的认识,对合成原理、聚合方法、化学改性和加工工艺都已有了很好的理论基础和丰富的实践知识,从而为高分子合成的分子设计提供了依据和条件。高分子分子设计已经提到议事日程,部分已成为现实。

近年来,材料的功能化已经成为各种材料发展的重要方向。高分子材料的发展也不例外,尤其是耐高温、耐辐射、耐烧蚀、高强度和高绝缘等等特种高分子,以及具有各种特征的物理、化学、生物体功能的功能高分子的发展迅猛异常,已经成为高分子材料科学的重要发展方向。另一方面,分子生物学是现代生物学重要发展方向。生物大分子也是高分子化合物。不少科学家预言,高分子科学发展的下一个具有重大意义的突破将发生在高分子和生命科学的结合部——生物医学高分子方面。在生物体内,种种天然和生物大分子的极为有效的生物合成方法和它们的种种神奇功能,也将是今后努力探索并加以模仿的目标。为此,高分子材料科学家正在以下几个方面展开基础研究工作:(1)继续深入研究组成、结构和性能或功能之间定性、定量关系。(2)按需要合成具有指定链结构的高聚物。(3)研究在成型加工时,按需要产生一定的聚集态结构、高次结构以及与成型条件、工艺参数的内在联系和相互关系。(4)高分子材料科学与现代信息处理技术相结合,开发高分子材料分子设计软件、计算机辅助合成路线选择软件、计算机辅助材料选择专家系统和建设高分子材料数据库等。此外,正在推进在分子和原子一级水平设计和合成高分子材料的研究。

在我国,解放前没有合成纤维、合成橡胶工业,只有几家加工电木等的小型塑料厂,截至 1949 年,累计产量不及 400t。化学界对高分子这个新名词也不甚了解。新中国成立后才逐步开展高分子科学的研究工作,创建全国性学术组织,出版学术刊物,制订发展规划,开展专业教育和国内外学术交流等,引进大中型技术设备,建立高分子材料工业。

科研工作,50 年代处于创建时期,主要是根据国内资源情况、配合工业建设进行合成仿制,建立测试表征手段,在此过程中培养了大批生产和研究的技术力量,为深入研究奠定基础。60 年代为满足新技术和高技术的需要,研制了大量特种塑料,如氟、硅高分子,耐热高分子及一般工程塑料,如浇注尼龙、聚碳酸酯、聚甲醛、聚芳酰胺;大品种如顺丁橡胶。高分子化学和物理也获得较快发展,研究了产品结构和性能的关系。近年来科研工作引向深入,开展了通用高分子的合成方法和合成机理、功能高分子合成和应用的研究。采用先进技术和测试手段进行结构、性能、加工关系的探索,形成了具有中国特色的新品种和新理论,如稀土催化的顺丁橡胶和高分子反应统计理论等,并加强了国际交流和合作。80 年代以来,几十项高分子科技成果获得了国家级自然科学奖、发明奖、科技进步奖,其中个别项目已赶上或超过国际先进水平。

在工业技术方面,我国已建成大庆、齐鲁、扬子、燕山、上海金山等十大乙烯工程基地,形成年产量约 $2.1 \times 10^6 t$ 的乙烯生产能力。50 年代我国仅从前苏联引进技术设备,70 年代以后技术来源已转向世界范围。80 年代引进方式多样化,根据需要分别引进软件或硬件。截至 1988 年底共引进项目:合成橡胶品种 4 个,年生产能力 $1.8 \times 10^5 t$;合成纤维品种 5 个,年生产能力 $1.079 \times 10^6 t$;塑料品种 10 个,年生产能力 $1.493 \times 10^6 t$;其他品种 6 个,年生产能力 $2.332 \times 10^5 t$。从增长速度看,我国的高分子工业发展是相当快的。以合成树脂为例,从 1949 年到 1985 年,年产量从 200t 增加到 1.2343×10^6t,年均增长率达 27.4%,同时期的世界塑料年均增长率约 11.9%,但从经济建设的需要看塑料生产仍有较大差距,如塑料的最大需求来自农业,我国现有农业薄膜产量与需求量之间还有很大差距。我国塑料人均消费量还不到芬兰等国的 2%。

1.2 高分子材料分类

高分子化合物可分为合成高分子和天然高分子两大类。

1.2.1 合成高分子

合成高分子是指从结构和相对分子质量都已知的小分子原料出发,通过一定的化学反应和聚合方法合成的聚合物。

从不同的角度对合成高分子可以有不同分类方法。按照高分子材料的性能和用途,合成高分子主要可以分为橡胶、纤维、塑料三大类,常称之为三大合成材料。合成橡胶的主要品种有丁苯橡胶、顺丁橡胶、氯丁橡胶、异戊橡胶、丁基橡胶和乙丙橡胶。合成纤维的主要品种有涤纶、锦纶、腈纶、维纶和丙纶。塑料还可分为热塑性塑料和热固性塑料,前者为线型聚合物,受热时可熔融、流动,可多次重复加工成型,主要大品种有聚乙烯、聚丙烯、聚氯乙烯和聚苯乙烯;后者是体型聚合物,在加工过程中固化成型,此后不再能加热塑化、重复成型,主要大品种有酚醛树脂、不饱和聚酯、环氧树脂。此外,聚合物作为涂料和粘合剂来使用,而且越来越广泛,也有人将它们单独列为两类,所以按聚合物的应用分类应包括上述五大类合成材料。近年来,不着眼于聚合物的机械性能而着眼于它所具有的特定的物理、化学、生物功能的功能高分子也已成为新的重要一类。

如果聚合物的主链、侧基均无碳原子,则为无机高分子,例如聚氯化磷腈就是一例。人们过去早就熟知的水玻璃,现在也被认为是一种梯型结构的无机高分子。

无机高分子的一般特性是耐热、耐燃,但往往较脆,且耐水性差。

1.2.2 天然高分子

天然高分子也有无机高分子和有机高分子之分。天然无机高分子如人们熟悉的石棉、石墨、金刚石、云母等。天然有机高分子都是在生物体内制造出来的,它们之中有维持生命形态的骨架结构物,如动物的毛、腱、皮、骨、爪等和植物的纤维素等等;有作为能量储存的物质,如肝糖、淀粉,一般的蛋白质等;有生物的体外分泌物,如动物的蚕丝、蜘蛛丝、虫胶等,植物的天然橡胶、脂等;还有具有控制生物体内化学反应,储存、复录和传递生物体内的遗传信息等功能的各种蛋白质、核酸等。

1.2.3 聚合物的命名

如同大多数科学领域的情况一样，与反应及特殊化学和物理试验等有关的名称是历史上沿用下来的，并没有全面的指导原则。加上聚合物科学的内容广泛、庞杂，造成在聚合物命名上五花八门。虽然国际理论化学和应用化学学会有一个关于聚合物命名的常设委员会，但即使是有关简单聚合物命名的这些建议，在很大程度上尚未为高分子科学界的许多人所接受。

虽然在实际聚合物命名中存在着各种各样的方法，但我们将集中于最广泛使用的三种命名系统上。表 1-2 给出了一些普通聚合物的名称，用来说明这三种命名系统。只有 IUPAC 命名法是正规的命名系统，它符合有机化学命名的规则。这一系统使人们既能命名简单的聚合物，又可命名复杂的聚合物。第二个系统简称之为工业命名法，因为许多工业协会在他们的出版物中使用这种命名系统。第三个系统称之为习惯命名法，因为这一系统是历史上沿用下来的。后两个系统是非正规的，只适用于比较普通的简单的聚合物，它们之间的主要差别仅仅在于有没有括号。

表 1-2　聚合物名称对照

习惯命名系统	工业命名系统	IUPAC 命名系统
聚丙烯腈	聚丙烯腈	聚(1-腈基亚乙基)
聚(氧化乙烯)	聚氧化乙烯	聚(氧亚乙基)
聚(对苯二甲酸乙二酯)	聚对苯二甲酸乙二酯	聚(氧亚乙基对苯二酰)
聚异丁烯	聚异丁烯	聚(1,1-二甲基亚乙基)
聚(甲基丙烯酸甲酯)	聚甲基丙烯酸甲酯	聚((1-甲氧基酰基)-1-甲基亚乙基)
聚丙烯	聚丙烯	聚亚丙基
聚苯乙烯	聚苯乙烯	聚(1-苯基亚乙基)
聚(四氟乙烯)	聚四氟乙烯	聚(二氟亚甲基)
聚(醋酸乙烯酯)	聚醋酸乙烯酯	聚(1-乙酰氧基亚乙基)
聚(乙烯醇)	聚乙烯醇	聚(1-羟基亚乙基)
聚(氯乙烯)	聚氯乙烯	聚(1-氯亚乙基)
聚(乙烯醇缩丁醛)	聚乙烯醇缩丁醛	聚((2-丙基-1,3-二氧杂环,已烷-4,6二氧基)-亚甲基)

有趣的是，多数的大学教科书采用工业命名系统，而几乎没有一本高分子的教科书完全采用 IUPAC 系统来命名普通的聚合物。发表在《Macromolecules》，6(2)，149(1976)上的 IUPAC 报告有这样一段内容：“委员会考虑到许多普通聚合物有半规则的或通俗的，即根据习惯定的名称，因此不准备立刻用以结构为基础的名称来代替它们。尽管如此，还是希望科学交流中尽量少使用半规则或通俗的聚合物名称。”事实上，趋势还是倾向于使用工业命名系统。

小　结

学了本章后应该理解以下一些概念：

1.高分子或大分子是巨大的分子,其相对分子质量至少比水和甲醇那样的小分子大数百倍以上,直接影响到高分子结构与性能。

2.如果不考虑金属和无机化合物,那么我们将会发现,世界上很多东西实际上都是高分子材料,其中包括我们人体内的蛋白质和核酸,我们用以制作衣服的纤维,我们吃的蛋白质和淀粉,我们汽车轮胎上的橡胶,我们家中的油漆、塑料墙和地板铺设品、泡沫绝热材料、盘子、家具、管道等。

3.尽管纤维、橡胶和塑料种类繁多,但它们都有着类似的结构,遵循相同的理论。线型聚合物是由成千个碳原子以共价键结合成的长链所组成。

4.大多数线型高分子是热塑性的,即它们在加热时会变软,冷却时会变硬,具有一个可逆的物理过程。可是像纤维素那样的具有很大分子间力的线型聚合物在其分解温度以下加热不会变软。

5.热固性高分子是经过交联的,加热不会熔化。在高分子链间引入交联键可使热塑性高分子转变为热固性高分子。

6.由于缺乏高分子科学知识,早期的高聚物加工工艺都是根据经验而发展起来的。在 20 世纪 30 和 40 年代,由于斯托丁格、纳塔、马克、弗洛里和其他高分子科学家发展了高分子科学的理论,使高分子材料科学有了迅速发展。

常 用 术 语

ABS:由丙烯腈、丁二烯和苯乙烯共聚而成的聚合物。

聚甲醛:由甲醛聚合而成的聚合物。

醇酸树脂:由二元醇和二元酸在用量可调节的不饱和单官能度有机酸存在下缩聚产生的聚酯。

生物高分子:天然聚合物,例如蛋白质。

丁基橡胶:异丁烯和异戊二烯的共聚物。

纤维素:由重复的葡萄糖单元组成的天然碳水聚合物。

醋酸纤维素:纤维素和醋酸的酯。

硝酸纤维素:由硝酸和硫酸与纤维素反应得到的产物。

交联键:二个或二个以上线型高分子链之间的共价键。

硬质橡胶:硬橡胶,高度交联的天然橡胶。

弹性体:橡胶。

长丝:从喷丝头小孔喷出的单根挤出物。

官能度:一个分子中活性基团的数目。

线型:连续链,如高密度聚乙烯。

天然橡胶:巴西三叶胶,从橡胶树得到的聚异戊二烯。

尼龙66:由己二酸和己二胺缩聚产生的聚酰胺。

低聚物:相对分子质量很低的聚合物,重复单元数 n 为 $2\sim20$。

聚合物:由许多重复单元构成的大分子。

蛋白质:由许多重复单元构成的生物高分子类聚酰胺。

人造丝:长丝状的再生纤维素。

喷丝孔:小孔,聚合物溶液或熔体通过它挤出,以形成用作纤维的长丝。

鞣革:通过与交联剂反应使蛋白质交联的过程。

热塑性塑料:线型聚合物,具有加热能变软、冷却能变硬的可逆物理特性。

热固性塑料:网状聚合物,通常由线型聚合物或低聚物经交联得到。

粘胶:黄原酸纤维素酯溶液。黄原酸纤维素酯由碱纤维素和二硫化碳反应得到。

粘度:用来表示溶液或熔体流动时的阻抗。

硫化:天然橡胶与硫磺共热进行交联的加工过程。

习　题

1.说出六种你每天遇到的聚合物的名称。

2.下列各组中哪一种物质在加热时较易软化?

　　A (1)未硫化橡胶　　(2)硬质橡胶

　　B (1)聚乙烯　　　　(2)聚酰胺

　　C (1)纤维素　　　　(2)聚甲基丙烯酸甲酯

3.说出具有下列重复单元的一种聚合物名称。

　　A 亚乙基　　　　　　B 氨基酸缩合后的单元

4.下列哪一种聚合物有明显的氢键?

　　(a)天然橡胶　　　　(b)线型聚乙烯

　　(c)纤维素　　　　　(d)硝酸纤维素

5.下列哪一种物质属于合成高聚物?

　　(a)硬脂酸十八醇酯　(b)羊毛

　　(c)肉　　　　　　　(d)棉花

　　(e)橡胶轮胎　　　　(f)涂料

6.下列物质中哪些是热固性或交联聚合物?

　　(a)纤维素　　　　　(b)未硫化橡胶

　　(c)聚酯　　　　　　(d)硝酸纤维素

　　(e)模制的酚醛塑料　(f)硬质橡胶

7.题 6 所列物质中哪些是热塑性的?

8.$H\!\vcenter{\hbox{$\left(CH_2CH_2\right)$}}_{1\,000}H$ 的相对分子质量是多少?

9.人造丝和玻璃纸之间的主要区别是什么?

第二章　高分子结构

2.1　高分子分子结构

高分子材料的性能是它们结构和分子运动的反映。由于高分子通常是由 $10^3 \sim 10^5$ 个结构单元组成,因而高分子材料除具有低分子化合物所具有的结构特征(如同分异构、几何异构、旋转异构)外,还具有许多特殊的结构特点。高分子结构通常分为分子结构和聚集态结构两个部分。高分子的分子结构又可称为化学结构,是指一个大分子的结构,如大分子的元素组成和分子中原子或原子基团的空间排列方式,它主要是由聚合反应中所用的原料及配方、聚合反应条件所决定的。

2.1.1　高分子链的组成

高分子链的组成是指构成大分子链的化学成分、结构单元的排列顺序、分子链的几何形状、高聚物分子质量及其分布。通常高分子材料主要是指有机高分子化合物,它是由碳－碳主链或由碳与氧、氮或硫等元素形成主链的高聚物,即均链聚合物或杂链高聚物。

高密度聚乙烯(HDPE)结构为 $H \{ CH_2OH_2 \}_n H$,它是高分子中分子结构最为简单的一种,可以用来说明高分子结构。HDPE 与癸烷 $H \{ CH_2 \}_{10} H$ 一样,是由以共价键相连的碳原子组成的线型链状分子。所不同的是,癸烷含有 10 个亚甲基基团,而 HDPE 可能含有 1 000 多个这样的基团。由于烷烃中的碳原

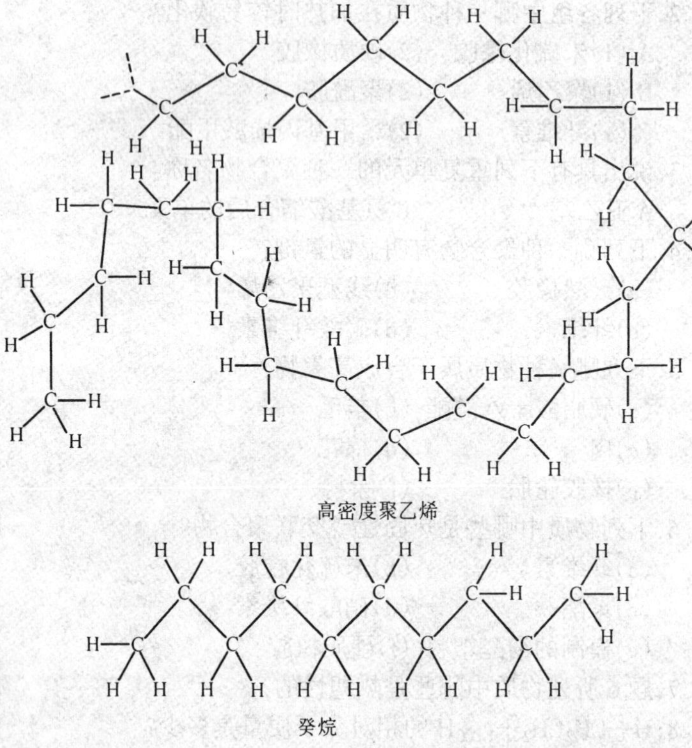

高密度聚乙烯

癸烷

图 2-1　HDPE 和癸烷的模拟结构

子都是以近 109.5°特征四面体键角相连的,因此,它们虽称为线型分子,分子链实际上是呈锯齿形的。碳原子之间的距离是 0.154nm。在一个由多碳原子组成的链中,碳原子间的表观锯齿距是0.126nm。因此,伸展癸烷链的长度应该是 1.008nm。同理,具有 1 000个重复亚乙基单元或分子结构为聚乙烯的伸展链长应为 251.75nm。然而,正如 HDPE 的放大模拟结构(图 2-1)所示,由于碳−碳键的旋转,这些链很难伸展到它们的完全伸直长度,而是以许多不同的形状,即以构象存在的。

同典型的小分子一样,每一种蛋白质的分子都有其固定的分子质量,因此称为单分散聚合物。然而,合成聚合物,例如高密度聚乙烯,是由不同分子质量的分子构成的。因此 n 的数值,即聚合度应看成是一个平均值,即用 $\overline{DP}$ 表示。所以多分散的聚合物的平均相对分子质量($\overline{M}$),等于重复单元的相对分子质量与 $\overline{DP}$ 的乘积。

对于高分子,存在于重复单元上的任一基团叫侧基。聚丙烯(PP)虽有一个侧甲基,但却仍被定为线型聚合物。而低密度聚乙烯是一种支化聚合物,因为在许多支点上存在着一连串聚乙烯的延伸链,如图 2-2 所示。LDPE 中支链的数目,可在每 20 个亚甲基含 1 个支链到每 100 个亚甲基含 1 个链的范围内变化。这种支化同简单的烷烃中的支化一样,会增加大分子的体积,从而使聚合物的密度降低。

线型和支化聚合物都是热塑性的。可是经交联的三维网状聚合物是热固性聚合物。如图 2-3 所示,聚合物的交联密度可以有所不同,硫化橡胶中的交联密度比较低,而硬质

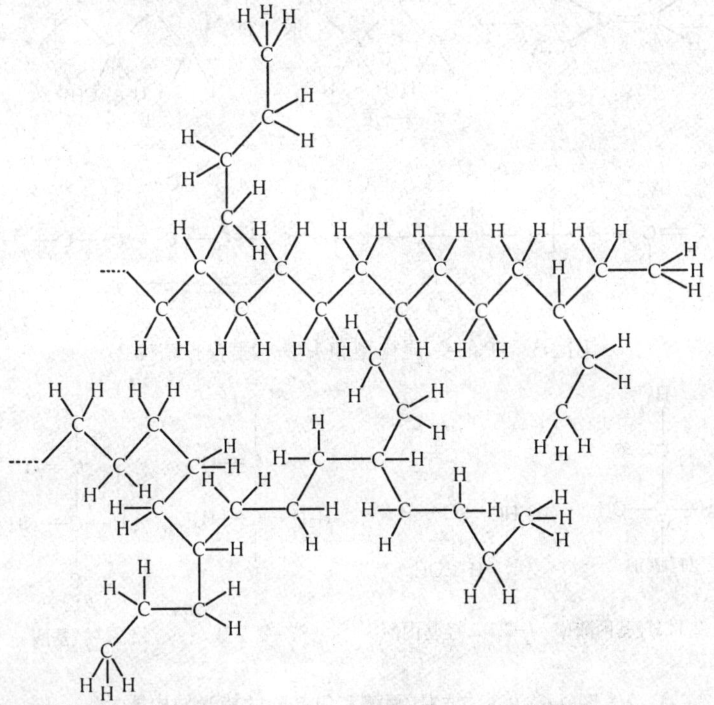

图 2-2　LDPE 的模拟结构

橡胶的交联密度较高。

　　高密度聚乙烯中重复单元的排列只有一种可能。但在聚丙烯和其他许多含有侧基的聚合物中，这些重复单元可以头－尾或头－头结构排列，如图2-4和2-5所示。幸好一般情况下都是以头－尾形式排列的，所以主链上通常是每隔一定碳原子数出现一个侧基。

　　蛋白质是聚酰胺，基本单元由氨基酸的左旋(l)旋光异构体组成。而淀粉和纤维素中的基本单元是 α 和 β 缩醛基连接的右旋(d)葡萄糖，见图2-6。

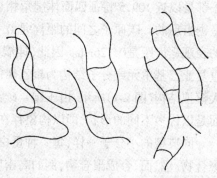

图2-3　线型聚合物(左)和低交联(中)及高交联(右)的网状聚合物模拟骨架结构

图2-4　聚异戊二烯模拟结构

头－尾　　　　　头－头

图2-5　PP的头-尾构型和头-头构型模拟结构

d-2,3 二羟基丙酸　　l-2,3 二羟基丙酸　　l-氨基酸　　　　d-氨基酸

图2-6　2,3-二羟基丙醛和氨基酸的旋光异构体

2.1.2　高分子链的构型

在20世纪50年代初期,诺贝尔奖金获得者朱洛·纳塔使用立体定向配位催化剂合成

· 14 ·

了聚丙烯的立体定向异构体。立构规整度可用来描述可能存在的各种结构。正如图 2-7 所示,与 *dddd* 或 *llll* 排列相对应的聚丙烯异构体称为全同立构聚丙烯。与 *dldl* 排列相对应的聚丙烯异构体称为间同立构聚丙烯,与 *ddldddld* 等其他形式相对应的,组成单元为无规排列的聚丙烯,称无规立构聚丙烯。全同立构聚丙烯是常用的,它是高度结晶的聚合物,熔点为 160℃;无规立构异构体是无定形的软性聚合物,熔点为 75℃;有规立构既可用来描述全同立构聚合物,也可用来描述间同立构聚合物,或两者的混合物。

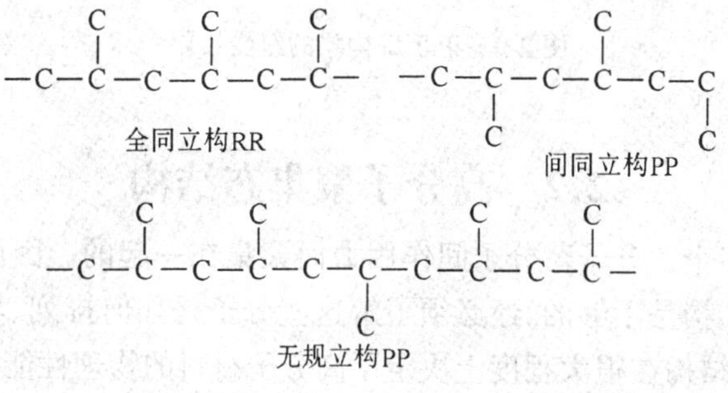

图 2-7 全同、间同、无规立构聚丙烯的骨架式

虽然大多数聚合物重复单元上只含一个手性中心,即不对称中心,但是当这个不对称中心上存在两个不同的取代时,就有可能出现双同立构。这些异构体称叠双全同及对双全同立构和叠双间同及对双间同立构,如图 2-8 所示。

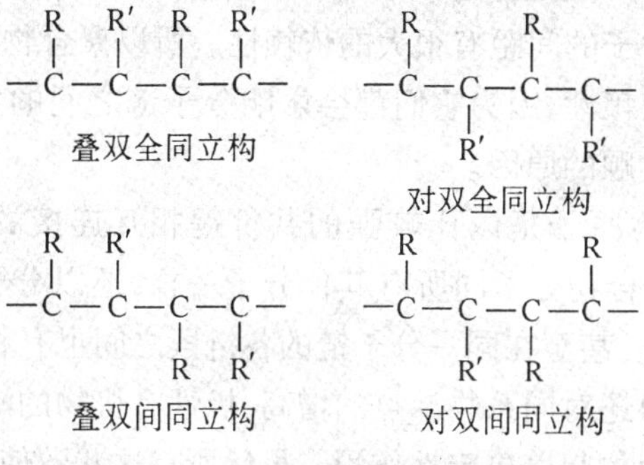

图 2-8 双立构规整异构体的骨架式

像正丁烷 H$\left[CH_2\right]_4$H 这样的简单分子,围绕碳-碳键旋转引起的许多不同构象可以用纽曼投影表示。如图 2-9 所示,最稳定的形式是反式(*t*)构象,因为在这种构象中两个甲基相距最远。反式和叠同式构象之间的能量至少差 13kJ。当然,在这两种极端情况之间还有许多种构象,其中包括两种镜像旁式(*g*)构象,这两种构象中的甲基相隔 60°。

对聚合物来说,图 2-9 所示的甲基应该用分子链上的亚甲基代替。聚合物的柔性与其是否容易从反式转变为旁式有关。这种转变的容易程度取决于位阻基团的减少或温度的升高。由于极性的酯基会阻碍旋转,因此聚甲基丙烯酸甲酯在室温下是硬的,而聚异丁烯在室温下是柔顺的。这两种分子的柔性都随温度增加而增加。

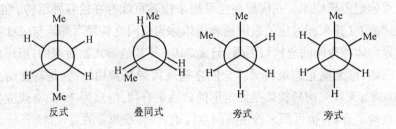

反式   叠同式   旁式   旁式

图 2-9　正丁烷构象的纽曼投影

2.2　高分子聚集态结构

高聚物是由许多个大分子藉分子间作用力而聚集在一起的。因此,研究高分子材料性能只了解其分子结构是不够的,还必须了解这些分子是如何排列、堆砌起来的,即聚集态结构,因为聚集态结构在很大程度上决定了高分子材料的物理性能。

2.2.1　聚合物分子间的相互作用力

分子间存在的作用力按其性质通常可分为主价力和次价力,主价力又可分为离子键力、金属键力和共价键力。主价键的键长通长约为 0.09 ~ 0.2nm,而碳 – 碳键长约为0.15 ~ 0.16nm。次价力常常称为范德华力。次价力相互作用的距离较长,一般在 0.25 ~ 0.5 nm 之间有明显的相互作用。这些相互作用力与距离的 r 次方成反比,r 一般为 2 或大于 2,故这种力对相互作用分子的间距有很大的依赖性。所以聚合物的许多物理性质事实上对构象和构型都有很大依赖性,因为它们都会影响分子链之间的相互距离。这也是无定形聚丙烯比结晶聚丙烯柔顺的原因。

每个聚合物分子中的原子是以比较强的共价键相互连接的。碳 – 碳键能在 80 ~ 380kJ/mol 左右。此外,聚合物分子同所有其他分子一样,还以分子间力即次价力相互吸引着。对于长的聚合物链,甚至在同一分子链的各链段之间也有相互吸引。

这些分子间的作用力还对同系物沸点的增高,极性有机物的沸点比预期的高,醇、胺、酰胺有异常高的沸点等现象起着决定性作用。虽然所有这些致使沸点升高的力都称为范德华力,但可以根据它们的产生根源和强度再作分类。次价力包括伦敦色散力,永久诱导力和偶极力。

非极性分子,如乙烷和聚乙烯,以弱的色散力相互吸引,这种色散力是诱导偶极之间相互作用的结果。乙烷或整个聚乙烯链中的暂时或瞬时偶极是由电子云密度的瞬时波动所致。这些力的能量范围在非极性和极性高分子中是相近的,每摩尔重复单元约为 8.4kJ,并与温度无关。弹性体和软塑料中的大量非极性高分子链间的作用力主要是伦敦力。

注意下述现象是很有趣的,即甲烷、乙烷和乙烯都是气体,己烷、癸烷和壬烷都是液体,而聚乙烯却是柔软的固体。这种趋势主要是由于随着链长的增加,既增加了每个分子的质量,又增加了每个分子的伦敦力。假设亚甲基或甲基单元之间的吸引力为 8.4kJ/mol,我们可以计算出甲烷之间的相互作用力为 2kJ/mol;乙烷为 50kJ/mol;对于有 1 000 个单元的聚乙烯链,则为 8.4MJ/mol。

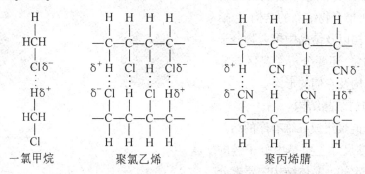

一氯甲烷　　　　聚氯乙烯　　　　　聚丙烯腈

图 2-10　一氯甲烷及 PVC 和 PAN 链段间典型的偶极作用

极性分子,如氯乙烷和聚氯乙烯,是通过偶极 – 偶极的作用而相互吸引的。这种偶极间的相互作用力的大小为每摩尔重复单元 8.4 ~ 25.1kJ,并依赖于温度,所以这些力在聚合物加工过程将随温度的升高而下降。虽然伦敦力一般比偶极力弱,但它们也存在于极性化合物如氯乙烷和聚氯乙烯中,这些偶极力是许多塑料的特征。

强极性分子,如乙醇、聚乙烯醇和纤维素,是通过一种称之为氢键的特殊类型的偶极 – 偶极作用相互吸引的。氢键是分子间最强的作用力,能量可高达每摩尔重复单元 42kJ。

分子间氢键通常存于纤维中,例如棉花、羊毛、尼龙、阿克利纶、聚酯和聚氨酯。淀粉和球状蛋白质中观察到的螺旋形结构是分子内氢键所引起的。

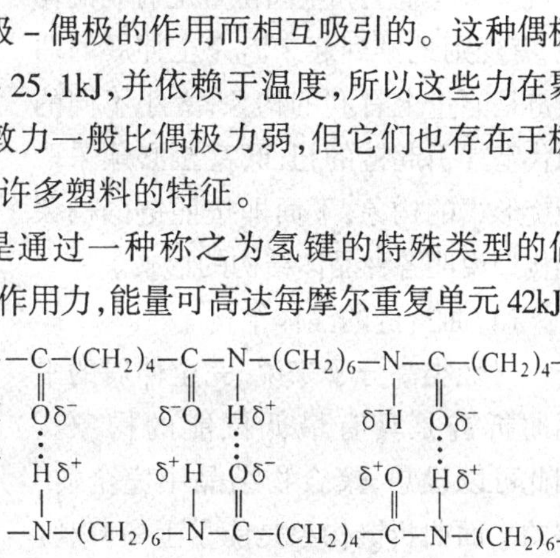

图 2-11　尼龙 66 中的典型氢键

值得指出的是,尼龙 66 的高熔点是聚酰胺分子间的伦敦力、偶极力和氢键力综合作用的结果。当尼龙中酰胺基上的氢原子被甲基取代,纤维素中的羟基被脂化时,氢键就会减弱。

2.2.2　高分子结晶

高聚物大分子藉分子间力的作用聚集成固体,又按其分子链的排列有序和无序而形成晶态和非晶态的物质。

本世纪 20 年代初,霍沃夫利用 X 射线衍射法证明了纤维素是由纤维二糖重复单元组成的晶态高聚物。到 50 年代,希恩等在晶态聚合物的 X 射线衍射图案中观察到明显的结晶衍射环,还包含有模糊的非晶态的弥散环,说明有序部分和无序部分同时共存于晶态聚合物。再从聚合物的其他性质如密度来看,晶态聚合物的密度也处于完全结晶和非晶物质之间,说明晶态聚合物属于半晶态固体。

这些结果说明,聚合物分子尽管是长链大分子,它们至少在一定程度上可以达到远程有序,结晶区的大小至少有几十纳米(nm)。此外,晶态聚合物还存在非晶区,其中没有远程有序。X-射线衍射图案还告诉我们,聚合物分子各个原子是有规则、重复的排列,形成三维有序,存在着晶胞。晶胞的存在要求各个聚合物分子链必须具有有规则的构型和有规则的构象。因此,在研究晶态聚合物的结构时,不仅要分析聚合物结晶的结构,包括结晶的晶胞结构以及结晶中聚合物分子链的构型与构象,还要分析结晶区与非晶区共存的结构及它们的形态。

1.聚合物的结晶结构

当高分子链聚集成三维有序的结晶时,晶体的三维尺寸主要是由分子链的构型和构象决定的。晶体结构中要求分子链采取能量上和空间位置上有利的构象,有规则地排列起来。完全伸展的曲折链是能量上有利的构象,大小不同的取代基常引起链的扭曲,甚至必须采取螺旋形式的构象,下面即按照链的构象和构型说明各种晶体结构的形式。

(1)曲折链的晶体结构

对烃类高分子来说,完全伸展的平面曲折链是具有最低位能的构象。因此可以设想,聚合物结晶中完全伸展的平面曲折链构象是能量上最有利的。具有这种完全伸展曲折链构象的晶体有聚乙烯、聚乙烯醇、间同立构的聚氯乙烯和 1, 2 – 聚丁二烯、大多数聚酰胺以及纤维素等。

从 X-射线衍射结果指出,聚乙烯晶体中分子链的排列类似于直链脂肪烃晶体,结晶的单元结构是一斜方晶体。

聚乙烯醇的晶体结构类似于聚乙烯,因为 CHOH 基很小,能够取代 CH_2 的位置,也采取曲折链的构象,其晶胞为单斜晶体,各个分子链由氢键成对联接而成片状体。

聚酰胺,如尼龙 6,尼龙 66 和尼

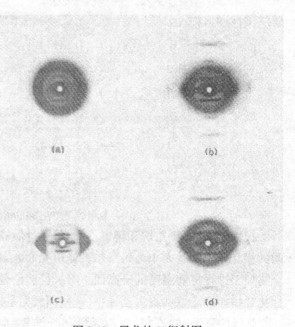

图 2-12　尼龙的 X 衍射图
(a) 未拉伸尼龙　(b) 拉伸尼龙 66
(c) 拉伸尼龙 610　(d) 拉伸尼龙 6

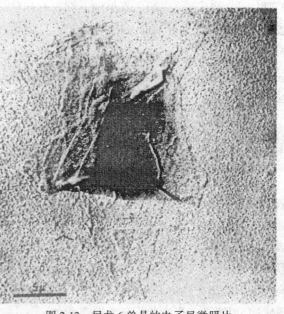

图 2-13　尼龙 6 单晶的电子显微照片

龙 610 的晶体结构都是由完全伸展链而以氢键联结成片状体,可以堆砌在一起形成两种晶体变型.一个分子中的氧原子总是位于相邻分子 NH 基团的对面,由于形成氢键,N – H . . O 的距离只有 0.28nm,其他聚酰胺,如尼龙 1010,尼龙 11,尼龙 99 等的分子链结晶时,分子链不是完全平面曲折链,而是略有扭曲。

(2)扭曲的曲折链晶体结构

在大多数脂肪族聚酯和聚对苯二甲酸乙二酯的结晶体中,由于分子链绕 C-O 键旋转以适应链的紧密堆砌,导致主链不是处于一个平面上,成为扭曲的曲折链结构。

聚异戊二烯和聚氯丁二烯橡胶主要是由 1,4 - 加成聚合而得,主链可呈顺式或反式构型。天然橡胶和古塔波胶各为顺式 1,4 - 和反式 1,4 - 聚异戊二烯,具有类似的晶体结构,不过反式结构晶体的重复距离相当一个结构单元,而顺式结构晶体的重复距离相当两个结构单元。反式 1,4 - 聚异戊二烯(古塔波胶)晶体的重复距离为 0.472~0.477nm,略较完全伸展链的重复距离(0.504nm)为短,顺式 1,4-聚异戊二烯晶体的重复距离为0.81nm,较完全伸展链的两个结构单元距离 1.008nm 略短些。聚氯丁二烯的晶体结构与古塔波胶相类似,不过其一含氯原子,另一含甲基,两者极性效应不同,各处于不同的方向。

(3)螺旋链晶体结构

聚合物分子链上含有紧密排布的大取代基时,为了减少空间位阻,降低位能,形成结晶时常采取螺旋的构象。大多数全同立构聚合物和 1,1 - 取代的乙烯系聚合物,如聚异丁烯等晶体就具有这种结构,还有聚四氟乙烯和 α - 角朊也具有这种晶体结构。

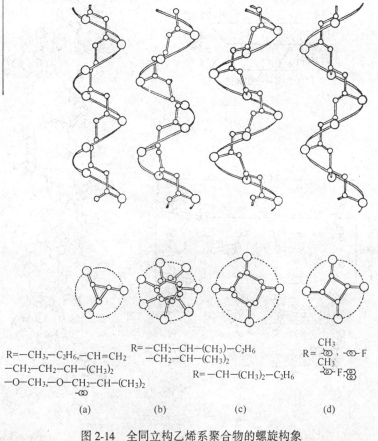

图 2-14　全同立构乙烯系聚合物的螺旋构象

在全同立构聚合物的螺旋链晶体中,交替的链键常处于反式和旁式的位置,对于旁式构象来说,旋转的方向总是使取代基 R 和 H 原子并列,力求减少其空间位阻,因此分子链形成左或右螺旋构象。倘若侧基不太大,则螺旋链刚好每一旋转含有三个结构单元,称为 3_1 螺旋,它的排列类似于图 2-14(a)。全同立构的聚丙烯、聚丁烯－1 以及聚苯乙烯等都是具有这种螺旋链的晶体。如果取代基较大,就需要更大的空间,形成更为疏松的螺旋(图 2-14(b),(c),(d)),例如全同立构聚甲基丙烯酸甲酯所形成的螺旋链上每二个旋转含有五个结构单元,称为 5_2 螺旋,聚异丁烯分子链中每五个旋转含有八个结构单元,称为 8_5 螺旋。

全同立构聚丙烯是一典型的螺旋链晶体,由于甲基比 H 原子大,主链不能是平面曲折链的形式,而必须旋转。对于聚丙烯,每一结构单元旋转 120° 具有最低的位能,因此形成 3_1 螺旋。这些螺旋有规则的堆砌形成单斜晶体(图 2-15),晶胞的尺寸 $a = 0.666nm$, $b = 2.078nm$, $c = 0.6495nm$, $\alpha = \gamma = 90°$,斜夹角 $\beta = 99.62°$。

一些聚合物可以形成两种或更多种不同的螺旋,它们稳定的温度范围不同,形成的晶胞结构也不同。例如聚丁烯－1,在从熔体结晶时形成 11_8 螺旋,当样品在室温放置时,逐渐变成 3_1 螺旋。

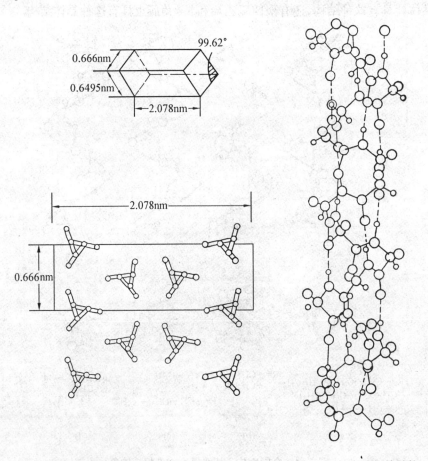

图 2-15 聚丙烯结晶结构   图 2-16 α-角朊螺旋结构

即使对于相同的构象,聚合物也可以形成两种或更多种不同的晶胞结构。聚丙烯通常形成单斜晶胞,但是在一定温度范围内,特别是在一些成核剂存在时,可结晶形成六方晶胞。两种情况下,分子都旋转形成 3_1 螺旋,所不同的是相邻螺旋的相对位置以及左或右旋的差别。由于晶体结构的不同,使同一种聚合物可以具有不同的性质。

在生物高分子中也存在着螺旋结构,如脱氧核糖核酸(DNA)以及 α-角朊等。在 α-角朊中,每一旋转中约含 3.6~3.7 个多肽,而且邻近的旋转由于分子内的氢键而结合在一起,使它在溶液中仍能形成稳定的螺旋构象(图 2-16)。

表 2-1 一些高聚物的结晶结构数据

聚 合 物	晶 系	晶胞尺寸		密 度
		轴,nm	(°)	g/cm³
聚乙烯,I	斜 方	0.741 8	90	0.997
		0.494 6	90	
聚乙烯,II	单 斜	0.809	90	0.998
		0.253	107.9	
聚丙烯	单 斜	0.666	90	0.946
		2.078	99.62	
聚四氟乙烯,I	三 斜	0.559	90	
		0.559	90	
		1.688	119.3	
聚四氟乙烯,II	三 方	0.566	90	2.302
		0.566	90	
		1.950	120	
聚 4-甲基戊烯 – 1	四 方	2.03	90	0.822
		2.03	90	
		1.38	90	
聚偏氯乙烯	单 斜	0.673	90	1.957
		0.468	123.6	
聚乙烯醇	单 斜	0.781	90	1.350
		0.251	97.5	
顺式聚异戊二烯	斜 方	1.246	90	1.009
		0.886	90	
		0.81	90	
反式聚异戊二烯	斜 方	0.783	90	1.025
		1.187	90	
		0.475	90	
聚偏氟乙烯	斜 方	0.857	90	1.430
		0.495	90	
		0.252	90	
聚甲醛,I	三 方	0.447 1	90	1.491

聚 合 物	晶 系	晶胞尺寸		密 度
		轴, nm	(°)	g/cm³
聚甲醛, II	斜 方	0.447 1	90	1.533
		1.739	120	
		0.476 7	90	
		0.766 0	90	
聚对苯二甲酸乙二酯	三 斜	0.356 3	90	1.457
		0.456	98.5	
		0.596	118	
		1.075	112	
尼龙 6,α	单 斜	0.956	90	1.235
		1.724	67.5	
		0.801	90	
尼龙 6,γ	单 斜	0.933	90	1.163
		1.688	121	
		0.478	90	
尼龙 66,α	三 斜	0.49	48.5	1.24
		0.54	77	
		1.72	63.5	
尼龙 66,β	三 斜	0.49	90	1.25
		0.80	77	
		1.72	67	

2.晶态聚合物的结构模型

从 X 射线衍射分析指出,结晶性聚合物中晶区和非晶区两相共同存在,因晶体极为微小,而高分子链又很长,因此对于聚合物的晶态结构提出了两种不同的结构模型,一为缨状微晶胞模型,另一为折叠链结晶模型。

(1)缨状微晶胞模型

这一结构模型是 30 年代提出来的,用以解释天然橡胶和角朊蛋白质的晶体结构。按照这一模型,一个长链大分子可以交替通过几个晶区和非晶区,在晶区中,它的大小在 1~100nm 之间,称为微晶,分子链段规则排列而呈结晶;在非晶区中,分子链段是无规卷曲、相互缠结的,缨状结构是指晶区和非晶区的过渡区(图 2-17)。

根据这一模型,晶区和非晶区是不可分的,因此这个模型也被称为两相模型。这一模型可供解释结晶性聚合物中晶区和非晶区的共存,并可说明低结晶度聚合物的实验结果。但这一模型不能合理地解释单晶和球晶的结构特征。

(2)折叠链结晶模型

50 年代中期,Keller 等人从高分子稀溶液培养制得单晶,这在高分子结晶学上是一个很重要的发展。制成单晶的聚合物有聚乙烯、聚丙烯、其他 α-聚烯烃、聚酰胺、古塔波胶、纤维素以及生物高分子等。电子衍射研究发现,高分子单晶都具有一般共同的形态,即是厚度约为 10nm,长、宽达几个微米(μm)尺寸的薄片晶,而且,高分子链的方向是垂直于片晶平面的。因为高分子链的长度可达 1 000nm,所以唯一合理的解释是大分子链发生折叠,形成晶体结构。

分子链有规则近邻折叠起来形成的结晶是单相的,因此折叠链结晶模型也称为单相模型。在聚合物结晶中的非晶部分可以用溶剂溶去的实验事实说明了晶体的单相模型特征。

但是,从单晶的热分析和电子显微镜观察等发现,即使在单晶中仍存在着非晶区,这些无序区常存在于单晶的表面,因而认为折叠时未必是非常规则的,提出了各种修正的模型。

图 2-18(a)表示规则的近邻折叠,图 2-18(b)表示疏松的近邻折叠,折叠长度不等,图 2-18(c)表示无规折叠,即折叠不完全是近邻折叠,分子链的排列类似于接线盘,接头部分很不规则,形成结晶缺陷,构成非晶区,这种折叠模型也称为接线盘模型,一个分子链也可以从一个晶区进入到另一个晶区成为纽带分子,这就较接近于缨状微晶胞模型了。纽带分子把片晶连接起来提高了聚合物的强度和韧性,纽带分子的数目随着聚合物分子质量的增加和结晶速率的提高而增加,因此聚合物材料的强度、韧性和其他力学性能与制造过程的结晶条件密切相关。

(3)聚合物的结晶度

由于结晶性聚合物中晶区和非晶区的共存,因此提出了结晶度的概念,用来说明结晶部分的含量。

测定结晶度的方法有比容法、量热法、X 射线衍射法和红外光谱法等,最简单的方法是比容法或密度法。用比容法测定结晶度时,假定结晶性聚合物的比容是结晶部分的比容和非晶部分比容的质量加和

$$v = v_c \cdot w + (1 - w) \cdot v_a \qquad (2-1)$$

式中:v——结晶性聚合物试样的比容;

v_c——结晶部分的比容;

v_a——非晶部分的比容。

上式中,w 是结晶部分的质量分数,称为质量分数结晶度,因此测定聚合物的比容后即可计算聚合物的质量分数结晶度

$$w = \frac{v_a - v}{v_a - v_c} \qquad (2-2)$$

v_c 是从聚合物的结晶晶胞尺寸计算得到的,v_a 可从聚合物熔体的比容随温度的变化外推得到。

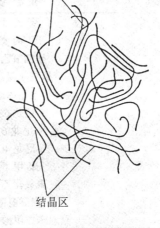

图 2-17 缨状微晶胞模型

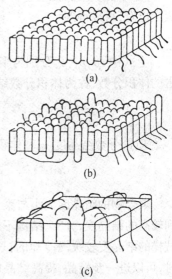

(a)

(b)

(c)

图 2-18 折叠链结晶模型

表 2-2　一些聚合物的结晶和非晶的比容

聚 合 物	v_c, cm^3/g	v_a, cm^3/g
聚 乙 烯	1.00	1.18
聚 丙 烯	1.05	1.17
聚四氟乙烯	0.43	0.50
聚三氟氯乙烯	0.46	0.52
聚乙烯醇	0.74	0.79
尼龙 66	0.81	0.92
尼龙 6	0.81	0.91
尼龙 46	0.80	0.90
聚甲醛	0.65	0.80
聚氧化乙烯	0.75	0.89
聚醚醚酮	0.76	0.79
聚对苯二甲酸乙二酯	0.69	0.75

类似地,从结晶性聚合物的密度是结晶部分的密度和非晶部分的密度的体积加和的假定出发,可以得到

$$\rho = v \cdot \rho_c + (1 - v) \cdot \rho_a \tag{2-3}$$

上式中,ρ、ρ_c、ρ_a 分别为聚合物试样、聚合物结晶和非晶部分的密度,v 是结晶部分所占的体积分数,称为体积分数结晶度

$$v = \frac{\rho - \rho_a}{\rho_c - \rho_a} \tag{2-4}$$

质量分数结晶度 w 和体积分数结晶度 v 之间的关系为

$$w = \frac{\rho_c}{\rho} \cdot v \tag{2-5}$$

聚合物的结晶度大小与聚合物的结构以及结晶条件有关。规整结构的聚合物可以达到较高的结晶度,分支、结构不规整的聚合物的结晶度较低。从熔体急冷(淬火)的聚合物试样的结晶度较缓慢冷却的试样的结晶度低。急冷的试样在玻璃化温度以上温度处理时,可以进一步结晶,提高结晶度。

工业上重要的线型高密度聚乙烯的结晶度在 65% ~ 90% 之间,分支的低密度聚乙烯的结晶度在 45% ~ 74% 之间,全同立构聚丙烯纤维的结晶度在 55% ~ 60% 之间,聚对苯二甲酸乙二酯纤维的结晶度在 20% ~ 60% 之间,棉纤维的结晶度在 60% ~ 80% 之间,尼龙的结晶度在 40% 左右。

3.结晶聚合物的形态

结晶形态学是研究尺寸大于晶胞的结构特征。聚合物在不同条件下得到的结晶可以观察到不同的形态,它们对于聚合物的性能有着深刻的影响。

(1)聚合物单晶

聚合物从熔体结晶时,形成的是多晶聚集态,有着相当多的非晶区,这是由于聚合物分子链之间的缠结以及熔体的高粘度阻止分子链扩散排列成有序的排列。但是在稀溶液

中结晶时可以得到清晰的单晶,因为在浓度低于0.1%的很稀溶液中,一个分子链进入几个结晶的可能性大大降低,形成单晶的可能性增加。许多聚合物,如聚乙烯、聚丙烯、其他聚烯烃、聚酰胺、古塔波胶、纤维素及其衍生物等都已从稀溶液培养得到单晶。电子显微镜研究表明,大多数高分子单晶具有共同的形态特征,即厚度约为10nm,长、宽各为几个微米的薄片晶,常呈菱形,且可以螺旋位错的片体盘旋成长而加厚(图2-19)。

图2-19 聚乙烯单晶的电子显微照片

这些片晶的最显著特征是,虽然分子链的长度可以达到1 000nm,但是链轴是沿片晶的厚度方向,这就意味着分子链在结晶中发生多次折叠。例如在聚乙烯中,只要三、四个单体单元处于旁式构象就可完成链的折叠,而中间的伸展部分约为40个单体单元,它们都处在反式构象。

结晶的大小、形状和规则性与结晶培养条件有关,使用的溶剂、温度和浓度都是重要的因素。片晶厚度与大分子链的长度无关,但随结晶温度及退火处理而改变。片晶的厚度随着结晶温度和压力的提高而增加,许多聚合物片晶厚度的增加与其熔点和结晶温度之差的倒数成比例。

仔细研究还发现,一些单晶的表面呈皱纹和褶状,这两种结构特征的产生可能是由于在制备过程中,单晶成长为空心锥体,当除去溶剂时,表面张力逼使锥体损坏而形成皱纹和褶状。有时,结晶还可以沿着位错螺旋形生长,形成螺旋形状。

(2)聚合物球晶

聚合物在从熔体或较浓的溶液(>1%)中结晶时,可以形成球晶。球晶的生长是以非均相的晶核为中心,从初级晶核生长的片晶,在结晶缺陷点发生支化,形成新的片晶,它们在生长时发生弯曲和扭转,并进一步分支形成新的片晶,如此反复,最终形成以晶核为中心、三维向外发散的球形对称结构(图2-20)。

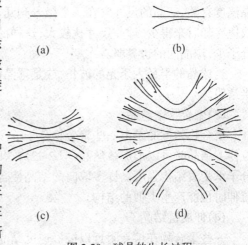

图2-20 球晶的生长过程

球晶的特征可以通过电子显微镜、光学显微镜和光散射等方法观察到。在偏光显微镜下,球晶的特征呈现黑十字消光图案(图2-21)。

黑十字消光图案的形成是球晶的双折射现象所致,在球晶的不同区域,光的速度发生了变化。不同类型的球晶具有不同的双折射,正球晶在径向具有最高的折射率,负球晶在切向具有最高的折射率,球晶双折射研究可以提供它们的结构信息。光散射法可以测定球晶中分子轴的取向,不同类型的球晶可以得到不同的光散射图案,在正球晶中,它们的光轴沿着径向,而在负球晶中,它们的光轴与径向垂直。

图 2-21　带消光同心圆环的聚乙烯球晶偏光显微照片
(聚乙烯球晶的典型生长过程)

在理想球晶中,结晶在径向的取向,在球晶内各处都是一样的。在球晶的生长过程中,球晶中含有链端和非晶部分,并不是完全有序的。球晶的数目、大小和精细结构与结晶温度有关,球晶的尺寸常在一个微米到几个毫米左右,在缓慢结晶时形成的晶核比熔体快速冷却时来得少,球晶尺寸比较大,这样的聚合物往往比较脆,因为这时球晶间的扭带分子少,球晶间的边界弱。

当球晶的半径大于光的波长,或是球晶内存在密度和折射率的差异时,聚合物会变得半透明。

(3)聚合物微丝晶

聚合物微丝晶是由一些聚合物分子链段排列及部分结晶化形成的。结晶性聚合物在拉伸下结晶时可以形成微丝晶(图 2-22),这时,折叠链微晶通过纽带分子联结起来,纽带分子承受着结构强度。许多取向的结晶性合成纤维都具有这种结构,一些聚合物球晶在拉伸时也能产生类似的结构。

(4)伸展链结晶

一些聚合物在熔点附近以极慢速度结晶,或在高压下从熔体结晶,或在取向条件下结晶时,可以形成伸展链结晶,这时大分子链并不发生折叠。伸展链结晶可以具有针状结晶的形态(图 2-23),伸展链结晶具有高的刚性和抗张强度。例如,聚对苯二甲酰对苯二胺(芳纶)分子链的刚性大,结晶时具有伸展链结构,是一高强度、高模量的纤维。

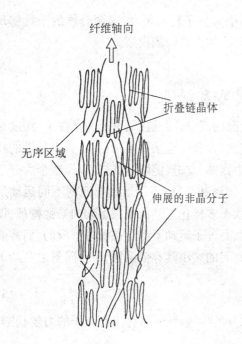

图 2-22　PET取向纤维的结构

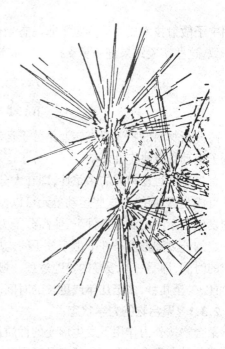

图 2-23　针状伸展链结晶

(5)聚合物串晶

聚合物溶液在搅拌下结晶可以形成串晶结构(图2-24),这是一种晶体取向附生现象,是一个结晶在另一个结晶上的取向生长。大分子链沿着流动方向形成折叠链结晶,这些片晶附生在伸展链结晶上。聚合物在从熔体结晶时也观察到这种串晶结构。

4.非晶态聚合物的结构模型

许多聚合物,如无规立构的聚苯乙烯、聚甲基丙烯酸甲酯等都是非晶态的,在结晶性聚合物中也都存在着非晶

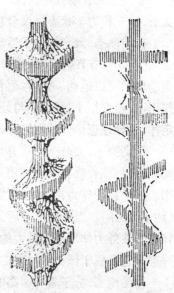

图 2-24　聚合物串晶结构

区。非晶态聚合物的结构是远程无序的,在 X 射线衍射图案中只有模糊的弥散环。

早在 1949 年, Flory 从高分子溶液理论的研究结果推论,提出了非晶态聚合物的无规线团模型(图 2-25)。

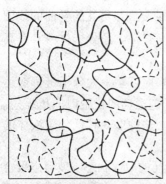

图 2-25　非晶态聚合物的
无规线团模型

按照这个模型,在非晶态聚合物中,聚合物分子链采取无规线团构象,大分子链之间是相互贯穿的,非晶态聚合物的聚集态结构是无序的。这个模型应用于聚合物橡胶弹性和粘弹性的研究都取得了相当的成功,特别是 70 年代以来,

采用中子散射技术成功地测定了非晶态聚合物中大分子链的尺寸,与聚合物的干扰链尺寸一致,这些实验结果进一步支持了非晶态聚合物的无规线团模型。

2.3　高分子转变和松弛

高分子材料的物质状态转变是分子运动状况的反映,而且在通常压力条件下,温度对大分子运动具有决定性影响。与小分子运动相比,大分子运动要复杂得多,具有显著的特点。首先是其运动单元的多重性,即在大分子中侧基、支链、链段、亚链段以及整个大分子链均可成为运动单元;这些运动单元可以振动、转动和平移;不同运动单元的不同运动形式均发生在不同的温度条件下,使高分子力学状态多样化。其次是其运动的松弛特征,即在一定的外力和温度条件下由于分子间内摩擦,高分子运动不都是在瞬时完成的,而需要一定的时间,即是一个缓慢的松弛过程。松弛时间的大小具有依温性,符合阿累尼乌斯关系,可以少至几秒,多至几年或更长的时间。

2.3.1　聚合物的力学状态

聚合物按外力作用下发生形变的性质而划分的物理状态,常称为高分子的力学状态。晶态和非晶态聚合物的力学状态是不同的。

非晶态聚合物在不同温度下,可以呈现三种不同的力学状态,即玻璃态、高弹态和粘流态,这三种力学状态是聚合物分子微观运动特征的宏观表现。

在玻璃态,聚合物分子运动的能量很低,不足以克服分子内旋转势垒,大分子链段(约由 40 ~ 50 个链节组成)和整个分子链的运动是冻结的,或者说松弛时间无限大,只有小的运动单元可以运动。此时,聚合物的力学性质和玻璃相类似,因此称为玻璃态。在外力的作用下,形变很小,且形变与外力的大小成正比,外力除去后,形变能立即回复,符合虎克定律,呈现理想固体的虎克弹性,或称普弹性。

在高弹态,大分子已具有足够的能量,虽然整个大分子尚不能运动,但链段已开始运动。这时,聚合物在外力作用下,大分子链可以通过链段的运动改变构象以适应外力的作用。分子在受外力拉伸时,可以从卷曲的线团状态变为伸展的状态。表现出很大的形变(约 1 000%)。当外力去除后,大分子链又可通过链段的运动回复到最可几的卷曲的线团状态。在外力作用下这种大的且逐渐回复特征的形变,称为高弹性。高分子材料具有高弹态是它区别于低分子材料的重要标志。

在粘流态,分子具有很高的能量,这时不仅链段能够运动,而且整个大分子链都能运动。或者说,不仅链段运动的松弛时间缩短,而且整个大分子链运动的松弛时间也缩短。聚合物在外力作用下将呈现粘性流动,分子间发生相对滑移。这种形变和低分子液体的粘性流动相似,是不可逆的。当外力去除后,形变不能回复。

聚合物由于存在着多重运动单元,在不同温度下,呈现不同的力学状态。玻璃态聚合物在升高到一定温度时可以转变为高弹态,这一转变温度称为玻璃化转变温度,或简称玻璃化温度,常以 T_g 表示。高弹态到粘流态的转变温度称为粘流温度,常以 T_f 表示。

聚合物在不同力学状态下的形变特性,可用在恒定外力作用下的形变－温度曲线,或称

热机械曲线来描述,典型的非晶态聚合物的热机械曲线
如图 2-26 所示。

不同化学结构的聚合物,具有不同的玻璃化温度
和粘流温度,因而不同聚合物出现三种力学状态的温
度区域是不相同的。在常温下处于玻璃态的聚合物如
塑料或纤维,橡胶在常温下处于高弹态,处于粘流态的
有涂料和粘合剂等。

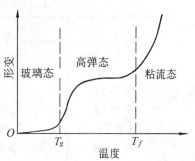

图 2-26　非晶态聚合物
形变-温度曲线

非晶态聚合物虽然可以具有三种力学状态,但并
不是每一种非晶态聚合物都一定具有三种力学状态。
分解温度低于粘流温度的聚合物如纤维素、聚丙烯腈
等显然不存在粘流态。那些热固性塑料,如酚醛塑料,
具有很高的交联密度,就只有玻璃态一种力学状态。

结晶性聚合物如聚乙烯、聚丙烯、聚酰胺、聚酯、
聚甲醛等的力学状态与非晶态聚合物是有区别的。

结晶性聚合物存在着结晶区和非晶区,它的
力学状态不仅与聚合物的分子质量有关,且与结
晶度有关。结晶性聚合物的形变－温度曲线如
图 2-27 所示。

低于玻璃化温度时,结晶性聚合物呈现类似
玻璃态的力学行为,结晶部分起着类似交联的作
用。在达到玻璃化温度时,非晶区发生从玻璃态
到高弹态的转变,由于结晶的存在,产生的高弹
形变较小,试样呈皮革状。这种影响与聚合物的
结晶度有关,随着结晶度的增加,高弹性形变不

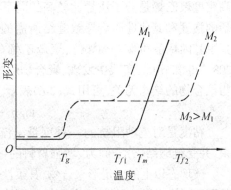

图 2-27　结晶性聚合物形变-温度曲线

断变小,试样变得坚硬,以至最后观察不到明显的玻璃化转变。结晶性聚合物发生粘性流
动的温度与聚合物的分子质量有关,当分子质量较低时,非晶区的粘流温度 T_{f1} 低于结晶
的熔点 T_m,因此温度升高到 T_{f1} 时,整个聚合物并不流动,因这时结晶结构尚未破坏,直到
温度升到 T_m 时,才发生粘性流动。当分子质量较高时,粘流温度 T_{f2} 高于 T_m,此时聚合物
的高弹态分为两段。T_g-T_m 一段是非晶态部分产生的高弹形变,在 T_m 以上到 T_{f2} 以下的一
段,虽然达到结晶熔点,但因分子质量大,聚合物在这时还不能流动,只能产生高弹形变,
因为这时在样品的结晶区和非晶区都能产生高弹形变,所以形变较大。直到温度升高到
T_{f2} 以上时,才发生粘性流动。

表 2-3　一些聚合物的粘流温度、分解温度和成型温度

聚 合 物	粘流温度,℃	分解温度,℃	成型温度,℃
聚 乙 烯	110 – 130	> 300	150 – 260
聚 丙 烯	170 – 175	–	205 – 290
聚苯乙烯	114 – 146	–	205 – 245

聚 合 物	粘流温度,℃	分解温度,℃	成型温度,℃
聚氯乙烯	165 – 190	140	140 – 215
聚碳酸酯	220 – 230	310	295
聚芳酯	–	451	315 – 390
聚甲醛	165	200 – 240	194 – 243
氯化聚醚	180	–	185 – 200
聚苯醚	300	350	260 – 300
尼龙 66	264	270	250 – 270
聚醚砜	–	481	315 – 400
聚醚醚酮		533	371 – 399

2.3.2 聚合物分子运动

影响聚合物物理性质的因素除分子间力外,链缠结也是一个重要因素。虽然石蜡和高密度聚乙烯是分子质量比较高的同系物,但石蜡的链太短,不能缠结,因此它缺乏聚乙烯的强度和其他性质。导致缠结所需的临界链长(Z)取决于高分子的极性和形状,所以聚甲基丙烯酸甲酯(PMMA)、聚苯乙烯(PS)和聚异丁烯临界链长中的碳原子数分别为208,730 和 610。实践中发现,聚合物熔体的粘度(η)通常与临界链长的 3.4 次方成正比,与聚合物的结构无关,可用式(2-6)表示。常数 K 依赖于温度。

$$\log\eta = 3.4\lg Z + \lg K \tag{2-6}$$

粘度是对流动阻抗的一种度量。流动是高分子链段在熔体空穴之间协同运动的结果,并受链缠结、分子间力、增强材料的存在和交联等因素所制约。

玻璃态以上的无定形聚合物,其柔性依赖于高分子链中链段蠕动的类型,影响熔体粘度的因素同样也影响柔性,当分子链中刚性基团之间存在许多亚甲基和链中存在氧原子时,这种柔性就会增加,所以脂族聚酯的柔性通常随下式两个 m 中任何一个的增加而增加。

$$\quad\!\left[\!-(CH_2)_m\!-\!O\!-\!\underset{\underset{O}{\|}}{C}\!-\!(CH_2)_m\!-\!\underset{\underset{O}{\|}}{C}\!-\!O\!-\!\right]_n$$

可是,当高分子主链上存在如下的刚性基团时,玻璃态以上的无定形聚合物的柔性就会下降。因此聚对苯二甲酸乙二醇酯比聚己二酸乙二醇酯硬,熔点高;前者也比聚对苯二甲酸丁二醇酯硬,因为刚性基团之间的亚甲基个数比较少。

亚苯基　　　　　酰胺基　　　　　硫砜基

当无定形聚合物冷却到称之为玻璃化温度(T_g)的特征转变温度以下时,它们的柔性便急剧下降。在 T_g 温度以下没有链段运动,高分子链的尺寸变化只能由主价键的暂时形变引起。无定形塑料最好在 T_g 以下使用,但橡胶必须在脆点或 T_g 以上使用。

熔点(T_m)被称为一阶转变温度,而有时把 T_g 称为二阶转变温度。T_m 的数值一般比 T_g

大33%~100%。分子对称的聚合物,如高密度聚乙烯,其 T_m 和 T_g 的差值最大。如表2-4中的数据所示,橡胶和柔顺聚合物的 T_g 值低,无定型硬塑料的 T_g 值高。

如表2-4所示,全同立构聚丙烯的 T_g 值是373K,然而由于它的结晶度高,所以在其熔点438K以下基本不流动。相反,高度无定形的聚异丁烯(T_g 值为203K)在室温下就能流动。从表2-4还可看出, T_g 随聚丙烯酸酯和聚甲基丙烯酸酯中酯基的增大而下降。从聚对苯二甲酸乙二醇酯的 T_g 值还可看出刚性亚苯基对玻璃化温度的影响,聚对苯二甲酸乙二醇酯的 T_g 比聚己二酸乙二醇酯高119K。

在 T_g 处由于链段运动的增大导致了聚合物比容的增加,所以我们可以根据比容随温度变化的曲线来测定 T_g 值。其他性质,如刚度(模量)、折光指数、介电性质、气体渗透性、X射线吸收和热容等,在 T_g 处都有变化。所以可通过观察这些物理量中任意一个的变化(例如气体渗透性的增加)来测定 T_g。因为比容-温度和折光指数-温度曲线的斜率变化有时不太显著,所以最好外推曲线的两个线性部分,把它们的交点定为 T_g,如图2-28所示。冷却速率不同会导致测定结果的差异。

表 2-4 一些聚合物的近似玻璃化温度(T_g)

聚　合　物	T_g(K)
醋酸丁酸纤维素	323
三醋酸纤维素	430
低密度聚乙烯(LDPE)	148
聚丙烯(无规立构)	253
聚丙烯(全同立构)	373
聚四氟乙烯	160,400
聚丙烯酸乙酯	249
聚丙烯酸甲酯	279
聚甲基丙烯酸丁酯(无规立构)	339
聚甲基丙烯酸甲酯(无规立构)	378
聚丙烯腈	378
聚丙烯(全同立构)	263
聚醋酸乙烯酯	301
聚乙烯醇	358
聚氯乙烯	354
顺式聚1,3-丁二烯	165
反式聚1,3-丁二烯	255
聚己二酰己二胺(尼龙66)	330
聚己二酸乙二醇酯	223
聚对苯二甲酸乙二醇酯	342
聚二甲基硅氧烷(聚硅酮)	150
聚苯乙烯	373

虽然在 T_g 温度以下除共价键被拉长或形变外没有其他运动,但链段开始运动后,就会导致许多不同的构象,因此,每个链节或重复单元的长度(l)乘以链中单元的数目(n)得到的完全伸直长度(nl),仅仅是许多可能存在的构象中一个构象的长度值。计算其他构象的长度是没有实际意义的,但知道高分子链的平均末端距很重要。确定高分子链平均末端距的统计方法为无规行走法,它是由洛德·雷利在1919年提出的。这种经典的统计方法

可用来表示一个人以步长 l 随意行走 n 步,所行的距离,或一只乱飞的蛾或鸟飞过的距离。

从起点到终点走过的距离不是由 nl 确定的直线路程,而应是均方根距 $\sqrt{\overline{r^2}}$,它等于 $l\sqrt{n}$。弗洛里和其他一些学者对无规行走法进行了修正,从而这种方法能够应用于完全伸直长为 nl 的高分子链。在计算高密度聚乙烯($H\!\leftarrow\!CH_2CH_2$ $\rightarrow_{1\,000}H$)时我们会发现 nl 的近似值为 252nm,而 $l\sqrt{n}$ 的近似值为 6.9nm。由此可以看出,均方根末端距的计算值小于完全伸直链末端距的 3%。因为高分子链的运动受到某些限制,它与盲人行走的情况不同,所以必须进行修正,即应增加用雷利法求得的值。当人们对高分子链中固定的四面体角修正后,$l\sqrt{n}$ 的值便从 6.9 增加到了 9.8nm。在对由氢原子引起的运动的干扰进行修正后,得到了更高的均方根末端距 12.2nm。

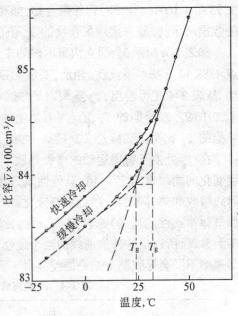

图 2-28 观察比容的突变测定 T_g

如果五个亚甲基呈现出类似环戊烷那样的形状,由于第一和第五个碳原子上的氢原子重叠,则也必须对这种所谓的戊烷干扰进行修正。修正后的 $l\sqrt{n}$ 值为 18.0nm。

行走的盲人能无干扰地折回,但三维的碳-碳链中只有一个原子可以在任一特定的时间占据任一特定位置,因此其他所有原子必定被排除在这一空间外,这就引起了已占空间的问题。虽然也应对已占空间进行修正,但可以用 18.0nm 作为均方根末端距的近似值。

可能有的构象数目随链长的增加而增加,用统计方法可以表示为 2^{2n}。因此当 $n = 1\,000$ 时,高密度聚乙烯可能有 $2^{2\,000}$,即 10^{300} 个构象。我们能很容易地将线型分子如高密度聚乙烯的末端距(r)形象地表示出来,但必须把它看作是一个统计平均值。

支化高分子中因为有许多末端,所以对这样的高分子,习惯上用回转半径(S)来代替 r。回转半径实际上就是从高分子的重心到链端的均方根距。S 小于末端距(r),对线型高分子来说 $\overline{r^2}$ 就等于 $6\,\overline{S^2}$。

除了上面提到的高密度聚乙烯中对自由旋转的各种限制外,当聚乙烯分子中的氢原子被大基团取代时,高分子链的自由旋转还将受到进一步的阻碍。因为在高密度聚乙烯中,阻止构象从反式旋转到镜像旁式的位垒(E)较低(每链节 13kJ),所以这类聚合物是柔顺的,根据式(2-7)所示的阿累尼乌斯方程,这种柔性将随温度(T)的升高而增加。柔性与取向时间 (τ_m) 有关。τ_m 是衡量高分子线团是否容易解卷的一个尺度。常数 A 与高分子结构有关,R 是摩尔气体常数。

$$\tau_m = A\mathrm{e}^{E/RT} \text{ 或 } \lg\tau_m = \lg A + E/2.3RT \tag{2-7}$$

在聚苯乙烯(PS)中巨大的苯基阻碍旋转,因此其 T_g 和 T_m 比高密度聚乙烯高。当聚苯乙烯(PS)中存在像氯原子那样的取代基时,T_g 和 T_m 就更高。同理,芳香族尼龙(又称芳香族酰胺)耐热性将比脂肪族尼龙好。

2.3.3 聚合物的结晶化

一些聚合物在从熔体冷却时,分子链能有序地排列起来,形成结晶态。结晶的存在对聚合物材料的性能有着深刻的影响,诸如密度,透明性,溶解性,耐热性,模量及强度等均随着结晶程度的变化而变化,在这一节,我们将讨论聚合物的结晶过程,结晶速率以及结晶的变换等问题。

1.结晶的成核和生长过程

与低分子化合物相类似,聚合物的结晶过程包括成核和生长两个过程,即晶核的形成和以晶核为中心的结晶生长过程。晶核的形成可分为均相成核和异相成核两类,均相成核是由于聚合物熔体中密度的统计涨落引起的,在熔体中无规地产生。异相成核则是由外加的晶种或杂质与熔体的接触而引起的,常开始于表面。

异相成核的自由能较均相成核的小,因此大多数遇见的聚合物结晶都是以异相成核为开端的。在一些情况下,发现球晶成核在时间和空间上呈无规的分布,说明均相成核也是存在的。

成核和生长过程的速率与温度有关。在成核过程中,降低温度有利于形成稳定的晶核,在较高的温度下,分子的热运动较强,晶核不易产生。结晶生长的过程是聚合物链段运动向晶核扩散而有序排列的过程,随着温度的降低,链段的运动性降低,使结晶生长速率降低。由于结晶成核和生长过程的温度依赖性不同,聚合物结晶速率与温度的关系呈现铃形特征(图 2-29)。在温度接近熔点时,聚合物链段的运动太强,不能形成稳定晶核,而在接近玻璃化温度时,聚合物熔体粘度很高,链段运动极慢,结晶生长速度极慢,因此,聚合物的结晶化过程在 $T_g\text{-}T_m$ 之间的温度进行,在中间某一适当的温度时,成核和生长都具有较大的速度,结晶速率出现最大值。从各种聚合物的实验数据发现,聚合物的最大结晶速率的温度 $T_{c,\max}$ 与聚合物的熔点 T_m 之间有一定的关系

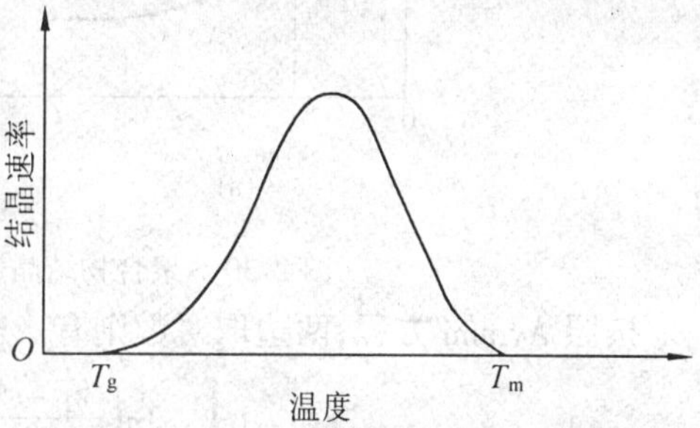

图 2-29　结晶速率的温度依赖性

$$T_{c,\max} = 0.85 T_m(K)$$

例如,天然橡胶的熔点为301K,$T_{c,\max}$ 为248K相当于 $0.83 T_m$。全同立构聚丙烯的熔点为449K,$T_{c,\max}$ 为393K,相当于 $0.87 T_m$。PET的熔点为537K,$T_{c,\max}$ 为463K,相当与 $0.86 T_m$。所以,这一经验式常用来估计最大结晶速率温度。

2.等温结晶动力学

结晶化过程是一个放热过程,结晶化过程中分子有规则地排列起来,形成有序的结晶,随着结晶程度的增加,聚合物的密度增加。因此,可用 X- 射线衍射法、膨胀计法或量热法等来追踪结晶化过程,也可用偏光显微镜直接观察球晶尺寸的变化来研究结晶化过程。

聚合物的等温结晶动力学与低分子化合物相似,常用 Avrami 方程来描述,在测定聚合物试样的比容随时间的变化时,可用下式表示

$$\frac{V_t - V_\infty}{V_o - V_\infty} = \exp(-kt^n) \tag{2-8}$$

式中：V_o、V_∞、V_t——分别表示聚合物试样在结晶的开始、结束和时间 t 时的比容；

k——结晶化速率常数；

n——与结晶成核和生长过程方式有关的指数，称为 Avrami 指数。

表 2-5　Avrami 指数与成核和成长方式关系

生 长 方 式	成 核 方 式	
	均相成核	异相成核
一维生长(纤维状)	$n = 2$	$n = 1$
二维生长(片状)	$n = 3$	$n = 2$
三维生长(球状)	$n = 4$	$n = 3$

聚合物在等温结晶过程中比容随时间的变化如图 2-30 所示，呈反 S 形曲线。也就是说，结晶开始时，速率是低的，在中间阶段，速率加快，在后期，结晶的速率又减慢。

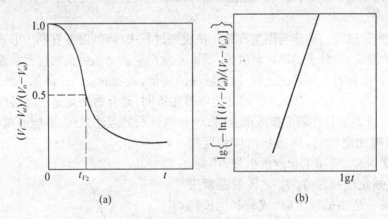

图 2-30　聚合物结晶过程中的比容随时间的变化

按照 Avrami 方程，两边取对数则有

$$\lg\left[-\ln\left(\frac{V_t - V_\infty}{V_o - V_\infty}\right)\right] = \lg k + n\lg t \tag{2-9}$$

将实验结果以 $\lg[-\ln(V_t - V_\infty)/(V_0 - V_\infty)]$ 对 $\lg t$ 作图时，便可得到斜率为 n 的直线(图 2-30)，从得到的 n 和 k 值，可得到关于结晶化过程机理和速率的信息。

通常，人们还用体积收缩减少一半所需的时间的倒数($t_{1/2}^{-1}$)来衡量结晶化速率。从 Avrami 方程，当 $(V_t - V_\infty)/(V_0 - V_\infty) = 1/2$ 时，便可得到

$$t\frac{1}{2} = \left(\frac{\ln 2}{k}\right)^{1/n} \tag{2-10}$$

或是

$$k = \frac{\ln 2}{t_{1/2}^n} \tag{2-11}$$

$t_{1/2}$ 称为半结晶时间，上式说明了 $t_{1/2}$ 与结晶速率常数 k 和 Avrami 指数 n 的关系。

Avrami 方程说明了许多聚合物体系的等温结晶化过程，例如，得到了 PET 在 383K 结晶时的 $n = 2$，在 473K 上结晶时 $n = 4$。但是要注意的是，实验测定的 n 值有时并不与晶态结构一致，而且有时得到的是非整数。

结晶速率的控制在聚合物的成型加工中是很重要的。如结晶聚合物进行注塑成型时,一般在料筒内的温度较高,模具温度的高低会影响熔体的结晶速度,使制品有不同的结晶度。结晶度大,制品的密度大,硬度高,抗张强度和弯曲强度与耐磨性都较好;若结晶度小,制品的柔软性、透明性和耐折性较佳,冲击强度和伸长率也增加,所以通过控制成型过程中熔体冷却的速度的变化可以控制制品的性能。

3.结晶变换

许多结晶性聚合物是多晶型的,即能形成几种晶相上不同的结构,当结晶样品在适当的温度和压力时,可以发生从一种晶相结构到另一晶相结构的变化,称为结晶变换或结晶转变。

每一种结晶形式都有一个温度和压力范围,在此范围内,它是稳定的,有一些结晶结构在热力学上可能是不稳定的,但由于动力学的障碍,它们能存在。当改变温度、压力时,可以发生从一种结构到另一种结构的变化。这些变化可以是热力学上可逆的,称为互变型转变,也可以是不可逆的,称为单变型转变。

聚四氟乙烯是呈现互变型转变的例子。图2-31是聚四氟乙烯的相图,聚合物存在三种互变型的结晶结构。在大气压下,在19℃时发生从结构Ⅱ到结构Ⅰ的变换。X射线衍射研究表明,这是由于链段沿着其长轴振动,使分子的螺旋构象的扭曲削弱,结晶点阵发生了变化的结果。

全同立构的聚丁烯-1呈现单变型转变,当聚合物从熔体结晶时形成正方晶系结构,分子链采取11_3螺旋构象,这一结构是介稳的,能自发地

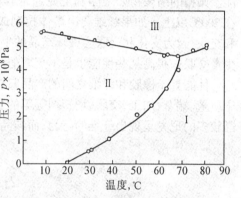

图2-31　聚四氟乙烯相图

转变为斜方六面体结构,分子链呈3_1螺旋构象,这种变换使结晶度增加7.3%。变换过程动力学与温度和压力有关,在室温附近呈现最大的速率,而且在压力下大大加速。在大气压下,在 – 20℃以下和50℃以上,变换的速度极其缓慢,介稳结构可以很长时间保持。

全同立构聚丙烯也呈现单变型转变。在压力下从熔体结晶得到的是γ型结构,在大气压下,加热到150℃可以自发地变换为通常的α结构。

一些聚合物在外力作用下也可发生结晶变换。例如,聚乙烯在受到与分子链垂直方向的压缩力时,可以发生从斜方晶体结构到单斜结构的变换。聚四氟乙烯在50℃以上受到单轴拉伸时,可以发生从斜方结构Ⅱ到Ⅰ的变换,其中链的构象从交替反式-旁式构象向平面曲折链构象变化。

2.4　高分子结构与性能的关系

高分子材料的性能不仅与聚合物的化学性质有关,而且还与诸如结晶的程度和分布,聚合物链长的分布,添加剂(如填料,增强剂和增塑剂等等)的性质和用量等许多因素有关。这里我们只是简要地讨论一下高分子材料的物理和化学性质,以便能够把它们分成

三大类即橡胶,塑料和纤维。

橡胶是具有化学和(或)物理交联的高聚物。从工业应用来看,"使用"温度必须在 T_g 以上(整个分子链可移动),其常态(未经拉伸状态)必须是无定形的。由于熵的缘故,拉长后的恢复力比较大,材料被拉长时,无规链被迫处于较为有序的状态。解除作用力,分子链趋于恢复到较为无规的状态。分子链的格罗斯(Cross)流动性即实际流动性,必须很低。链间的内聚能力应该是低的,以便能迅速、容易地膨胀。在伸长的状态下,分子链应呈现出高的抗拉强度,而伸长小时应有低的抗拉强度。交链的乙烯基聚合物常常最能满足以上这些性能要求。由于交联,材料形变后能恢复到其原先的形状。这一性能常称为橡胶的"记忆"。纤维的性能包括高抗拉强度和高模量(高应力下产生小应变)。这些性能是由于分子的高对称性和高的链间内聚能而产生的。这两条都决定着聚合物有极高的结晶度。纤维通常是线型的,是在一个方向上牵伸而成的,因此在该方向上具有高的力学性能。典型的缩聚物如聚酯和尼龙通常具有这些性能。如果纤维要被熨烫,则它的 T_g 应在200℃以上。如果纤维要由熔体拉制成,则其 T_g 应在300℃以下。纤维不希望有支化和交联,因为支化和交联会破坏结晶的生成。即使是在材料被适当牵伸和加工之后进行少量交联来提高某些性能也是不足取的。

性能界于橡胶和纤维之间的产品归成一类,取名为"塑料"。有些聚合物的性能随分子质量、端基、加工、交联、增塑剂等等的变化有很大变化,它们可以分属于两类之中。结晶较多的尼龙呈现出纤维的行为,而结晶较少的尼龙一般归为塑料。

小　结

1.聚合物或大分子是链长大于产生链缠结所需的临界长度的高分子质量化合物。当链长超过临界链长时,高分子质量化合物的熔体粘度和其他物理性质产生突变。

2.虽然有些天然聚合物如蛋白质是单分散的,即所有分子具有相同的分子质量,但其他天然和合成聚合物,如纤维素和聚乙烯,是多分散的,即它们是由不同分子量的高分子链的混合物组成。因此,人们用术语$\overline{DP}$来表示平均聚合度,$\overline{DP}$等于高分子链中链节(重复单元)的平均数目。

3.许多聚合物,如纤维素和高密度聚乙烯,是由长的、连续的,以共价键结合的原子组成的线型聚合物。另一些聚合物,如淀粉糊精和低密度聚乙烯,则有支链(即从高分子主链上延伸出来的链),因此体积比线型聚合物大,密度比线型聚合物低.线型聚合物和具有支链的聚合物都是热塑性的。而网状聚合物如不饱和聚酯和硬质橡胶,是不熔的热固性聚合物,这种聚合物中的每个分子链通过共价交联键互相连接起来。

4.高分子主链上的官能团,如聚丙烯和天然橡胶中的甲基,被称为侧基。

5.因为碳－碳单键的自由旋转可以形成许多不同的形状,即构象,所以许多橡胶类聚合物是柔顺的。这种链段运动会受到高分子主链上的大侧基和刚性基团以及强的分子间作用力的阻碍。分子间力以氢键为最强,所以对大多数高强度纤维来说,氢键是必不可少的。

6.双键的存在也会阻碍以共价键结合的原子的自由旋转。因此,对聚异戊二烯这样的高分子,有可能存在稳定的反式和顺式构型。聚异戊二烯的顺式和反式异构体分别是众所周知的柔性天然橡胶和硬塑性的古塔波胶。

7.当高分子如聚丙烯中存在手性中心时,就可能有许多不同的构型,即旋光异构体。侧基有序排列的主要构型是称为全同立构和间同立构异构体的高熔点、高强度分子。侧基在空间无规排列的低熔点异构体称为无规立构聚合物。

8.因共价键自由旋转导致链段开始运动的温度是一个特殊温度,称为玻璃化温度。这个温度对塑料和橡胶是很有用的,这两类聚合物必须分别在玻璃化温度 T_g 以下和以上使用。

9.因为在 T_g 处链段开始运动使比容、折光指数、气体渗透性、热容等参数增加,所以可用这些性质的突变来测定 T_g。

10.一级转变即熔点 T_m,它比 T_g 高33% – 100%, T_g 称为二阶转变。像 HDPE 那样的对称聚合物,T_m 和 T_g 之间的差最大。

11.拉成完全伸直长度的高分子链仅仅是聚合物在大于 T_g 的温度下存在的无数个构象中的一个。因此,链长用统计方法表示为均方根末端距,约是高分子链全伸直长度的7%。

12.因为像 LDPE 这样的支化链有许多链端,所以习惯上用回转半径 S 来代替 r,S 是从高分子重心到链端的距离。

13.柔性随温度增加而增加,它与取向时间成反比关系,可用阿累尼乌斯方程计算。

14.纤维和拉长的橡胶,因存在有条理的微晶或晶区组成的球晶,因此是半透明的。

15.因为人们已能制得由对称高分子折叠链组成的片状单晶,所以现在可以采用由晶态和无定型区域结构组成的插线板模型来表示结晶聚合物。

16.薄膜经双轴取向或纤维被拉伸时,结晶聚合物会产生附加取向,因而物理性能将变得更好。

17.橡胶、纤维和塑料之间的主要差别在于分子链中是否存在刚性基团、分子链上的侧基大小、分子间力的强度。橡胶的一般特征是高分子主链中无刚性基团,存在大的侧基和缺乏强的分子间力。相反,纤维的特征是高分子主链中有刚性基团,分子间有氢键,无支化或立体不规则的侧基。塑料的性能和结构介于这两种极端情况之间。

常 用 术 语

无定形:非晶态聚合物,或聚合物中的非晶态区。

无规立构:在分子链的每一侧,侧基呈无规排列的聚合物,如无规立构聚丙烯中的排列。

双轴取向薄膜:在相互垂直的两个方向上拉伸制得的高强度薄膜。这种高强度薄膜加热时会收缩到其原先的尺寸。

支化聚合物:在高分子主链上连接有同样组成延伸支链的聚合物,如低密度聚乙烯。注意,不能把具有侧基(如聚丙烯中的甲基)的高分子认为是支化聚合物。

纤维素:重复单元为纤维二糖的聚合物。

构象(总称):由高分子链中单键旋转形成的各种高分子形态。

构象(单个):由高分子构象变化产生的某一种形态。

完全伸直长度:高分子链完全伸直时的长度,等于每一个重复单元长度(l)乘以单元或链节数(n)的积,即 nl 为完全直链长。

临界链长(Z):高分子链产生缠结所需的最小链长。

交联密度:比较网状聚合物交联程度的一个尺度。

结晶聚合物:具有有序结构的聚合物,这种有序结构能使聚合物摆脱混乱状态和形成结晶,如高密度聚乙烯。

末端距(r):高分子中两个链端间的距离。

有规立构:全同立构或间同立构高分子。

柔性基团:高分子主链中能增加高分子链段运动的那些基团,如氧原子或多亚甲基。

玻璃化温度(T_g):一个特征温度,达到这个温度时,由于链段开始运动,玻璃态的无定型聚合物变柔顺或变成类橡胶。

玻璃态:硬、脆的状态。

全同立构:侧基都在高分子主链同一侧的聚合物,如全同立构聚丙烯。

马尔特斯十字:具有四个像内指箭头一样的轮辐组成的十字形结构。

熔点(T_m):固相和液相处于平衡时的一阶转变。

链节:高分子链中的重复单元。

模量:应力和应变之比,是衡量高分子材料刚性的尺度。

单分散聚合物:只由一种相对分子质量的分子组成的高分子。

侧基:连接在主链上的基团。

多分散聚合物:由许多不同相对分子质量的分子组成的高分子。

侧链结晶:间隔有规的长侧基结晶。

聚合物单晶:由线型聚合物的折叠链组成层状结构。

球晶:聚合物微晶的聚集体。

刚性基团:高分子主链中阻碍高分子链段运动的那些基团,如亚苯基。

间同立构:侧基相间的排列在高分子的两侧。

习　题

1.用粗略的示意图表示:(a)线型聚合物,(b)侧基聚合物,(c)短支链聚合物,(d)长支链聚合物,(e)低交联聚合物,(f)高交联聚合物。

2.HDPE 和 LDPE 哪一种:(a)体积较大,(b)熔点较低?

3.线型聚合物和支化聚合物中碳原子的近似键角是多少?

4.当 $n = 2\,000$ 时,HDPE 和 PVC 分子链的近似长度是多少?

5.指出单分散聚合物:(a)天然橡胶,(b)玉米淀粉,(c)棉纤维素,(d)牛奶烙蛋白,(e)HDPE,(f)PVC(g)β-角蛋白,(h)尼龙 66,(i)脱氧核糖核酸。

6.平均相对分子质量为 27 974 的 LDPE 的聚合度是多少?

7.指出支化聚合物:(a)HDPE,(b)全同立构聚丙烯,(c)LDPE,(d)直链淀粉。

8.指出热塑性聚合物:(a)硬质橡胶,(b)酚醛树脂,(c)硫化橡胶,(d)HDPE,(e)赛璐珞,(f)PVC,(g)LDPE。

9.(a)硬质橡胶和(b)软硫化橡胶哪种的交联度高?

10. 高密度聚乙烯和低密度聚乙烯的差别在于:(a)构型;(b)构象?

11. 画出聚乙烯醇(PVA)的头-尾和头-头连接构型。

12. 画出:(a)间同立构和(b)全同立构聚氯乙烯分子链典型部分的结构。

13. 画出旁式高密度聚乙烯的纽曼投影图。

14. 说出分子间力主要是:(a)伦敦力,(b)偶极力,(c)氢键的聚合物名称。

15. (a)聚对苯二甲酸乙二醇酯和(b)聚对苯二甲酸丁二醇酯哪一个柔顺?

16. (a)聚甲基丙烯酸甲酯和(b)聚甲基丙烯酸丁酯哪一个玻璃化温度(T_g)高?

17. (a)全同立构聚丙烯和(b)无规立构聚丙烯哪一个 T_g 高?

18. (a)全同立构聚丙烯和(b)无规立构聚丙烯在室温下哪一个对气体有较好的渗透性?

19. (a)高密度聚乙烯和(b)低密度聚乙烯哪一个 T_m 与 T_g 的差值较大?

20. $\overline{DP}$ 为 1 500 的高密度聚乙烯分子的完全伸直链的长度是多少?

21. (a)聚丙烯酸甲酯和(b)聚甲基丙烯酸甲酯哪一个较为柔顺?

22. (a)尼龙 66 和(b)芳香族聚酰胺哪一个熔点高?

23. (a)聚醋酸乙烯酯和(b)聚苯乙烯哪一个在室温下有较大的冷流倾向?

24. (a)聚苯乙烯和(b)全同立构聚丙烯哪一个更为透明?

25. (a)高密度聚乙烯和(b)聚甲基丙烯酸丁酯哪一个更易产生微晶?

26. 怎样才能浇注出一张接近透明的低密度聚乙烯薄膜?

27. 在拉伸时,(a)未硫化橡胶和(b)硬质橡胶哪一个更倾向于呈晶态?

28. (a)聚甲基丙烯酸甲酯和(b)聚甲基丙烯酸十二烷酯哪一个更易出现侧链结晶?

29. 一聚合物试样的元素分析结果为 C:H:O = 2:4:1,试分析可能是什么聚合物?

第三章 高分子溶液及相对分子质量

高分子溶液是人们在生产实践和科学研究中经常接触的对象,它在高分子科学和工业中都占有重要的地位。在高分子材料应用中,如溶液纺丝、塑料增塑以及油漆、涂料和粘合剂的制备和使用等都是在高分子溶液中进行的,这些过程的效果都与高分子溶液的性质有密切的关系。

高分子溶液的性质随着浓度的变化而发生较大的变化。一般溶液浓度在 1% 以下时为稀溶液,此时溶液的性质是稳定的;溶液浓度在 25% 以上时为浓溶液,稳定性较差。目前已对稀溶液性质开展了充分的研究。

3.1 高分子溶液基本理论

3.1.1 高分子溶解

高分子溶解是一个缓慢的过程,可分为两个阶段,第一阶段是溶剂化溶胀过程,溶剂分子缓慢渗透进入高分子中,使高分子胀大。第二阶段是线型和支化高分子的溶解,而交联高分子仍保持溶胀。对于线型和支化高分子,一般来说,无定型高分子较结晶型高分子易溶解,分子质量低较分子量高易溶解,升高温度、增加搅拌有利于溶解。

在高分子溶解过程中,溶剂的选择至关重要。溶剂选择的原则有三个。

(1)极性相近原则,即极性大的溶质溶于极性大的溶剂,反之亦然,这是从低分子溶解中总结出来的规律,在一定程度上对高分子溶解也有指导意义。

(2)溶剂化原则,即溶剂对高分子具有溶剂化作用,这一般要求高分子和溶剂在分子结构上应分别具有亲电子体和亲核体。高分子上含有基团的亲电子性或亲核性越强,其溶剂的亲核性或亲电子性应该越强,否则不易溶解;若高分子的亲电子性或亲核性越弱,则对溶剂的亲核性或亲电子性要求较弱。

(3)溶解度参数相近原则

早在 1926 年,希尔德布兰德(Hildebrand)就指出了溶解度和溶剂内压的关系。1931年斯卡查德(Scatchard)把内聚能密度的概念引入希尔德布兰德方程中,导出了溶解度参数概念,该参数为内聚能密度的平方根。因此,非极性溶剂溶解度参数 δ 等于单位体积蒸发热的平方根,即

$$\delta = \left(\frac{\Delta E}{V}\right)^{1/2} \tag{3-1}$$

根据希尔德布兰德理论,溶质和溶剂的混合热正比于它们溶解度参数差的平方,如下列方程所示。式中,溶剂的体积分数为 φ_1 和溶质的体积分数为 φ_2。因为一般来说,熵项

有利于溶解,而焓项对溶解起反作用,因此通常要求溶剂和溶质相配,以便使它们的 δ 的差值小。

$$\Delta H_m = \varphi_1\varphi_2(\delta_1 - \delta_2)^2 \tag{3-2}$$

对于非极性高分子,溶剂与高分子的溶解度参数差小于 $3.5(J/cm^3)^{1/2}$ 时可发生溶解。有些溶剂可以混和使用,其溶解度参数为各种溶剂的溶解度参数的体积分数加和。

表 3-1　常用溶剂的溶解度参数

溶　剂	δ, $(J/cm^3)^{1/2}$	溶　剂	δ, $(J/cm^3)^{1/2}$
己烷	14.8	甲醇	29.7
环己烷	16.7	乙醇	26.5
苯	18.7	异丙醇	23.6
甲苯	18.3	丁醇 – 1	23.3
1,4 – 二甲苯	18.0	环己醇	23.3
乙苯	17.9	苯酚	25.6
苯乙烯	19.0	间甲酚	22.7
1,2,3,4 – 四氢萘	19.5	乙二醇	29.1 ~ 33.4
十氢萘	18.0	丙二醇	30.3
二氯甲烷	19.9	丁二醇	29.0
三氯甲烷	19.0	丙三醇	33.8 ~ 43.2
四氯化碳	17.6	苯甲醇	21.1 ~ 24.8
氯乙烷	17.4	甲酸	25.0
1,2 – 二氯乙烷	20.1	乙酸	20.7
1,1,2,2 – 四氯乙烷	20.2	乙酸酐	15.4 ~ 16.0
氯苯	19.6	苯胺	22.0
溴苯	20.0	硝基苯	20.5
1 – 溴萘	21.0	甲酰胺	36.7
1,1,2 – 三氟 1,2,2 – 三氯乙烷	14.8	二甲基甲酰胺	24.9
四氢呋喃	20.2	吡啶	21.9
二氧六环	20.4	二硫化碳	20.5
环氧氯丙烷	21.9	二甲亚砜	26.7
乙酸乙酯	18.6	硝基甲烷	26.0
乙酸异戊酯	17.0	DOP	16.2
丙酮	20.3	糠醛	22.9
丁酮 – 2	19.0	丙烯腈	21.5
环己酮	19.0	乙腈	24.3
乙醛	20.1	水	47.9
苯甲醛	19.2 ~ 21.3		

表 3-2 高聚物的常用溶剂

聚 合 物	溶 剂
聚乙烯	十氢萘,四氢萘,1-氯萘(均>130℃)
聚丙烯	十氢萘,四氢萘,1-氯萘(均>130℃)
聚异丁烯	醚,汽油
聚苯乙烯	苯;氯仿,二氯甲烷,醋酸丁酯,二甲基甲酰胺,甲乙酮,吡啶
聚氯乙烯	四氢呋喃,环己酮,二甲基甲酰胺,氯苯
氯化聚氯乙烯	丙酮,醋酸乙酯,苯,甲苯,二氯甲烷
聚乙烯醇	甲酰胺,水
聚醋酸乙烯	芳香族烃,氯代烃,酮,酯,甲醇
聚乙烯醇缩醛	四氢呋喃,酮,酯
聚丙烯酰胺	水
聚丙烯腈	二甲基甲酰胺,二氯甲烷
聚丙烯酸酯	芳香烃,卤代烃,酮,四氢呋喃
聚甲基丙烯酸酯	芳香烃,卤代烃,酮,二氧六环
聚四氟乙烯	/
聚三氟氯乙烯	邻氯苄川三氟(>120℃)
聚氟乙烯	环己酮,二甲亚砜,二甲基甲酰胺(均>110℃)
聚偏氟乙烯	二甲亚砜,二氧六环
ABS	二氯甲烷
苯乙烯-丁二烯共聚物	醋酸乙酯,苯,二氯甲烷
氯乙烯-醋酸乙烯共聚物	二氯甲烷,四氢呋喃,环己酮
天然橡胶	卤代烃,苯
聚丁二烯	苯
聚氯丁二烯	卤代烃,甲苯,二氧六环,环己酮
聚甲醛	二甲亚砜,二甲基甲酰胺(150℃)
聚氧化乙烯	醇,卤代烃,水,四氢呋喃
氯代聚醚	环己酮
聚环氧氯丙烷	环己酮,四氢呋喃
聚对苯二甲酸乙二酯	苯酚-四氯乙烷,二氯乙酸
聚对苯二甲酸丁二酯	苯酚-四氯乙烷
聚碳酸酯	环己酮,二氯甲烷,甲酚
聚芳酯	苯酚-四氯乙烷,四氯乙烷
聚酰胺	甲酸,酚,苯酚-四氯乙烷
聚氨酯	二甲基甲酰胺,四氢呋喃,甲酸,乙酸乙酯
醇酸树酯	酯,卤代烃,低级醇
环氧树酯	醇,酮,酯,二氧六环
硝酸纤维素	酮,醇-醚
醋酸纤维素	甲酸,冰醋酸

表 3-3　高分子的溶解度参数

聚　合　物	δ, $(J/cm^3)^{1/2}$	聚　合　物	δ, $(J/cm^3)^{1/2}$
聚乙烯	16.4	聚丁二烯	17.2
聚丙烯	19.0	聚异戊二烯	17.4
聚异丁烯	17.0	聚氯丁二烯	16.8 ~ 18.8
聚苯乙烯	18.5	丁二烯/苯乙烯共聚物 75/25	17.4
聚氯乙烯	20.0	丁二烯/丙烯腈共聚物 75/25	19.2
聚偏氯乙烯	20.3 ~ 25.0	氯乙烯/醋酸乙烯共聚物 87/13	21.7
聚四氟乙烯	12.7	聚甲醛	20.9
聚三氟氯乙烯	14.7 ~ 16.2	聚氧化丙烯	15.3 ~ 20.3
聚乙烯醇	26.0	聚氧化丁烯	17.6
聚醋酸乙烯	21.7	聚 2,6 – 二甲基苯撑氧	19.0
聚甲基丙烯酸甲酯	18.6	聚对苯二甲酸乙二酯	21.9
聚甲基丙烯酸乙酯	18.3	尼龙 6	22.5
聚丙烯酸甲酯	20.7	尼龙 66	27.8
聚丙烯酸乙酯	19.2	聚碳酸酯	20.3
聚丙烯酸丁酯	18.5	聚砜	20.3
聚丙烯腈	26.0	聚二甲基硅氧烷	14.9
聚甲基丙烯腈	21.9	乙基纤维素	21.1

3.1.2　高分子溶液热力学

高分子溶液同低分子溶液一样也是一个平衡体系,溶解过程也是一个混合过程,这个过程能否自发进行是由过程的自由能变化决定的。正如恒温吉布斯自由能方程(3-3)所示,欲使溶解进行,ΔG 必须下降,即

$$\Delta G = \Delta H - T\Delta S \tag{3-3}$$

由于高分子溶液的特殊性,如何正确估计其溶解过程中的 ΔG 变化十分重要。Flory 和 Huggins 通过假设高分子链段同溶剂分子的大小相等,得到高分子溶液晶格模型理论,认为高分子溶液中分子排列类似于晶体的晶格排列,每个晶格中能放置一个溶剂分子或高分子的一个链段,这里的链段指的是它具有与溶剂分子相同的体积,且链段在晶格中所

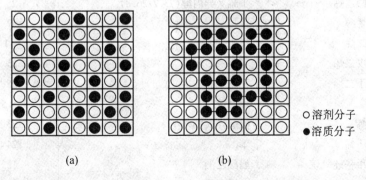

　　　　　　(a)　　　　　　　　　　　(b)

图 3-1　低分子溶液(a)和高分子溶液(b)的晶格模型

占的密度是均匀的。该理论得出溶解过程自由能变化 ΔG,即

$$\Delta G = RT(n_1 \ln v_1 + n_2 \ln v_2 + \chi_1 n_1 v_2) \tag{3-4}$$

其中，n_1、n_2 分别为溶剂、高分子的摩尔数，v_1、v_2 分别为溶剂、高分子的体积分数，$\chi_1 = Z\Delta E/RT$，为 Flory-Huggins 相互作用参数，Z 为晶格配位数。

聚合物–溶剂相互作用参数与溶解度参数间存在以下关系

$$\chi_1 = \frac{V_m}{RT}(\delta_1 - \delta_2)^2 \tag{3-5}$$

V_m 为溶剂的摩尔体积。

虽然弗洛里-哈金斯理论有其局限性，但它可以用来预示包含无定型聚合物的液相之间的平衡行为。这一理论也可用来预计浊点，浊点是刚刚偏离临界溶解温度 T_c 某一侧则出现相分离的温度，在 T_c 时两相合并为一相。弗洛里-哈金斯作用参数可用来衡量溶剂的溶解能力。不良溶剂的 χ_1 值为 0.5；良溶剂的 χ_1 值则要降低。

弗洛里和克里格鲍姆（Krigbaum）假设存在引起远程相互作用的已占空间效应，从而克服了弗洛里-哈金斯晶格理论的局限性，远程相互作用可通过引入焓项 K_1 和熵项 ψ_1，用自由能来描述。当 ΔG 等于零时，这两项相等。这些条件奏效时的温度就是 θ 温度，此时 $\chi_1 = 0.5$。在该温度下，已占空间效应受到限制，聚合物分子呈现稀溶液中的未扰动构象。θ 温度是分子质量无限大的聚合物与特定溶剂可完全混溶的最低温度。在 θ 温度以上线团展开，温度较低时线团缩紧。表 3-4 列出部分聚合物的 θ 溶剂和 θ 温度。

表 3-4　聚合物的 θ 溶剂和 θ 温度

聚　合　物	θ 溶　剂	θ 温度，℃
聚乙烯	联苯	125
	正己烷	133
聚丙烯	二苯醚	153
聚氯乙烯	四氢呋喃／水（100/11.9）	30
聚苯乙烯	环己烷	35
	十氢萘	23
聚甲基丙烯酸甲酯	丁酮／异丙醇（50/50）	25
	庚酮 – 4	34
聚醋酸乙烯	丁酮／异丙醇（73.2/26.8）	25
聚乙烯醇	水	97
聚丁二烯	正庚烷	– 1
聚异戊二烯	丁酮	25
聚氯丁二烯	丁酮	25
	环己烷	45.5
聚丁烯	醋酸异戊酯	23
聚异丁烯	苯	24
聚二甲基硅氧烷	醋酸乙酯	18
聚砜	二甲亚砜	105.5

上述高分子溶液热力学理论都比较成功地解释了非晶态、非极性聚合物在非极性溶剂中的稀溶液行为,但是在理论处理中并没有考虑到分子间可能的极性或氢键的作用,因而常不适用于极性聚合物和极性溶剂的体系,而且在理论中也都没有考虑到溶解过程中体积的变化,它对于熵和焓的变化都是会有影响的,这些都是该理论不足之处。

3.2　高聚物相对分子质量及其分布

高分子材料的力学、热学、电学、光学等物理性能以及加工性能都与其相对分子质量及分布有着密切的关系。各种物理性能与相对分子质量之间常存在一个临界相对分子质量。在临界分子量之下,性能随相对分子质量增加而迅速变化。达到临界相对分子质量后,性能变化趋于缓慢,并接近极限值。过大相对分子质量会对加工性等造成不利影响。聚合物的平均相对分子质量($\overline{M}$)等于重复单元或链节的平均数(用DP表示)与这些重复单元的相对分子质量的乘积。$\{CH_2CH_2\}_{1\,000}$的相对分子质量是$1\,000 \times 28 = 28\,000$。

由于聚合反应过程的统计特性,所有合成高聚物及大多数天然高聚物,都是具有不同分子链长的同系物的混合物,即存在分子质量分布。大多数合成聚合物和许多天然聚合物是由不同分子质量的分子组成的,因此又称为多分散聚合物。而特殊的蛋白质和核酸是由分子质量一定的分子组成的,因此称为单分散聚合物。

低聚物和其他低相对分子质量聚合物不能满足高强度的需要。聚合物分子质量范围一般处于相对分子质量的低限到极高限之间,这样即保证强度要求,又保证了加工性能。分子质量的最低限度值依赖于 T_g 值、无定形聚合物的内聚能密度(CED)、结晶聚合物的结晶程度和聚合物复合材料中的增强剂。因此,虽然低相对分子质量无定形聚合物可以用作涂料或胶粘剂,但如果要作为橡胶或塑料使用,则重复单元数至少应为$1\,000$。对纤维来说,除要求聚合物有高度规整的结构(如全同立构聚丙烯)外,还要求分子间有强的氢键。由于极性聚合物有高的内聚能密度,所以将它们作为纤维使用时即使 DP 值比较低其性能也能令人满意。

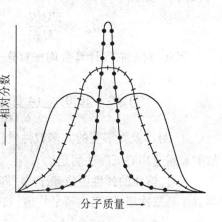

图 3-2　几种典型的相对分子质量分布曲线
+ 为比较宽的分布曲线;
· 为比较窄的分布曲线;
– 为双峰形分布曲线

由于高聚物相对分子质量的多分散性,所以常用统计方法定义的平均相对分子质量来说明其分子量大小,主要有以下四种形式。

数均相对分子质量 $\overline{M}_n$ 和其他数均值的计算方法一样,由各个分子的相对分子质量的总和除以分子总数求得。因此,对相对分子质量分别为1.00×10^5,2.00×10^5 和3.00×10^5 三个分子来说,$\overline{M}_n$ 应为$(6.00 \times 10^5)/3 = 2.00 \times 10^5$。这一解释用数学方法表示为

$$\overline{M}_n = \frac{样品的总质量}{分子总数} = \frac{W}{\Sigma N_i} = \frac{\Sigma M_i N_i}{\Sigma N_i} \tag{3-6}$$

大多数热力学性质与存在的质点数目有关，因此依赖于 $\bar{M}_n$。依数性依赖于存在的质点数，因此显然与 $\bar{M}_n$ 有关。$\bar{M}_n$ 的值与分子的尺寸无关，而对存在于混合物中的小分子很敏感。$\bar{M}_n$ 值可用与依数性有关的各种拉乌尔法测定，例如，沸点升高、冰点下降、渗透压和端基分析等。

重均相对分子质量（$\bar{M}_m$）可以用实验的方法测得，但在这些方法中必须使每一个分子或分子链对所测结果都有贡献。这个平均值比数均相对分子质量更依赖于较重分子的数目，而数均相对分子质量简单地依赖于粒子总数。

重均相对分子质量（$\bar{M}_m$）是二次矩，即二次幂平均，数学上表示为

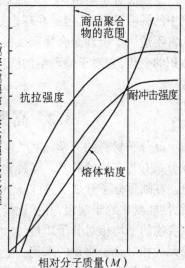

$$\bar{M}_m = \frac{\Sigma M_i^2 N_i}{\Sigma M_i N_i} \qquad (3-7)$$

图 3-3　聚合物的性质和分子量的关系

因此，对于前面计算数均相对分子质量（$\bar{M}_n$）中举的那个例子，它的重均分子量应为 2.33×10^5，即

$$\frac{(1.00 \times 10 10) + (4.00 \times 10 10) + (9.00 \times 10 10)}{6.00 \times 10^5} = 2.33 \times 10^5$$

$\bar{M}_m$ 对涉及大形变的大多数性质（例如，粘度和韧性）的影响特别大。$\bar{M}_m$ 的数值由光散射和超速离心沉降法测定。

然而，熔体的弹性更依赖于 $\bar{M}_z$ 即 Z 均相对分子质量，$\bar{M}_z$ 也可由超速离心沉降法测得。$\bar{M}_z$ 是三次矩，即三次幂平均值，数学上表示为

$$\bar{M}_z = \frac{\Sigma M_i^3 N_i}{\Sigma M_i^2 N_i} \qquad (3-8)$$

对于上述计算 $\bar{M}_n$ 和 $\bar{M}_m$ 中举的那个例子，它的 Z 均相对分子质量 $\bar{M}_z$ 应为 2.57×10^5，即

$$\frac{(1 \times 10^{15}) + (8 \times 10^{15} + (27 \times 10^{15})}{(1 \times 10^{10}) + (4 \times 10^{10}) + (9 \times 10^{10})} = 2.57 \times 10^5$$

粘均相对分子质量（$\bar{M}_v$）是用粘度法测定的聚合物分子量，它不是绝对分子质量，它只是一个相对度量。

$$\bar{M}_v = \left[\frac{\Sigma N_i M_i^{\alpha+1}}{\Sigma N_i M_i} \right]^{1/\alpha} \qquad (3-9)$$

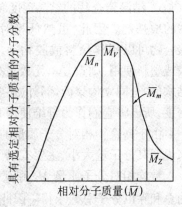

图 3-4　相对分子质量分布

图 3-4 中，按照大小递增的次序列出了这些相对分子质量。因为除单分散系统外，$\bar{M}_m$ 总比 $\bar{M}_n$ 大，所以比值 $\bar{M}_m / \bar{M}_n$ 是衡量多分散性的一个尺度，称之为多分散指数，常用 HI 表示。由缩聚法合成的多分散性聚合物，HI 为 2 的分布可能性最大。自由基聚合物 HI 为 1.5 ~ 2.0，其高转化率时 HI 为 2 ~ 5，自加速

效应时 HI 为 5 ~ 10。阴离子聚合物 HI 为 1.01 ~ 1.05。配位聚合物为 8 ~ 30;分支聚合物为 20 ~ 50。在相对分子质量的不同表示方法中,$\bar{M}_z > \bar{M}_m > \bar{M}_n$。随不均匀性下降,各种平均相对分子质量的数值逐渐接近,直到聚合物由单一分子质量的分子组成时,$\bar{M}_z = \bar{M}_m = \bar{M}_n$。这些相对分子质量的比值常常用来表示聚合物试样相对分子质量的不均匀性。

3.3 高聚物相对分子量及其分布的测定

表 3-5 列出了测定聚合物相对分子质量的一些典型方法。这里只是简要地讨论几种常用的方法。

表 3-5 典型的相对分子质量测定方法

方　　法	平均相对分子质量的类型	适用的相对分子质量范围	可提供的其他信息
光散射	$\bar{M}_m$	~ ∞	还可给出分子形状
膜渗透压	$\bar{M}_n$	$10^4 ~ 2 \times 10^6$	
气相渗透	$\bar{M}_n$	~ 40 000	
电子和 X 射线显微镜	$\bar{M}_{n,w,z}$	$10^2 ~ ∞$	形状、分布
等压法	$\bar{M}_n$	~ 20 000	
沸点升高	$\bar{M}_n$	~ 40 000	
冰点下降	$\bar{M}_n$	~ 50 000	
端基分析	$\bar{M}_n$	~ 20 000	
渗透分离	$\bar{M}_n$	500 ~ 25 000	
离心沉降			
沉降平衡	$\bar{M}_z$	~ ∞	
改进阿奇博尔德法	$\bar{M}_{z,w}$	~ ∞	
特劳特曼法	$\bar{M}_m$	~ ∞	
沉降速度	只有对单分散系统才能给出真实的相对分子质量	~ ∞	
粘度法	$\bar{M}_v$		

* ∞ 表示在适当溶剂中理论上可以测定无限大的溶质质点的相地分子质量。

3.3.1 粘度法

粘度法是表征聚合物相对分子质量最广泛使用的方法,因为用这种方法测定有关相对分子质量的数据最简易、最迅速,所需使用的测量仪器也最少。

高分子溶液的粘度与溶度之比称为相对粘度(η_r)。此值减去 1 称为比粘度(η_{sp});η_{sp} 除以溶液的浓度(c)得到比浓粘度(η_{red}),或粘数。将 η_{red} 外推至零浓度就得到特性粘数,或称极限粘数。表 3-6 给出了这几种粘度之间的关系。

粘度法测定相对分子质量的基本原理就是通过测定高分子稀溶液的相对粘度,依据哈金斯粘度方程和特性指数方程

$$\frac{\eta_{sp}}{C} = [\eta] + K_1[\eta]^2 C \qquad (3-10)$$

$$\frac{\ln \eta_r}{C} = [\eta] - K_2[\eta]^2 C \qquad (3-11)$$

表 3-6 常用的粘度测定项目

通用名称	IUPAC 推荐的名称	定　义	符　号
相对粘度	粘度比	η / η_0	η_{red} 或 η_r
比粘度	—	$(\eta - \eta_0)/\eta_0$ 或 $\eta_r - 1$	η_{sp}
比浓粘度	粘　数	η_{sp}/C	η_{red} 或 η_{sp}/C
比浓对数粘度	对数粘数	$\ln \eta_r / C$	$\ln \eta_r / C$
特性粘数	极限粘数	$\lim(\eta_{sp}/C) \to 0$ 或 $\lim(\ln \eta_r/C) \to 0$	$[\eta]$ 或 IVN

可以用外推法得到 $C \to 0$ 时的特性粘数 $[\eta]$,如图 3-5。又依据 Mark-Houwink 方程,$[\eta] = KM^\alpha$,在已知 α、k 情况下,就可以用 $[\eta]$ 求出 $\overline{M}_v$。当 $\alpha = 1$ 时,$\overline{M}_v$ 等于 $\overline{M}_m$,而通常 α 为 $0.5 \sim 0.8$,所以 $\overline{M}_v$ 通常小于 $\overline{M}_m$。

最常用的粘度计是乌氏粘度计,由于这种粘度计有侧臂,从而使流动时间与储液球中液体的体积无关。对给定的粘度计存在如下的关系式

$$\frac{\eta}{\eta_0} = \frac{\rho t}{\rho_0 t_0} \qquad (3-12)$$

式中,t 和 t_0 分别是高分子溶液和溶剂的流动时间;ρ 是高分子溶液的密度。粘度测量一般采用每 ml 含 $0.01 \sim 0.001$g 聚合物溶液。对这样的稀溶液 $\rho = \rho_0$,于是

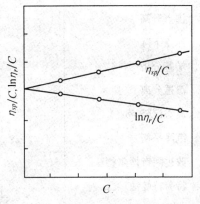

图 3-5　粘度与浓度的关系

$$\frac{\eta}{\eta_0} = \frac{t}{t_0} = \eta_r \qquad (3-13)$$

3.3.2　端基分析法

虽然早期的实验者未能检测出存在于聚合物中的端基,但现在可用适当的方法来检测和定量分析线型聚合物中的端官能团,如尼龙中的端基。溶于间甲酚中的尼龙,其端氨基很容易用甲酸过氯酸溶液滴定的方法测得。这种方法的灵敏度随相对分子质量增大而下降。因此,该方法限于测定相对分子质量小于 20 000 左右的聚合物。其他可用滴定方法测定的端基有聚酯中的羟基、羧基和环氧树脂中的环氧基。

表 3-7 $[\eta] = KM^\alpha$ 方程参数

聚 合 物	溶 剂	温度，℃	$K \times 10^4$,dl/g	α
聚乙烯	十氢萘	135	6.0	0.7
聚丙烯	十氢萘	135	1.00	0.80
聚异丁烯	环己烷	30	2.6	0.70
聚苯乙烯	苯	25	0.2	0.74
	环己烷	35	7.6	0.50
	四氢呋喃	25	1.4	0.70
	甲苯	25	1.7	0.69
聚甲基丙烯酸甲酯	丙酮	25	0.75	0.70
	苯	25	0.55	0.76
	氯仿	20	0.60	0.79
聚氯乙烯	环己酮	25	0.20	0.56
	四氢呋喃	25	4.98	0.69
聚丙烯腈	二甲基甲酰胺	25	2.4	0.75
聚醋酸乙烯	丙酮	25	2.1	0.68
聚乙烯醇	水	30	4.3	0.64
聚丙烯酰胺	水	30	0.65	0.820
聚 4 - 甲基戊烯 - 1	甲基环己烷	60	0.189	0.852
聚对苯二甲酸乙二酯	间甲酚	25	0.077	0.95
聚对苯二甲酸丁二酯	苯酚/四氯乙烷(60/40)	30	1.116	0.871
尼龙 6	间甲酚	25	32	0.62
尼龙 66	间甲酚	25	3.93	0.79
聚甲醛	二甲基甲酰胺	150	4.4	0.66
聚氧化乙烯	0.1MHCl 水溶液	25	2.84	0.683
聚碳酸酯	四氢呋喃	20	3.55	0.71
聚砜	二甲亚砜	105.5	14.5	0.50
	四氢呋喃	25	7.9	0.58
聚异戊二烯	甲苯	25	5.02	0.66
聚丁二烯	甲苯	30	3.05	0.725
丁苯橡胶	甲苯	30	1.65	0.78
三醋酸纤维素	丙酮	20	2.38	1.0
硝酸纤维素	丙酮	25	2.65	0.795
乙基纤维素	乙酸乙酯	25	1.07	0.89
聚二甲基硅氧烷	苯	20	2.00	0.78

3.3.3　超速离心沉降

因为溶剂分子的动能远远大于重力的沉降力,所以高分子在溶液中保持悬浮状态。虽然在地球重力场的作用下仍允许布朗运动,然而我们可以使用高离心力,例如,诺贝尔奖金获得者斯韦德伯格(Swedberg)在1925年提出的超离心力,来增加沉降力,以克服布朗运动。溶于适当溶剂中的高分子稀溶液,可以借助高速超离心力的作用来测定聚合物的$\bar{M}_m$和$\bar{M}_z$。测定时要选择密度和折光指数不同于聚合物的溶剂,以确保高分子质点的运动和这种运动的光学检测。

在沉降速度实验中,超速离心机以高达70 000r/min的极高速度旋转,以便把聚合物分子通过不太稠密的溶剂送到离心池底部或顶部(如果溶剂密度大于聚合物密度的话)。在超速离心沉降期间,边界层的运动可用光学方法通过检验溶剂和溶液间折光指数(n)的突变来监视。

沉降速度由沉降常数S确定,S与质量m、溶液密度ρ和聚合物的比容$\bar{V}$成正比,与旋转角速度ω、旋转中心到离心池观察点的距离r和摩擦系数f成反比。f与外推到无限稀浓度时的扩散系数D成反比关系。这些关系表示在下面的方程中,方程中的$(1 - \bar{V} \cdot \rho)$称为浮力因子,因为它决定大分子在离心池中的运动方向。

$$S = \frac{1}{\omega^2 r} \cdot \frac{\mathrm{d}r}{\mathrm{d}t} = \frac{m(1 - \bar{V} \cdot \rho)}{f} \tag{3-14}$$

$$D = \frac{kT}{f} \tag{3-15}$$

$$\frac{D}{S} = \frac{RT}{\bar{M}_m(1 - \bar{V} \cdot \rho)} \tag{3-16}$$

沉降速度实验是动态的,可在很短的时间内完成。这种方法特别适用于单分散系统,对多分散系统,它可以提供一些定性的数据和有关分子质量分布的部分信息。

沉降平衡法可得到定量的结果,但它是在较低的转速下进行离心试验的,故要达到沉降和扩散之间的平衡,需要很长的时间。

正如下列方程所示,重均相对分子质量$\bar{M}_m$正比于温度T和浓度比c_2/c_1的自然对数(c_1和c_2分别是离心池中的观察点至旋转中心的距离为r_1和r_2处的浓度),反比于浮力因子、旋转角速度的平方,距离r_1和r_2的平方差。

$$M_w = \frac{2RT\ln c_2/c_1}{(1 - \bar{V}\rho)\omega^2(r_2^2 - r_1^2)} \tag{3-17}$$

小　　结

1.聚合物的溶解过程包括两个阶段,先是溶胀过程,然后是扩散过程或溶胀团粒的分散。只要自由能减小,则此过程就能发生。因为溶解过程的第二阶段使熵增加,所以为了确保自由能的变化为负值,焓变量必须很小或为负值。

2.弗洛里和哈金斯提出了一个作用参数(χ_1),χ_1可用来衡量溶剂对无定形聚合物的溶解能力。弗洛里和克利格鲍姆引出了θ温度的概念,在此温度下,相对分子质量为无限大的高分子在溶剂中以统计线团存在。

3.希尔德布兰德用溶解度参数来预计非极性聚合物在非极性溶剂中的溶解度,溶解度参数是内聚能密度的平方根。这一要领也适用于混合溶剂。对非极性溶剂,在预计溶解度时还必须考虑偶极间的相互作用和氢键。

4.当高分子链展成完全伸直的长度时,聚合物的相对分子质量正比于其溶液的特性粘数($[\eta]$)。聚合物在 θ 溶剂中时,$[\eta]$ 值或极限粘数正比于聚合物相对分子质量的平方根。通常 $\eta = KM^{\alpha}$,式中,α 一般为 0.5 ~ 0.8,α 是高分子链形状的一种度量。常数 K 依赖于所研究的聚合物和溶剂。

5.特性粘数就是零浓度下的极限比浓粘度(η_{red})。比浓粘度或粘数等于比粘度(η_{sp})除以浓度。η_{sp} 值是由相对粘度(η_r)减 1 求得,η_r 是溶液粘度和溶剂粘度之比。增塑剂是非挥发性良溶剂,它们能降低聚合物的内聚能密度和 T_g。

6.有些天然聚合物,如蛋白质,是由一定分子质量的分子组成的,称为单分散聚合物。然而,纤维素、天然橡胶和大多数合成聚合物是由不同分子质量的分子组成,称为多分散聚合物。在产生缠结的临界分子质量以上,聚合物的许多性质,依赖于它们的分子质量。因为熔体粘度随分子质量成指数关系增加,所以加工高分子质量聚合物消耗的能量高,通常不宜采用。

7.多分散系统中的分子质量分布可以用典型的概率曲线表示。数均相对分子质量 $\overline{M}_n$ 在数值上最小,是简单的算术平均,它可用建立在依数性基础上的方法测定,例如,渗透压、沸点升高、冰点下降等。对多分散系统来说,重均相对分子质量 $\overline{M}_m$ 大于 $\overline{M}_n$,它是二次幂平均。重均相对分子质量可用光散射法测定,该方法同基于依数性的方法一样,得到的是分子质量的绝对值。

8.因为单分散系统 $\overline{M}_m = \overline{M}_n$,因此多分散指数 $\overline{M}_m/\overline{M}_n$ 是衡量多分散性的一个尺度。用缩聚方法合成的聚合物,其多分散指数值多半为 2.0。粘均相对分子质量 $\overline{M}_v$ 不是绝对值,它一般介于 $\overline{M}_m$ 和 $\overline{M}_n$ 之间,但当马克-豪温克方程中的指数 α 等于 1 时,$\overline{M}_m = \overline{M}_v$。

9.因为存在于超速离心机中的离心力场足以使聚合物分子按照其大小次序沉降,所以超速离心沉降是用作测定相对分子质量的一种方法,特别适用于像蛋白质那样的单分散系统。

常 用 术 语

依数性:依赖于溶质分子数目的各种溶液性质,这些性质通常与溶质分子对蒸汽压下降的影响有关。

临界分子量:产生链缠结的最低相对分子质量。

冰点下降法:用溶液的冰点下降测定 $\overline{M}_n$ 的方法。

沸点升高法:利用溶液的沸点升高测定 $\overline{M}_n$ 的方法。

端基分析:通过测定端基数目来确定 $\overline{M}_n$ 的方法。

端基:链端的官能团,如聚酯中的羧基(COOH)。

沉淀分级:通过向高分子溶液中添加少量非溶剂和分离沉淀,使多分散聚合物分级的方法。

聚合物的分级:将多分散聚合物分离成相对分子质量相近的几个级分。

凝胶渗透色谱(GPC):一种液 – 固淋洗色谱,这种方法是利用溶胀的交联聚合物凝胶的筛分作用,将多分散聚合物的溶液自动分离成几个级分。

单分散系统:只由一种分子质量的分子组成的系统。

数均相对分子质量:由相对分子质量总和除以分子总数得到的算术平均值。

低聚物:分子质量很低的聚合物,一般$\overline{DP}$小于10。

渗透压法:通过测定渗透压确定相对分子质量$\overline{M}_n$的方法。

渗透压:溶液中,溶质化为理想气体并占有溶剂相同体积时的压力。

多分散系统:由不同分子质量分子组成的聚合物的混合物。

多分散指数:$\overline{M}_m/\overline{M}_n$。

沉降平衡实验:能提供有关相对分子质量定量数据的一种超速离心沉降法。采用这种方法时,达到平衡需要的时间很长。

沉降速度实验:用超速离心机进行的动态实验,这种方法可在短时间内提供有关分子质量的定性信息。

半透膜:能让溶剂分子透过,而不允许像聚合物那样的大分子透过的膜。

超速离心机:能使重力增大100 000倍的离心机,从而使溶质能按照它们分子质量大小的次序从溶液中沉降下来。

气相渗透法:通过测定溶液中的溶剂和纯溶剂的相对蒸发热来确定分子比较小的聚合物相对分子质量的一种方法。

重均相对分子质量:多分散聚合物中相对分子质量的二次幂平均。

Z - 均相对分子质量:多分散聚合物中相对分子质量的三次幂平均。

浊点:一般是指当温度降低时聚合物开始沉淀的温度,但也有相反的。

内聚能密度:单位体积的蒸发热$AE(V^{-1})$。

蠕变:聚合物的冷流。

临界溶解(共溶)温度:含有无定形聚合物的两个液相变为一相的温度。

溶解度参数(δ):其数值等于内聚能密度的平方根,它可用来预计高聚物溶解情况。

θ溶剂:聚合物以统计线团存在的溶剂,在θ温度下θ溶剂中的第二维里系数B等于零。

θ温度:分子质量无限大的聚合物开始从溶液中沉淀出来的温度。

习　题

1.在溶解过程的两个阶段中,哪一阶段能通过搅拌加速? (a) 溶胀;(b) 聚合物团粒的溃散。

2.定义内聚能密度。

3.欲使溶解发生,ΔG必须为:(a) 0;(b) < 0;(c) > 0。

4.被溶剂溶胀的聚合物,其熵比固态聚合物高还是低?

5.解释吉布斯自由能方程中的熵变。

6.作用参数(χ_1)的值为0.3的液体是良溶剂还是不良溶剂?

7.θ温度下ΔG值是多少?

8.什么参数可用来描述具有无限大分子质量的聚合物从稀溶液中沉淀出来的温度?

9. 在什么温度下高分子线团较大?(a) 在 θ 温度;(b) 在 θ 温度以上;(c) 在 θ 温度以下。

10. 如果水的 $\delta = 23.4$H,则水的内聚能密度是多少?

11. δ 值相同的两种溶剂的混合热是多少?

12. 如果密度(d)等于 0.85g/cm^3,摩尔体积(V)等于 1,176,470cm^3,则相对分子质量是多少?

13. 为什么在脂族极性溶剂的同系物中,δ 值随分子质量增加而下降?

14. 对聚苯乙烯来说,下列哪一种溶剂较好? (a)正戊烷;(b)苯;(c)乙腈。

15. 当用比浓粘度或粘数对浓度作图时,下列哪一种溶液有较高的斜率?
(a)聚苯乙烯的苯溶液;(b)聚苯乙烯的正辛烷溶液。

16. 在 θ 温度下,第二维里系数 B 的值是多少?

17. 什么情况下弗洛里方程与马克-豪温克方程相同?

18. 哪一个参数是流体动力学体积的立方根?

19. 试解释为什么聚合物溶液的粘度随温度增加而下降?

20. 哪一种低密度聚乙烯试样有较高的平均相对分子质量? (a)熔体流动数为 10;(b)熔体流动指数为 8。

21. 下列哪一种物质是多分散性的? (a)酪蛋白;(b)商品聚苯乙烯;(c)石蜡;(d)纤维素;(e)天然橡胶。

22. 如果低密度聚乙烯的 $\overline{M}_n$ 为 1 400 000,则 $\overline{DP}$ 是多少?

23. 求由下列五个不同相对分子质量的分子组成的混合物的 $\overline{M}_n$ 和 $\overline{M}_m$ 值:1.25×10^6;1.35×10^6;1.50×10^6;1.75×10^6;2.00×10^6。

24. 下列聚合物的多分散指数的最大可能值是多少?(a) 单分散聚合物:(b) 用缩聚法合成的多分散聚合物。

25. 按值递增的次序排列 $\overline{M}_z$、$\overline{M}_n$、$\overline{M}_m$、$\overline{M}_v$。

26. 下列哪一种方法可用以测定聚合物的绝对分子质量?(a) 粘度法;(b) 冰点下降;(c) 渗透压;(d) 光散射;(e)GPC。

27. 特性粘数或极限粘数 $[\eta]$ 与平均相对分子质量 M 之间的关系是什么?

28. 下列哪一种方法得到的是数均相对分子质量?(a) 粘度法;(b) 光散射;(c) 超速离心沉降;(d) 渗透压;(e) 沸点升高;(f) 冰点下降。

29. 处于 θ 溶剂中的聚合物,其马克-豪温克方程中的指数值是多少?

30. 每一个由过量六亚甲基四胺制得的尼龙 66 分子中有多少个氨基?

31. 对一个刚性棒状物来说,马克-豪温克方程中的指数值是多少?

32. 如果马克-豪温克方程中的 K 和 α 分别为 1×10^{-2}cm$^3 \cdot$g^{-1} 和 0.5,高分子溶液的特性粘数为 150cm$^3 \cdot$g^{-1},则聚合物的粘均相对分子质量是多少?

33. 哪一种乙烯聚合物的分子质量最高? (a)三聚物;(b)低聚物;(c)LDPE

34. $\overline{M}_m$ 和 $\overline{M}_n$,哪一种平均相对分子质量是基于依数性的?

35. 尽管超高分子质量的聚乙烯的加工成本高,但人们还用它来制造垃圾桶和其他耐用的制品。为什么?

36. 在什么条件下多分散系统的 $\overline{M}_v$ 等于 $\overline{M}_m$?

第四章　高分子材料性能与表征

高分子材料的用途十分广泛,从日常生活中的茶杯、肥皂盒、衣服、鞋袜等到工业制品中的车辆轮胎、汽车的外壳、各种机械零件等等。其所以用途如此广泛,一个很重要的因素是高分子材料具有一定的机械强度,它可以承受各种形式的外力的作用,而且有像某些非金属材料和金属材料所具有的使用性能。因此,了解和掌握高分子材料常用性能的内在规律,不仅是合理选用材料的依据,而且对设计和开发新型的高强度、高模量的高分子材料具有重要的指导意义。

4.1　高分子材料的流变特性

4.1.1　粘弹性力学模型

宾汉姆给研究材料形变和流动的科学分支取名为流变学,而高分子材料通常是既有固体特征又有流体特征的粘弹性材料。对于典型的固体材料和液体材料,其形变和流动分别用虎克定律和牛顿定律来描述。虎克定律和牛顿定律都在应变或应变速率小的情况下才正确,这两个定律在研究应力对粘弹材料的影响中都很有用。在 T_g 以下,受力聚合物最初的伸长是由共价键拉长和键角变形引起的可逆伸长。部分由解缠引起的早期伸长也可能是可逆的。可是,与缓慢解缠和高分子链相互滑移有关的流动是不可逆的,而且随温度的增加而增加。用一个无质量的,模量为 E 的虎克弹簧和一个盛有粘度为 η 液体的牛顿粘壶作模型来表示弹性固体和理想液体的形变是比较方便的。这两个模型的应力-应变曲线如图 4-1 所示。因为聚合物是粘弹固体,所以可用这两个模型的组合来表示各向同性固体聚合物受力后产生的形变。马克斯韦尔(Maxwell)曾把这两个模型串联起来,以解释应力松弛现象。他假设,弹簧和粘壶对应变的贡献是加和的,施加应力后弹簧瞬间伸长,紧接着是粘壶中活塞的缓慢响应。因此应力和伸长达到平衡时的松弛时间(τ)等于 η/E,应力-时间关系为

$$\sigma(t) = \sigma_0 e^{-t/\tau} \tag{4-1}$$

沃伊特-开尔文模型中的弹簧和粘壶是并联的。因此在这一模型中,所施加的应力由弹簧和粘壶分担,并且弹性响应因粘壶中液体的粘性阻力而被推迟。在该模型中,弹簧的纵向位移基本上等于粘壶中活塞的位移。因此,如果 E 比 η 大得多,则松弛(η/E) 或 τ 就小,如果 η 比 E 大,则 τ 就大。

在表示粘弹形变的沃伊特-开尔文模型中,应变与时间关系为

$$\varepsilon = \frac{\sigma}{E}(1 - e^{-t/\tau}) \tag{4-2}$$

松弛时间 τ 是应变发展到最终应变量的$(1 - 1/e)$ 即$(1 - 1/2.7) = 0.63$时的时间。聚

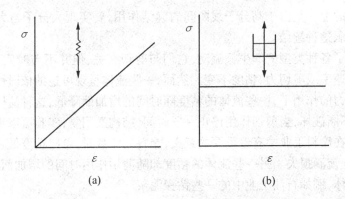

图 4-1　虎克弹簧(a)和牛顿粘壶(b)的应力-应变曲线

合物的粘弹性流动可用马克斯韦尔和沃伊特-开尔文模型的适当组合来解释,如四元件模型,就可以更好地说明线型高聚物的蠕变现象,即在一定温度和较小的恒定外力作用下材料的形变随时间的增加而逐渐增大的现象,其应变-时间关系为

$$\varepsilon = \frac{\sigma_0}{E_1} + \frac{\sigma_0}{E_2}(1 - e^{-t/\tau}) + \frac{\sigma_0}{\eta_1} \cdot t \tag{4-3}$$

4.1.2　高聚物粘性流动

理想粘性液体的流动符合牛顿定律,称为牛顿流体,其剪应力和剪切速率成比例

$$\sigma = \eta \cdot \dot{\gamma} \tag{4-4}$$

式中,η 为粘度,表示在外力作用下流动的阻力。剪切速率 $\dot{\gamma}$ 和剪应力 σ 的关系曲线称为流动曲线(图 4-2)、可以用来描述流体的流动行为。

牛顿流体的流动称为牛顿流动,其流动曲线是通过原点的直线,如图 4-2 中的 a 线。不符合牛顿定律的流动称为非牛顿流动,这种流体称为非牛顿流体,它们的流动曲线都不是通过原点的直线,如图 4-2 中的 b、c、d 线,高聚物就属于这类流体。图 4-2 曲线 b 表示流体粘度随着剪切速率的增加而减小,称为剪切变稀,这种流体称为假塑性流体。与此相反,曲线 c 表示流体的粘度随着剪切速率的增加而增加,称为剪切增稠,这种流体称为胀流性流体。曲线 d 表示流体在流动前存在着一个屈服应力 σ_y,只有当剪应力大于屈服应力时才出现流动,其后的流动曲线可以是直线,也可以是曲线,分别称为宾汉流动和非宾汉流动。

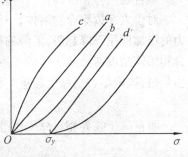

图 4-2　牛顿流体和非牛顿流体的流动曲线

剪切变稀现象的产生是由于高分子流体在剪应力的作用除发生真正的粘性流动外,还发生了高弹形变,大分子线团在外力作用下,沿外力方向发生取向,导致粘度下降。

剪切增稠现象在高分子流体中较为少见,最早发现石英的水悬浮液具有这种现象,搅拌的速度增加,悬浮液的粘度升高。近年来发现一些无机盐,如碳酸钙填充的生产过程中也发现此现象。一般认为,在剪切力下可能形成新的聚集结构,使粘度升高。

屈服应力的存在是由于高分子线团间的缠结作用,要实现大分子与大分子之间的相对移动必须克服这种缠结。

上面介绍了各种类型的非牛顿流动,它们与剪切有关,但并不与时间有关,即只要维持恒定的剪切速率或剪切力,粘度不变。然而,一些流体呈现可逆的依时性。在恒定的剪切速率或剪切力的作用下,一些流体的粘度随时间的增加而降低,这种流体称为触变性流体,说明结构不断破坏,当剪切作用停止一段时间,结构又回复,实验可以重复。聚合物流体的触变行为在涂料工业中有着重要的意义,涂料在涂敷时,希望粘度低、平滑,涂敷后希望粘度高,防止流滴损失。另一些流体的粘度却随剪切作用时间的增加而增加,这种流体称为震凝性流体,例如石油工业中的一些钻探泥浆。

触变性或震凝性流体的粘度在剪切作用下,随时间的变化及其可逆回复。应该注意的是,由于聚合物在剪切作用下可能发生的降解或交联,触变或震凝行为常常并不是完全可逆的。在处理非牛顿流动时,常采用一个经验的幂次方程来描述它们的流动行为

$$\sigma = K\dot{\gamma}^n \tag{4-5}$$

式中,K 为稠度;n 为流动指数。对于牛顿流体,$n = 1$,对于假塑性流体 $n < 1$,对于胀流型流体,$n > 1$。

由于在非牛顿流动中,用 σ/γ 定义的粘度已不是常数,故引入表观粘度 η_a,并定义剪切速率趋于零时的表观粘度为极限零剪切粘度 η_0 以表征粘度的大小

$$\eta_a = \sigma/\dot{\gamma} \tag{4-6}$$

$$\eta_0 = \lim_{\dot{\gamma}\to 0} \eta_a = \lim_{\dot{\gamma}\to 0} \frac{\delta}{\gamma} \tag{4-7}$$

聚合物流体的粘度对于成型加工条件的选择具有重要的意义。成型工艺中常说的流动性好与不好,实质上就是指聚合物熔体的粘度大小。粘度低,流动性好,聚合物熔体易于注满模型空腔,反之亦然。因此,粘度是表示聚合物熔体流动性好坏的一项指标。

聚合物熔体粘度高低与聚合物的分子结构以及外界作用的条件有关。

对于大多数聚合物熔体,一般为假塑性流体,因而熔体表观粘度随剪切速率和剪切应力的增加而呈下降趋势,下降的程度与聚合物种类、分子质量及其分布等有关。其中,聚合物熔体粘度与分子质量的关系中存在一个临界相对分子质量 Mc,在低于临界相对分子质量时,极限零剪切粘度与重均相对分子质量之间的关系为

$$\eta_0 \propto \overline{M}_w^{1\sim1.5} \tag{4-8}$$

而在高于临界相对分子质量时存在如下关系

$$\eta_0 \propto \overline{M}_{3.4} \tag{4-9}$$

温度对熔体粘度有很大影响。随着温度的升高,链段活动能力增加,分子间的相互作用力减弱,所以聚合物的熔体粘度降低,流动性增大。与低分子液体一样,聚合物熔体粘度随温度的变化,可以用阿累尼乌斯方程表示

$$\eta = A \cdot e^{E/RT} \tag{4-10}$$

式中,A 为与剪切速率、剪切力和分子结构有关的常数;E 为粘性流动活化能。

如果粘性流动的活化能越大,则粘度对温度越敏感。一般分子链刚性大,或分子间作用力大,则粘流活化能也大,因此表观粘度对温度的敏感性也大。这类聚合物常可通过升

高温度以降低粘度,提高流动性,使之便于成型加工。例如,聚碳酸酯和有机玻璃,温度升高 50℃ 左右,表观粘度可下降一个数量级。但柔性的聚乙烯、聚丙烯和聚甲醛等,它们的流动活化能较低,表观粘度随温度变化不大,所以在成型加工中不能靠增加温度来降低表观粘度。因为温度增加很高,它的表观粘度降低仍有限,相反,由于温度升高很大,很可能使聚合物发生降解,从而降低制品的质量,而且使成型设备的损耗也增加。所以,对于柔性高分子,在成型加工中常采用提高剪切速率或剪切力来提高流动性。

在较低温度下如 $T_g \sim T_g + 100℃$,聚合物熔体的粘度与温度的关系不再符合阿累尼乌斯方程,粘性流动活化能不再是一常数,而是随温度的降低而不断增大。这是因为,在较低温度下,自由体积较小,而粘度的大小与自由体积有关。在 $T_g \sim T_g + 100℃$ 的温度范围内,聚合物熔体粘度的温度依赖性可用 WLF 方程表示

$$\lg \frac{\eta_T}{\eta_g} = \frac{-17.44(T - T_g)}{51.6 + (T - T_g)} \tag{4-11}$$

式中,η_T,η_g——分别为温度 T 和 T_g 时的粘度。

熔体粘度测定中最广泛使用的是毛细管流变仪,它可以在较高的剪切速率下测定粘度与剪切速率的关系。

图 4-3 是毛细管流变仪装置的示意图,聚合物熔体从储槽以恒定的流速强制通过一定长径比的毛细管,从体积流速和压力降的测定可以得到粘度。

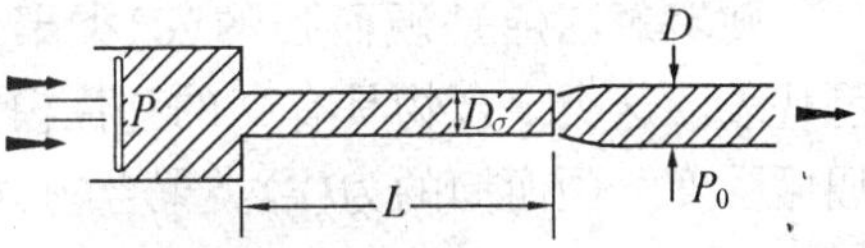

对于聚合物流体

剪应力 $$\sigma = \frac{D_0}{4L} \cdot \Delta p \tag{4-12}$$

图 4-3 毛细管流变仪

剪切速率 $$\dot{\gamma} = \frac{8Q}{\pi D_0^3}\left[3 + \frac{\mathrm{dlg}Q}{\mathrm{dlg}\Delta p}\right] \tag{4-13}$$

其中,Q 为体积流速,$\Delta p = p - p_0$ 为压力降。

图 4-4 是聚苯乙烯样品的测定结果,锥板粘度计测定低剪切速率区,而毛细管流变仪测定高剪切速率区的粘度行为。

工业中还往往使用熔融指数仪来测定聚合物的熔融指数,以间接表征熔体粘度流动性的大小。熔融指数仪是在一定温度下,使聚合物全部熔融,然后在规定的恒定负荷下将它从一定直径的小孔中压出,规定把在 10 分钟内被压出的聚合物质量克数作为它的熔融指数。熔融指数越低,熔体粘度越大,它的流动性越差。显然温度和负荷不同时其熔融指数不同,比较时应注意测定条件。现对不同的聚合物已制定了不同的测定条件,如对于聚乙烯,测定温度一般控制在 190℃,负荷为 2 160 克。

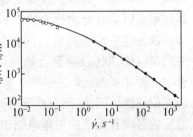

图 4-4 聚苯乙烯的粘度
与剪切速率的关系

实际上,对于许多热塑性树脂,如聚乙烯、聚丙烯和聚甲醛等,熔融指数已被用来作为工业生产控制的重要指标,在高分子材料合成和应用领域广泛使用。

4.2　高分子材料的机械强度

如图 4-5 所示，根据高分子材料的应力应变关系可将聚合物分为五类。

软而弱的为(a)类聚合物，如聚异丁烯。其特征是弹性模量低、屈服点低和伸长率的时间依赖性适中。(a)类聚合物的泊松比即收缩与伸长的比为 0.5，接近液体的泊松比。

硬而脆的(b)类聚合物，如聚苯乙烯，其泊松比接近 0.3。(b)类聚合物的特征是弹性模量高，几乎看不出有屈服点，断裂前的伸长率小。

(c)类聚合物，如增塑聚氯乙烯，则具有低的弹性模量、高的伸长率和明显的屈服点。因为(c)类聚合物在屈服点后能继续伸长，所以代表韧性的应力-应变曲线下的面积比(b)类大。

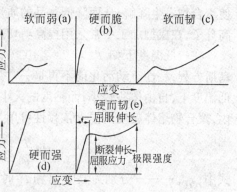

图 4-5　高分子材料的典型应力-应变曲线

硬聚氯乙烯是硬而强的(d)类聚合物的典型代表。这类聚合物具有高的弹性模量和高的屈服强度。硬而韧的为(e)类聚合物，如 ABS 共聚物，其应力-应变曲线表明，屈服点以前的伸长率适中，而屈服点以后的伸长是不可恢复的。

一般说来，在屈服点之前，上述这几类聚合物的行为都属于虎克体。在屈服点之前称为弹性区，这个区域内可逆的可恢复伸长是高分子主链中的共价键弯曲和伸长的结果。在这段有用的应力-应变曲线中还可能包含有高分子链的可恢复解卷的成分。高分子链的不可逆滑移是屈服点以后聚合物行为的主要机理。

因为这些性能具有时间依赖性，所以如果应力加得快，则(a)类聚合物就可能与(d)类聚合物的性能类似，反之亦然。这些性能也具有

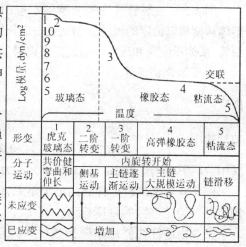

图 4-6　温度对典型聚合物
性能的特性影响

温度依赖性。因此，当温度下降时，(c)类聚合物就可能与(b)类聚合物的性能类似。现将温度的影响和伸长的机理总结于图 4-6 中。

4.3　高分子材料性能的物理试验

高分子材料性能是多方面的，包括力学性能、电学性能、热性能等等。这些性能的测试主要是采用物理试验的方法。随着高分子材料研究的深入，世界许多学术组织相应建立了各类试验标准，如美国材料试验学会的 ASTM 标准、国际标准化组织的 ISO 标准、我

国标准化局的 GB 标准等。这些标准为高分子材料性能的测试建立了规范、统一的试验方法、操作条件、数据处理方法等,对高分子材料性能的测试和数据交流提供了依据,我们在高分子材料性能测试中一定要严格按各类标准进行,保证数据的可靠性和可比性。常见高分子材料的我国测试标准见附录。

4.3.1 力学性能

抗拉强度是衡量高分子材料抗拉应力的一个尺度。与所有其他试验一样,试验前试件必须处于标准的状态下,即相对湿度为 50%,温度为 23℃。极限抗拉强度等于导致断裂的载荷(L)除以最小截面积(A)。

表 4-1 高聚物的拉伸强度

高 聚 物	拉伸强度,$10^5 N/m^2$	断裂伸长率,%	拉伸模量,$10^9 N/m^2$
聚乙烯			
低密度	120	550	0.1 ~ 0.27
高密度	340	20 ~ 1 000	0.4 ~ 1.2
聚丙烯	350	600	1.2 ~ 1.3
聚苯乙烯	450	2	2.9
ABS	300	20	2.7
聚氯乙烯	580	150	2.5 ~ 4.3
聚偏氯乙烯	300	150	0.56
聚四氟乙烯	280	300	0.41
PMMA	650	3	3.2
尼龙 6	830	200	2.9
尼龙 66	854	73	3.3
尼龙 1010	539	150	2.5
聚甲醛	720	65	3.7
氯代聚醚	400	120	1.0
聚碳酸酯	650	100	2.2
PET	450	350	2.8 ~ 4.2
PBT	560	360	2.0
聚芳酯	715	50	2.1
液晶聚芳酯	1176	4.9	9.8
聚砜	720	60	2.5
聚醚砜	860	60	–
聚醚醚酮	1 030	>40	
聚苯撑氧	780	60	2.8
聚醚酰亚胺	1 080	60	3.1
聚酰亚胺	450 ~ 1 900	1.6 ~ 12	3.2
醋酸纤维	700	40	0.4 ~ 2.8
脲醛树脂	390 ~ 920	0.5 ~ 1	7.1 ~ 10.7
聚氨酯	600	500	1.5
SBS	300	700	–

冲击强度是衡量试件韧性或抗冲击载荷(如从一定高度落下)能力的一个指标。冲击强度可通过测量导致一个带切口试件破裂所需要的摆锤能量来确定。摆锤式(Charpy)冲击试验使用无切口试件,而悬臂梁式(lzod)冲击试验采用带切口的试件。因为人们对这些冲击试验的结果有争论,所以已建立了其他与实际使用相近的试验方法,例如,让试件从一定高度落下的冲击试验。

表 4-2　高聚物的切口冲击强度

聚　合　物	切口冲击强度 J/m	聚　合　物	切口冲击强度 J/m
低密度聚乙烯	不断裂	尼龙 6	80
高密度聚乙烯	40～1100	尼龙 66	80
聚丙烯	40～100	聚对苯二甲酸乙二酯	21～80
聚苯乙烯	20	聚对苯二甲酸丁二酯	50
聚氯乙烯	40	聚碳酸酯	900
聚偏氯乙烯	30	聚芳酯	220
PMMA	16	液晶聚芳酯(Xydar)	130～220
聚四氟乙烯	160	聚砜	600
ABS	290	聚醚砜	87
MBS	60	聚醚醚酮	86
高抗冲聚苯乙烯	90	聚醚酰亚胺	55
聚 4 - 甲基戊烯 - 1	20	聚酰亚胺	48
离子聚合物	320～800	酚醛塑料	12～200
聚甲醛	110	环氧塑料	12～55
聚苯撑氧	30	硝酸纤维素	270～375
聚苯硫醚	76	醋酸纤维素	55～300

抗弯强度是衡量用作简支梁的棒状试样抗弯曲强度或韧性的一种尺度。抗弯强度是根据简支梁的绕度为 5% 以前使其断裂所需的载荷来衡量的。

抗压强度是通过测定压裂一个圆柱形试样所需的载荷来确定的。极限抗压强度等于导致试样破坏的载荷除以最小的截面积。

硬度是表示材料抗穿透、耐磨和抗划痕等综合性能的一个常用术语。邵氏硬度计用来测量弹性体和热塑性软塑料的穿透硬度。洛氏硬度按照不同的标度顺序号测定硬度,这些标度号与所用的球形压针的大小相对应。标度代号 R,L,M,E 和 K 分别与 60,60,100,100 和 150kg 载荷相对应。球形压针的直径从 R 到 K 逐一下降。划痕硬度可以按莫斯(Mohs)标度进行测定,莫斯标度范围从云母的 1 到金刚石的 10,也可以用一支特定硬度的笔进行划痕测定。硬度也可以通过球的回弹量或斯沃德硬度振动器的振动量进行测量。耐磨性可以通过磨耗试验机轮摩擦导致的质量损失确定。

4.3.2　电性能

为了评价用于电器等方面的塑料,必须做电性能试验,包括介电常数、介电强度和电阻率等。介电强度等于聚合物能够耐受 1 分钟的最大可用电压除以试件厚度。体积电阻率是电导率的倒数,其定义为一个单位长度的正方体相对两面之间的电阻。

表4-3 部分高分子材料的电性能

聚合物	体积电阻 $\Omega \cdot cm$	介电强度 kV/mm	介电常数	损耗角正切
PE	$> 10^{16}$	18	2.30	$< 0.000\,5$
PP	$> 10^{16}$	30	$2.2 \sim 2.6$	$< 0.000\,5 \sim 0.001\,8$
PS	10^{18}	24	$2.4 \sim 2.6$	$0.000\,1 \sim 0.000\,8$
PVC	10^{15}	16	$3.0 \sim 5.0$	$0.009 \sim 0.16$
PMMA	10^{15}	20	$3.0 \sim 3.5$	$0.04 \sim 0.06$
PTFE	10^{18}	18.9	< 2.1	$< 0.000\,2$
硫化 NR	10^{15}	18	$2.3 \sim 3.0$	$0.003 \sim 0.016$
硅橡胶	10^{14}	24	$3.0 \sim 3.5$	$0.001 \sim 0.010$
PF	10^{12}	16	$4.4 \sim 9.0$	$0.04 \sim 0.20$
UF	10^{11}	14	$7.0 \sim 9.5$	0.03
MF	10^{12}	14	$6.0 \sim 7.5$	$0.013 \sim 0.034$
PET	10^{15}	16.9		
PBT	10^{16}	$16 \sim 20$	$3.1 \sim 3.8$	0.002
PC	$> 10^{16}$	$15 \sim 20$		
PAR	1.2×10^{16}	16	2.71	0.005
PA	$10^{11} \sim 10^{15}$	$16 \sim 24$	$3.0 \sim 5.3$	0.029
PPO	10^{18}	20		
POM	10^{15}	20		
PSF	5×10^{16}	17		
PPS	10^{15}	13.4	4.5	
PES	$> 10^{17}$	16		
PEI	6.7×10^{17}	28	3.15	0.001\,3
PEEK	4.9×10^{16}	19	3.2	
PI	10^{17}	22	3.42	0.001\,8
ABS	2.4×10^{15}	$14 \sim 20$		

4.3.3 热性能

为了预计高温下聚合物的性能,必须进行一些热试验。热导率用因子 K 表示,它与厚度为 L、面积 A 的试件温度达到稳态所需要的单位时间的热流量 Q 有关。ΔT 为试件上表面的热板和试件下表面的冷板之间的温差。热导率 K 按如下方程计算

$$K = \frac{QL}{A\Delta T} \tag{4-14}$$

线膨胀系数 α 等于试验过程中试件的长度变化 ΔL 除以其初始长度 L 和温度变化 ΔT,即 $\alpha = \Delta L / L \Delta T$。比热容是 1g 聚合物温度升高 1℃ 所需的能量。比热容的数值也可以由累加重复单元各原子的比热容进行计算,聚合物的比热容比金属高。

表 4-4 聚合物的密度、比热、热导率和热膨胀系数

聚 合 物	密 度 g/ml	比 热 容 kJ/(kg·K)	热 导 率 10^{-2}J/(s·m·℃)	热膨胀系数 10^{-5}m/(m·℃)
聚乙烯				
线型	0.941 ~ 0.965	2.3	46 ~ 52	11 ~ 13
分支	0.910 ~ 0.925	2.3	33	10 ~ 20
聚丙烯	0.90	1.9	11.7	5.8 ~ 10.2
聚苯乙烯	1.04 ~ 1.09	1.3	10 ~ 14	6 ~ 8
PMMA	1.17 ~ 1.20	1.5	17 ~ 25	5 ~ 9
聚氯乙烯	1.30 ~ 1.45	0.8 ~ 1.26	13 ~ 29	5 ~ 18.5
聚四氟乙烯	2.14 ~ 2.02	1.05	25	10
聚甲醛	1.42	1.5	23	8.1
尼龙 66	1.13 ~ 1.15	0.46	24	8.0
PET	1.30 ~ 1.60	1.17	15	6.5
PBT	1.31	1.17 ~ 2.22	17.5 ~ 28.9	3.6
聚碳酸酯	1.2	1.3	19	6.6
聚苯撑氧	1.08	1.3	19.2	8.3
聚醚砜	1.37	18.0	5.5	
聚芳酯	1.21	–	–	6.1
聚醚醚酮	1.265 ~ 1.320	1.34	25	5.5
聚砜	1.24	1.0	26	5.6
聚酰亚胺	1.4	16 ~ 18	5.0	
聚酰胺酰亚胺	1.40	–	–	3.6
液晶聚芳酯	1.35	–	–	
聚氨酯	1.05 ~ 1.25	1.67 ~ 1.88	7.1 ~ 31	10 ~ 20
脲醛树脂	1.47 ~ 1.52	1.67	29 ~ 42	2.2 ~ 4
ABS	1.01 ~ 1.04	1.26 ~ 1.67	19 ~ 33	9.5 ~ 13

各种材料的膨胀系数均随温度的增高而增大,聚合物在玻璃化转变时,膨胀系数发生很大的变化。

高分子材料的热膨胀性是它们用作建筑材料等工业材料时必需的数据,是与在成型加工中的模具设计、粘结等有关的性质。由于聚合物与金属或玻璃具有很不相同的热膨胀性,因此在这些材料间结合时会出现一系列热应力所产生的问题。而且热膨胀系数的大小,影响聚合物材料的尺寸稳定。这些都是在材料选择和材料加工中必须注意的。

4.4 高分子材料的现代分析简介

4.4.1 光谱分析

大多数单体和聚合物可用红外光谱(IR)鉴别。红外光谱中波长为 $1\sim50\mu m$ 范围内的能量与高分子的分子振动和振动－转动谱有关。聚合物的这类运动与结构类似的小分子(典型化合物)相似。

如图 4-7 聚苯乙烯的红外光谱有明显的特征。从而可以用它作为标准来检验仪器的工作情况。聚苯乙烯的重复单元(C_8H_8)有 16 个原子,因为它没有对称性,故所有振动都是活性的,即每一个原子的转动和平动自由度为 3,因此振动自由度为 $(3n-6)$ 等于 42。

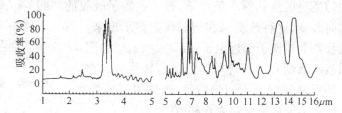

图 4-7 苯乙烯薄膜的红外光谱图

表 4-5 聚合物中典型基团的 IR 吸收谱带

基 团	振动类型	波 长 (λ,μm)	波 数 (σ,cm^{-1})
CH_2	伸　展	$3.38\sim3.51$	$2,850\sim2,960$
	弯　曲	6.82	1,465
	摇　摆	$13.00\sim13.80$	$725\sim890$
CH_3	伸　展	$3.38\sim3.48$	$2,860\sim2,870$
	弯　曲	6.9	1,450
	C－H 伸　展	$3.25\sim3.30$	$3,030\sim3,086$
H H $\quad C=C$ H H	C－H 面内弯曲	$7.10\sim7.68$	$1,300\sim1,410$
	C－H 面外弯曲	$10.10\sim11.00$	$910\sim990$
	C－C 伸　展	6.08	1,643
H R $\quad C=C$ H R	C－H 伸　展	3.24	3,080
	C－H 面内弯曲	7.10	1,410
	C－H 面外弯曲	11.27	888
	C－C 伸　展	6.06	1,650
苯	C－H 面外弯曲	14.50	690
OH	伸　展	$2.7\sim3.2$	$3,150\sim3,700$
SH	伸　展	3.9	2,550
脂肪酸	C＝O 伸　展	5.85	1,710
芳香酸	C＝O 伸　展	5.92	1,690
CCl	伸　展	$12\sim16$	$620\sim830$
CN	伸　展	4.8	2,200

图 4-8 是紫外(UV)光谱图,根据图中苯乙烯和丙烯腈分别在 1 600 和 2 240cm^{-1}波数处吸收谱带的相对面积,可以确定共聚物中苯乙烯和丙烯腈的相对含量。

就表征聚合物来说,紫外光谱不如红外光谱有用,但它对检测芳香族聚合物(如聚苯乙烯)和某些添加剂(如防老剂)是很有用的,因为这些物质在紫外光谱区有特征吸收。不同温度下苯乙烯 – 丙烯腈 – ZnCl$_2$ 电荷转移常数的吸收如图 4-8 所示。

虽然红外光谱对鉴别聚合物最有用,但质磁共振谱(PMR)对揭示聚合物的结构更为有用。聚合物中氢原子的核质子是无规取向的,但这些质子在强磁场中有取向的倾向,即有顺着和逆着磁场排列的倾向。

在称为共振的适当场强和频率条件下,被这些质子吸收的能量导致自旋取向改变,这种改变可在记录仪上显示出来。不同频率处的能量吸收受核质子邻近电子的影响。因此,如图 4-9 所示,马来酐、醋酸乙烯酯和这两种单体的电荷转移络合物,相对于内参比标准四甲基硅烷有不同的特征谱,四甲基硅烷在 δ和 τ 标度中给出的化学位移值分别为 0 和 10^{-5}。

聚烯烃的特征质磁共振谱和结构列在图 4-10 中。如图 4-10 所示,质磁共振吸收峰的面积比(称为化学位移)可用来确定分子中存在的甲基与亚甲基的比,进而可以确定分子结构。

由于一切有机化合物中都存在少量且浓度固定的^{13}C,因此必须使用较为精密的核磁共振谱(NMR)(^{13}C核磁共振谱)来测定邻近电子对这些核的影响。^{13}C 核磁共振谱对研究聚合物结构也是极有价值的工具。

电子顺磁共振(EPR)或电子自旋共振(ESR)谱对测定大自由基中存在的未成对电子的相对丰度是一种很有价值的工具。

X 射线衍射一直用于测定聚合物中的结晶结构和构象。拉曼(Raman)光谱(包括激光 – 拉曼光谱)用于研究聚合物的微结构,例如碳 – 碳双键的伸展振动。

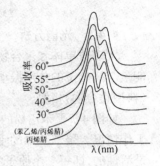

图 4-8 苯乙烯-丙烯腈
(SAN)的紫外光谱
(SAN—ZnCl$_2$ 在叔丁醇中,温度为 25,30,40,50,55 和 60℃;苯乙烯在 25℃)

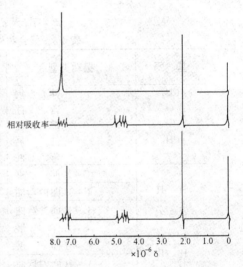

图 4-9 马来酸酐和醋酸乙烯酯以及这两种单体的电荷转移络合物在 25℃下的质磁共振谱

4.4.2 热分析

与材料热行为有关的主要仪器分析方法有热质量分析(TGA)、示差扫描量热法(DSC)、差热分析(DTA)、扭辫分析(TBA)、热机械分析(TMA)和裂解气相色谱(PGC)等。裂解气相色谱(PGC)是这些方法中最简单的一种,该方法是将聚合物裂解产生的气体通过气相色谱法进行分析。这一方法既可用于定性分析,又可用于定量分析。定量分析时需用在相同条件下热解的已知量标准聚合物进行标定。

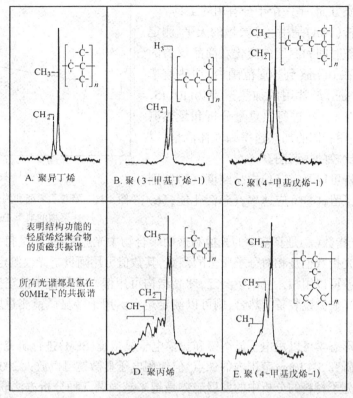

图 4-10　碳氢聚合物的质磁共振峰

像示差扫描量热法(DSC)那样的热分析模式有好几种。DSC 是一种不平衡的量热分析方法,该方法测定的是流入或流出聚合物的热量随温度和时间的变化。这与差热分析(DTA)不同,差热分析测定的是参比物与试样之间的温差随时间和温度的变化。目前市场上出售的示差扫描量热计,是用改变流经两室底部补偿加热器的热流,来测量保持参比物和试样之间热平衡的热流量。例如,将试样和参比物按预定的速率加热,直到试样放出热或吸收热为止。如果产生了吸热现象,则试样的温度就会低于参比物。设计的流程总是力图使参比物和试样处于同一个恒定温度下。因此,为了让试样温度升到同参比物一样高,样品室要输入过量的热流。将保持试样和参比物处于同一恒定温度所需的热流纪录下来,所得曲线下的面积即为转变热。

与一个优质的绝热量热计相比,示差扫描量热法和差热分析的优点是速度快、价格低、样品用量少。所用样品的量可在 0.5mg 到 10g 范围内变化。所得到的 ΔT 随时间和温度变化的曲线称为热谱图。因为温差正比于热容,所以热谱图曲线类似于倒置的比热容曲线。图 4-11 是醋酸乙烯酯和丙烯酸嵌段共聚物的典型 DSC 热谱图。示差扫描量热法和差热分析之间的差别随着新仪器的出现变得越来越小,这类新仪器既使用示差扫描量热仪中的部件,也使用差热分析仪中的部件。

示差扫描量热法和差热分析可测量以下物理量:(1)转变热;(2)反应热;(3)试样纯度;(4)相图;(5)比热容;(6)鉴别试样;(7)一种物质掺入的百分数;(8)反应速度;(9)结晶或熔化速率;(10)溶剂保留;(11)活化能。因此,量热分析在揭示与温度有关的聚合物的化学和物理性质方面,是一个十分有用的工具。

热质量分析(TGA)是用一个灵敏的天平,测定聚合物的质量随时间和温度的变化。商品仪器的试样用量一般在 0.1mg 到 10g 范围内,加热速率为 0.1 ~ 50℃/min,最常用的加热速率为 10,15,20,25 和 30℃/min。在进行热重量分析和量热测定时,都应该使用相同的加热速率和气体流量,以便获得最可靠比较的热谱图。

热重量分析可以测定:(1)样品纯度;(2)鉴别试样;(3)溶剂保留;(4)反应速率;(5)活化能;(6)反应热。

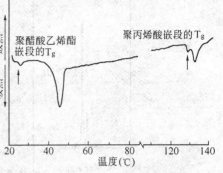

图 4-11　醋酸乙烯酯和丙烯酸嵌段
　　　　　共聚物的典型 DSC 热谱图

另外,折光指数(n)是真空中的光速和透明聚合物中光速之比,它是每一种聚合物的特征性能。折光指数也是相对分子质量的函数,其数值可用阿贝折光仪测定。

折光指数差可以用相差显微镜测定,球晶结构可用偏光显微镜中的正交偏振镜进行研究。如果偏光显微镜装备有热台,则可以测定熔点。用干涉显微镜测量厚度可精确到纳米级(nm)。

聚合物的形态学可以用电子显微镜和扫描电子显微镜(SEM)进行研究。虽然扫描电子显微镜限于研究 5 ~ 10nm 范围内的像点,但使用电子显微镜可以放大 200 000 多倍。

近来在高分子材料的分析中的发展趋势是越来越强调几种分析方法联用,有效的联用有热质量-质谱、气相色谱-质谱、热质量-气相色谱-质谱、裂解气相色谱-质谱,人们还将这些分析结果与在不同加热时间和不同温度下分析试样的红外光谱、核磁共振谱、凝胶渗透色谱和电子显微镜等所得到的数据联系起来进行分析,收到良好的效果。

小　结

1.因为聚合物既具有固体的性质又具有液体的性质,所以称为粘弹材料。

2.粘弹材料的行为可以用马克斯韦尔模型和沃伊特-开尔文模型的组合进行描述。

3.宾汉姆塑性体是施加应力超过屈服应力值(σ_y)后才能流动的材料。在非牛顿流体中,有的粘度可随时间增加(震凝性),也有的随时间下降(触变性)。如果剪切速率的增加慢于施加的压力,则系统是胀流性的;如果剪切速率的增加快于施加的应力,则系统是假塑性的。

4.因为聚合物在它们各自玻璃化温度下的粘弹性是相似的,而这些性质在温度达到 T_g 以上100K时也还是相似的。所以相对于某一参考温度(如 T_g)的移动因子,可用WLF方程计算,该方程包含一个与自由体积有关的常数。

5.塑料的力学行为可分为五种类型的应力-应变曲线,这些曲线示出了各类塑料的屈服点、伸长率和韧性。

6.各国对高分子材料性能表征均制定了一系列标准,这是进行材料性能测试的依据。

7.大多数单体和聚合物可用红外光谱法进行定性和定量分析。

8.质磁和^{13}C核磁共振谱对揭示聚合物结构很有用。

9.纤维破坏的机理和主自由基或大自由基的浓度,可用电子顺磁共振谱进行研究。

10.裂解气相色谱法是用气相色谱来分析聚合物裂解产物的一种分析方法,是聚合物分析中一种很有用的工具。

11.差热分析和示差扫描量热法提供的是聚合物热转变的数据,也可以用来鉴别聚合物。

12.高温下聚合物的稳定性可用热质量分析法测定。

13.现代仪器分析方法的联用为高分子材料的结构与性能研究提供了有效手段。

常 用 术 语

双轴拉伸:薄膜在相互垂直的两个方向上的拉伸。

各向同性:在所有方向上具有相同的性质。

熔融指数:流动性的一种度量。它与熔体粘度成反比关系,等于在规定的温度和负荷下,10分钟内聚合物通过标准孔的克数。

模量:产生单位应变的应力。高模量塑料是刚性的,伸长率很低。

泊松比:在张应力作用下,试样长度变化的百分数和宽度变化百分数的比。

假塑性:剪切稀化。

松弛时间(τ):在恒应变下,聚合物的应力下降到初始应力值的$1/e$所需的时间。

推迟时间(τ):在形变聚合物中应变发展到最终值63%的时间。

震凝性流体:是一种在恒定剪切速率下粘度随时间增加的流体。

剪切应力:由两平面相对滑移产生的应力。

触变性流体:是一种在恒定剪切速率下粘度随时间下降的流体。

比浊滴定:一种测定方法。将不良溶剂慢慢加入高分子溶液中,观测开始出现混浊的那一点。

粘弹性:具有液体和固体的性质。

WLF:威廉斯、兰德尔和费里方程。这是一个已知某一特定温度(如T_g)下的粘弹性,来预计T_g温度以上粘弹性的方程。

习 题

1.形态学和流变学之间有什么不同?

2.下列哪一种材料是属于粘弹性的? (a)钢;(b)聚苯乙烯;(c)金刚石;(d)氯丁橡胶。

3.定义虎克定律中的E。

4.对聚异丁烯和聚苯乙烯来说,应力-应变曲线的斜率有何不同?

5.下列哪一种材料有较长的松弛时间(τ)? (a)未硫化橡胶;(b)硬质橡胶。

6.下列哪一种材料更易于从模头挤出? (a)假塑性材料;(b)胀流性材料。

7.在设计制造外径为5cm的管材的模头时,应选择哪一种内径的模头:(a)小于5cm;(b)5cm;(c)大于5cm。

8.在什么温度下聚苯乙烯的性质同 $T_g + 35K$ 温度下的天然橡胶的性质类似?

9.WLF方程中的二个常数的意义是什么?

10.如何用应力-应变曲线来估计聚合物的相对韧性?

11.试验温度下降对抗拉强度会产生什么影响?

12.试验时间增加对抗拉强度会产生什么影响?

13.聚乙烯的粘流活化能 $E = 23.4kJ/mol$,试计算欲从150℃时的粘度降低一半时需提高多少温度?

14.欲将一高聚物熔体的粘度降低一半,聚合物的重均相对分子质量应降低多少?

15.为什么熔体粘度随分子质量增加的比其他性质(如抗拉强度)快?

第五章 逐步聚合反应

5.1 引 言

逐步聚合反应,顾名思义,它的主要特征是形成大分子过程的逐步性。如以 O,X 表示能相互作用的各类官能团(—COOH,—OH,—NH₃ 等)。以 ⊗ 表示反应后形成的新键合基团(—OCO—,—NHCO—等),以 O—O,X—X,O—X 等分别表示不同类型的双官能团单体,其逐步聚合反应过程示例如下:

1.

2.

3.

逐步聚合反应的特点:这类反应没有特定的反应活性中心。每个单体分子的官能团,都有相同的反应能力。每一高分子链增长速率较慢,随着反应时间的延长,分子质量逐步增大,每一个单体可以与任何一个单体或高分子链反应,每一步反应的产物都能独立存在,在任何时候都可以终止反应,在任何时候又能使其继续以同样活性进行反应。由于分子链中的官能团和单体官能团反应能力相同,所以在聚合反应初期,单体消失很快,生成了许多两个或两个以上的单体分子组成的二聚体、三聚体、四聚体和其他低聚物等。

工业生产中生成尼龙 66 的聚酰胺化反应和生成涤纶的聚酯化反应就属于这种类型。

5.2 一般逐步聚合反应

逐步聚合反应包括逐步缩聚反应和逐步加聚反应。按照卡罗瑟斯(Carochers)的定义缩聚反应是指在生成聚合反应物的过程中同时副产简单的小分子如水等的反应。然而某些重键加成反应如二异氰酸酯与二元羟基化合物的加成反应,代尔斯-奥而德斯(Diels – Aldes)聚合反应等虽然在生成聚合反应物的同时,并没有小分子副产物,但是它们却遵循着与聚酰胺化和聚酯化反应相同的基本规律,即大分子链的增长过程是一个逐步过程。弗洛里则把合成聚合物的反应按其链增长的历程分为二大类,即逐步增长的聚合反应和链式增长的聚合反应。但现在仍沿用"缩聚反应"这个名词。

缩聚反应是具有两个或两个以上反应官能团的低分子化合物相互作用而生成大分子的过程。这里有反应官能团的置换——消除反应,即在生成大分子的同时生成低分子化合物,如水、氯化氢、醇等;也有加成反应,即只生成大分子而没有低分子产物。所谓官能团,除了包括通常的基团,如氨基、羟基、羧氨基、异氰酸酯基以外,尚有离子、游离基、络合基团等。有些单体的反应官能团是在反应过程中形成的(如合成酚醛树脂时的羟甲基—CH_2OH)。随着新的合成方法的不断出现,由缩聚反应合成的高聚物的种类也将日益增多,目前其主要的类型列于表 5-1 及表 5-2 中。

表 5-1　各种类型的 a – A – B – b 型化合物单独缩聚时的产物

第一个官能团 a	第二个官能团 b	原　料	生成物的类型	链节间的键	副产物
—H	—H	碳氢化合物	聚　烃	—C—C—	H_2
—Br	—Br	二卤代烃	聚　烃	—C—C—	NaBr
—OH	—OH	多元醇	聚　醚	—O—	H_2O
—OH	—COOH	羟基酸	聚　酯	$\overset{O}{\underset{\parallel}{—C—O—}}$	H_2O
—OH	—COOR	羟基酸酯	聚　酯	$\overset{O}{\underset{\parallel}{—C—O—}}$	ROH
—NH$_2$	—COOH	氨基酸	聚酰胺	$\overset{O}{\underset{\parallel}{—C—NH—}}$	H_2O
—NH$_2$	—COOR	氨基酸酯	聚酰胺	$\overset{O}{\underset{\parallel}{—C—NH—}}$	ROH
—NH$_2$	—COCl	氨基酸酰氯	聚酰胺	$\overset{O}{\underset{\parallel}{—C—NH—}}$	HCl

表 5-2 当两种物质 a－A－A－a＋b－B－B－b 缩聚时官能团和产物的类型

第一个官能团 a	含官能团 a 的物质	第二个官能团 b	含官能团 b 的物质	生成物的类型	链节间的键	副产物
—OH	多元醇	HOOC—	多元酸	聚酯	—CO—O—	H_2O
—OH	多元醇	ROOC—	多元酸酯	聚酯	—CO—O—	ROH
—OH	多元酚	ClCO—	多元酸酰氯	聚酯	—CO—O—	HCl
—OH	多元醇	HO—	多元醇	聚醚	—O—	H_2O
—NH₂	多元胺	HOOC—	多元酸	聚酰胺	—NH—C(=O)—	H_2O
—NH₂	多元胺	ROOC—	多元酸酯	聚酰胺	—NH—C(=O)—	ROH
—NH₂	多元胺	ClCO—	多元酸酰氯	聚酰胺	—NH—C(=O)—	HCl
—NH₂	脲	O=C<	甲醛	脲醛树脂	—NH—C(=O)—NH—	H_2O
—H	酚	O=C<	甲醛	酚醛树脂	(酚—CH₂—酚)	H_2O
—OH	二元醇	O=C=N	二异氰酸酯	聚氨脂	—O—C(=O)—NH—	
—OH	硅醇	HO—	硅醇	聚硅氧烷	—Si(R)(R)—O—	H_2O
—NH₂	二元胺	四酸二酐	聚酰亚胺		—C(=O)—N—C(=O)—	H_2O

5.2.1 缩聚反应的分类

缩聚反应的类型是多种多样的,为了便于研究和说明,人们从不同角度对缩聚反应进行了分类,主要有以下几种。

1. 按生成聚合物分子的结构分类

(1) 线型缩聚反应:如参加缩聚反应的单体都含有两个官能团,反应中形成的大分子向两个方向增长,得到线型分子的聚合物,那么这类反应称线型缩聚反应。在此反应中,体系的粘度逐渐变稠,产物具有可溶和可熔性。有两种类型的单体:一种是 a－A－B－b

型单体,如氨基酸、羟基酸等

$$a-A-B-b+a-A-B-b \longrightarrow a-A-B-A-B-b+ab$$

另一种是 $a-A-A-a,b-B-B-b$ 型单体,如二元酸与二元醇生成的聚酯的反应、二元酸与二元胺生成的聚酰胺的反应等

$$a-A-A-a+b-B-B-b \longrightarrow a-A-A-B-B-b+ab$$

(2)体型缩聚反应:如参加缩聚反应的单体至少有一种含有三个以上的官能团,反应中形成的大分子向三个方向增长,得到体形结构的聚合物,则此种反应称体型缩聚反应。在此反应中,体系的粘度到一定反应程度之后突然增加,产生凝胶,产物失去可溶与可熔的性能,如

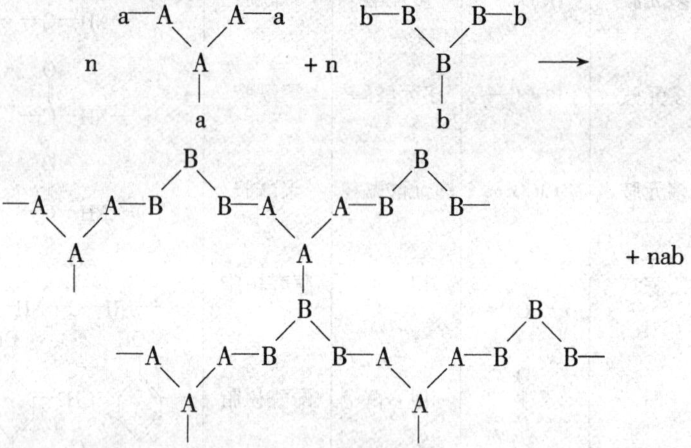

酚醛树脂、脲醛树脂等就是按此类反应进行生产的。

2. 按参加缩聚单体的种类分类

(1)均缩聚:只有一种单体进行的缩聚反应。如

$$n\,H_2N-CH_2{\mapsto}_5COOH \Longleftrightarrow H-NH-CH_2{\to}_5-CO{\mapsto}_nOH + H_2O$$

(2)混缩聚:也称杂缩聚,是两种单体的缩聚反应。这类单体中任何一种都不能进行均缩聚,如

$$n\,H_2N-CH_2{\mapsto}_6NH_2 + n\,HOOC-CH_2{\mapsto}_4COOH \Longleftrightarrow$$

$$H-NH-CH_2{\to}_6NH-CO-CH_2{\to}_4CO{\mapsto}_nOH + (2n-1)H_2O$$

(3)共缩聚:有两种情况,一种是相对于均缩聚而言,若在均缩聚中再加入第二种单体,进行的缩聚反应叫做共缩聚反应。另一种是相对于混缩聚而言,即在混缩聚中加入第三种单体进行的缩聚反应也称共缩聚反应。

3.按反应的性质分类

(1)平衡缩聚反应:也称可逆缩聚反应。缩聚反应具有可逆变化特征的称为平衡(可逆)缩聚反应。如由二元酸与二元胺合成聚酰胺的反应。

(2)不平衡缩聚反应:也称不可逆缩聚反应。在缩聚反应的条件下不发生逆反应的称为不平衡(不可逆)缩聚反应。如二元胺与二元酰氯的反应。

4.按制备方法分类

(1)熔融缩聚反应:是把单体加热到聚合物的熔点以上(一般高于200℃),如果需要

也可以加入催化剂,并把副产物从反应混合物中除去。熔融缩聚要求单体和缩聚物在反应的温度下必须是稳定的,且聚合物易熔,在整个聚合过程中体系是均相。缩聚反应在惰性气体中进行,可减少副反应。如尼龙6,尼龙66和涤纶的生产都可采用这种方法。

(2)界面缩反应:是将两种单体分别溶解在适当的溶剂中,而这两种溶剂是互不相溶的(如水和烃)。反应时将两种单体溶液倒在一起,反应即发生在两相的界面处。由于使用了活性单体,反应可以在常温以至低温下以极快的速度进行。如聚酰胺、聚酯、聚氨酯等的生产都可采用这种方法。

(3)溶液缩聚反应:是单体在溶液中进行的缩聚反应。如聚砜和某些耐高温的聚合物采用此法合成。

(4)固相缩聚反应:是使单体在固体状态下进行缩聚的一种方法。如聚酰胺,聚苯并咪唑等的生产可采用此法合成。

5.2.2 缩聚反应中官能团等活性概念

缩聚反应的逐步性,表明它是一种复杂的反应体系。如假定反应的每一步都分别具有不同的平衡常数和速率常数,这样要对缩聚反应平衡及动力学进行分析,就相当困难。为了使所要研究的问题简化,是否可以不考虑各个步骤,对于具有平衡特征的缩聚反应,用一个平衡常数表征每一个平衡步骤的特征;用一个反应速率常数表征每一步反应的速率常数这个问题,究其实质不外是参与反应的官能团的反应能力的问题。为此,人们提出了官能团等活性概念。假定在任何反应阶段,不论是单体、二聚体、三聚体、多聚体或高聚物,其两端官能团的反应能力,不依赖于分子链的大小,那么每一步反应的平衡常数必然相同。因此,同小分子的平衡反应一样,整个缩聚反应过程,可用一个平衡常数来表示。缩聚反应动力学将与低分子反应动力学相似。因为不论哪一步反应其速率常数都将保持不变。但是这一假定曾遇到某些人的反对。理由是缩聚反应过程中形成了分子质量较大的中间产物,大分子的活性较低,随着分子质量的增加,碰撞频率降低,从而大分子活性降低。此外,还认为官能团被屏蔽在卷曲的分子链内部,使反应很难进行等等。为了证明这些反对意见的错误,必须进行大量的系统的实验研究。为此,曾用同系列单官能团化合物,模拟不同反应阶段的情况,现将单官能团模拟物的酯化、醚化反应的实验数据列于表5-3中。

表5-3 模拟物酯化,醚化反应的速率常数

n	$k \cdot 10^4$ 1/mol·℃			n	$k \cdot 10^4$ 1/mol·℃		
	Ⅰ	Ⅱ	Ⅲ		Ⅰ	Ⅱ	Ⅲ
1	22.1	26.6		6			7.3
2	15.3	2.37	6.0	8	7.5		
3	7.5	0.923	8.7	15	7.7	0.667	
4	7.4	0.669	8.4	16		0.690	
5	7.4		7.8				

酯化反应Ⅰ: $H(CH_2)_n COOH + C_2H_5OH \xrightarrow[25℃]{HCl} H(CH_2)_n COOC_2H_5 + H_2O$

醚化反应Ⅱ: $C_6H_5CH_2ONa + H(CH_2)_n I \xrightarrow[35℃]{C_2H_5OH} C_6H_5CH_2O(CH_2)_n H + NaI$

由表 5-3 可见，随分子质量增大，起初反应能力降低，但当碳原子数在 3 以上时，反应 Ⅰ 和 Ⅱ 的速率常数不变，近似于常数。再以二元酸的酯化反应 Ⅲ 为例

$$HOOC(CH_2)_nCOOH + 2C_2H_5OH \xrightarrow[25℃]{HCl} H_3CCH_2OCO(CH_2)_nCOOCH_2CH_3 + H_2O$$

从表 5-3 中最后一列数据，当 $n > 3$ 以后，同样可以看出官能团的活性基本不变。当 $n < 2$ 时，官能团的活性则有较大变化，例如 $n = 0$ 是草酸，其酸性较大，两个羧基的酸性也不相同；$n = 1$ 时是丙二酸，其酸性比草酸小，两个羧基的酸性基本一样。这些都属于邻近基团效应的影响，这个效应明显地随碳原子数目的增加而减少。

对于其他反应也有相似关系，如带羟端基的聚氧化二撑（相对分子质量为 393）、丁醇与苯基异氰酸酯反应，在 30℃甲苯溶液中，其速率常数分别为 1.5×10^3 和 1.7×10^3 l/mol·℃。

由上述事实可见，分子链的长短对官能团反应能力的影响是有限的。

其次，还应考察大分子扩散速率对官能团反应能力的影响。大分子的扩散速率与大分子质量的大小有关，往往因此而引起官能团反应能力降低的错误印象。事实上官能团的反应能力与基团间碰撞频率有关，而与整个大分子的扩散关系不大。由于聚合物链和链段运动的两重性，增长着的聚合物链与链端官能团的可动性不同。链端官能团可与小分子相比，它与邻近基团的碰撞频率同属一个数量级。整个大分子的扩散速率低可能使两个官能团作用时间延长，影响到官能团碰撞次数的时间分布情况，但不会影响一个较长时间内的平均碰撞速率。即便是固有的活动性有所降低，从而使平均碰撞频率略有降低，但与此同时碰撞状态的持续时间也相应地加长了。因此，就一般缩聚反应而言，扩散速率与官能团的反应能力无关。从而由另一个角度证明了官能团反应能力与分子链大小无关。

综上所述，不同链长的官能团有相同的反应能力及参与反应的机会，这就是缩聚反应中官能团等活性概念，它是缩聚反应平衡及动力学分析的基础，也是高分子化学反应的一个基本观点。

5.3 逐步聚合反应动力学

缩聚反应动力学主要解决的问题是反应程度与时间的关系（p-t 关系）以及缩聚产物的数均聚合度与时间的关系（$\bar{X}$-t 关系）。研究这些问题的目的是为了探索反应的内在规律，改进工业生产，控制生产条件，为提高产品质量提供必要的数据。

5.3.1 基本假设

缩聚反应的链增长是一连串的可逆平衡过程，可以用下面的通式来表示

$$aAa + bBb \underset{k_{-1}}{\overset{k_1}{\rightleftharpoons}} a(AB)b + ab$$

$$a(AB)b + aAa \underset{k_{-2}}{\overset{k_2}{\rightleftharpoons}} a(AB)Aa + ab$$

...

$$a[AB]_n a + bBb \underset{k_{-r}}{\overset{k_r}{\rightleftharpoons}} a[AB]_n Bb + ab$$

$$a[AB]_n b + a[AB]_m b \underset{k_{-n}}{\overset{k_n}{\rightleftharpoons}} a(AB)_{n+m} b + ab$$

研究缩聚反应动力学时第一个要解决的问题是各个反应的反应速率常数是否相等。如前所述,弗洛里研究了十二碳醇与月桂酸、癸二醇与己二酸的酯化反应并得出它们具有相同的速率常数和动力学级数的结果,提出了反应速率常数与分子链长无关这一官能团等活性的假设,即官能团等活性概念,因此上述各个反应的速率常数应相等

$$k_1 = k_2 = k_3 \cdots = k_r \cdots = k_n$$

$$k_{-1} = k_{-2} = k_{-3} \cdots = k_{-r} \cdots = k_{-n}$$

由阿累尼乌斯方程式 $K = PZe^{-\Delta E/RT}$ 来看,在一定温度下反应速率决定于碰撞频率 Z、有效碰撞几率 P 和反应活化能 ΔE。一般认为大分子中官能团的反应活化能与分子链长无关。虽然随着反应体系粘度增大,使大分子链移动发生困难,但由于分子热运动,大分子链上每部分都以一定的频率不停地运动着。因此,大分子官能团的碰撞频率也不应受链长的影响。所以在一定温度条件下,各种大小分子的反应速率常数应该是相等的。

这一基本假设简化了缩聚反应的动力学处理,可以不管系统中各种复杂、不同分子的存在,仅需将不同反应均视为官能团之间的反应,并且有同一反应速率常数。因此可以用下式来表示所有的链增长反应

$$P_i + P_j \underset{k_{-1}}{\overset{k_1}{\rightleftharpoons}} P_{i+j} + H_2O$$

i 代表聚合度从 1 到 i;j 代表聚合度从 1 到 j。

弗洛里并不认为官能团等活性的概念可以适用于一切系统中。他明确地规定了适用这一重要概念的条件,即

(1) 聚合物必须在真溶液之中。

(2) 官能团必须与其相邻的基团处于同样的环境之中和相同的空间作用。

(3) 系统的粘度并不妨碍平衡反应产生的副产物的排除。

在许多聚合物体系中,官能团是处于影响其反应活性的环境之中的。分子的大小和混溶性,相邻团之间的相互作用等均会导致提高或降低反应活性。因此,在把官能团等活性理论应用于聚合物体系中时必须极其小心。

5.3.2 可平衡缩聚反应动力学

缩聚反应动力学的研究,以聚酯反应和聚酰胺反应较多,它们有一定的代表性。通常是根据反应历程列出动力学方程式,然后根据实验测定的数据进行处理。若历程尚未清楚,可根据实验先假定可能的反应历程,然后用方程来验证历程。若反应历程可知,则动力学的近似处理可以阐明控制反应的规律。

酯化反应的氢离子催化机理有以下设想:

(1) 在没有外加酸的情况下

$$RCOOH \rightleftharpoons RCOO^- + H^+$$

$$H^+ + RCOOH \rightleftharpoons RCOOH_2^+$$

$$H^+ + R'OH \rightleftharpoons R'OH_2^+$$

$$RCOOH_2^+ + RCOOH \rightleftharpoons RCOOH + \underset{\underset{OH}{|}}{\overset{\overset{OH}{|}}{R-C^+}}$$

$$RCOOH + R'OH_2^+ \rightleftharpoons R'OH + \underset{\underset{OH}{|}}{\overset{\overset{OH}{|}}{R-C^+}}$$

$$\underset{\underset{OH}{|}}{\overset{\overset{OH}{|}}{R-C^+}} + R'OH \overset{k_2}{\rightleftharpoons} \underset{\underset{OHH^+}{|}}{\overset{\overset{OH}{|}}{R-C-O-R'}} \overset{k_3}{\longrightarrow} RCOOR' + H_2O + H^+$$

酯化反应关键的一步是锌盐的生成。它是作为氢离子的载体参加反应的。在没有外加酸的情况下,一个锌盐的形成要两分子的酸或一分子酸与一分子醇。

此时酯化反应被认为是三级反应,即

$$-\frac{d[COOH]}{dt} = k[COOH]^2[OH] \tag{5-1}$$

[COOH]与[OH]等当量比时

$$-\frac{d[COOH]}{dt} = k[COOH]^3 \tag{5-2}$$

(2)在有外加酸催化的情况下,氢离子是由催化剂供给的

$$AH + RCOOH \rightleftharpoons A^- + RCOOH_2^+$$

因此只消耗一分子的酸就可生成一个 盐。此时酯化应被认为是二级反应,即

$$-\frac{d[COOH]}{dt} = k[COOH][OH] = k[COOH]^2 \tag{5-3}$$

解有外加酸的动力学方程,以 C_0 代表起始羧基浓度,以 C 代表反应 t 时间后羧基浓度。积分式(5-3) 有

$$\int_{C_0}^{C} -\frac{d[COOH]}{[COOH]^2} = \int_{t_0}^{t} kdt$$

得

$$\frac{1}{C} - \frac{1}{C_0} = kt \tag{5-4}$$

定义反应程度

$$P = \frac{C_0 - C}{C_0} = \frac{N_0 - N}{N_0} \tag{5-5}$$

N_0 是起始官能团数目，N 为反应 t 时间后未起反应的官能团数。实验上可以用端基分析的方法来测定 P。

将式(5-4)代入(5-3)得

$$\frac{1}{1-P} - 1 = C_0 kt \qquad (5\text{-}6)$$

如果聚酯化反应在外加酸的情况下确是二级反应，则应符合式(5-5)。即将 $1/(1-P)$ 对 t 作图应得直线。

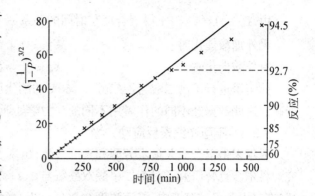

图 5-1 应用已测得的己二酸和乙二醇在 166℃ 下反应的数据，按 2½ 级反应作图

解无外加酸的酯化动力学方程，积分式(5-2)有

$$\int_{C_0}^{C} -\frac{\mathrm{d}[\mathrm{COOH}]}{[\mathrm{COOH}]^3} = \int_{t_0}^{t} k\,\mathrm{d}t$$

$$\frac{1}{C^2} - \frac{1}{C_0^2} = 2kt \qquad (5\text{-}7)$$

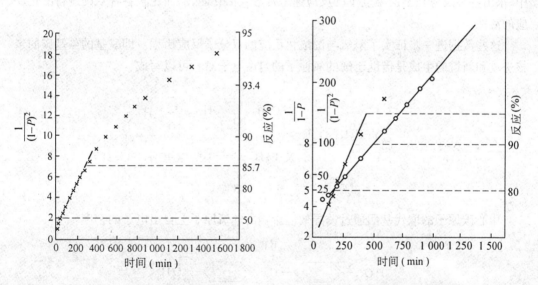

图 5-2 用弗洛里测得的己二酸和乙二醇在 166℃ 反应的数据，按二级反应作图

图 5-3 用弗洛里测得的己二酸与乙二醇在 166℃ 反应的数据，先按二级反应，后按三级反应作图

将式(5-5)代入(5-7)式得

$$2C_0^2 kt = \frac{1}{(1-P)^2} - 1 \qquad (5\text{-}8)$$

如果聚酯化反应在无外加酸的情况下确是三级反应，则应符合式(5-8)。即将 $1/(1-P)^2$ 对 t 作图应得直线。

由 $\bar{X}_n = 1/(1-P)$ 得聚合度与时间的关系

无外加酸催化时 $\qquad\qquad\qquad \bar{X}_n^2 = 1 + 2kC_0^2 t \qquad\qquad\qquad (5\text{-}9)$

有外酸催化时 $\qquad\qquad\qquad\quad \bar{X}_n = 1 + C_0 kt \qquad\qquad\qquad\quad (5\text{-}10)$

弗洛里进行了己二酸与乙二醇在 166℃ 的酯化反应。测定不同反应时间的羧基浓度变化。这些数据经不同的作者用不同的动力学处理来确定反应级数。

5.3.3　不可逆缩聚反应动力学

近年来由于合成大量聚芳酯和聚碳酸酯，出现了二元双酰氯与双酚反应的动力学研究。科尔沙克曾研究了对苯二甲酸双酰氯与 2,2 — 双(4 – 羟基苯基)六氟丙烷(等克分子比)在二甲苯甲烷溶液中(溶液浓度 0.065mol/l)，氮气保护下分别于 200,180,170,160℃ 进行的缩聚反应动力学。通过测定反应过程中放出的氯化氢来考察整个反应的过程。图 5-4 为不同温度下缩聚反应的动力学曲线。

按一级、二级、三级反应方程来计算对苯二甲酸双酰氯与六氟代双酚 A 的动力学常数，发现只有二级反应速率常数是保持恒定的，因此认为该反应属二级反应。但当反应温度为 200℃ 时，按一级和二级反应方程式计算都得到非常恒定的速率常数。

科尔沙克从研究对苯二甲酸双酰氯与各取代双酚 $HOC_6H_4 C(XY)C_6H_5OH$ 的动力学中，求出各种反应在不同温度下的反应速率常数及活化能，从而比较各种双酚进行酰化反应的活性。

这些数据进一步证实了酰氯与酚酰化反应的双分子反应历程。即酰基的羰基碳的亲核进攻和新键的生成是借助于酚的氧原子的自由电子对。可以写成

中心碳原子的取代基团通过诱导效应影响酚的氧原子上自由电子的密度

这种影响的强弱次序为

而取代双酚的活性正好相反。这种解释与表 5-4 中的数据相符。

表 5-4　对苯二甲酸双酰氯与各种取代酚反应的速率常数及活化能

原 料 双 酚	各种温度下的反应速率常数 $(1/mol \cdot s \times 10^{-5})$				活化能 $(\times 4.18kJ/mol)$
	160℃	170℃	180℃	200℃	
$HOC_6H_4CH_2C_6H_4OH$	14.7	21.7	37.3	92.7	21.1
$HOC_6H_4C(CH_3)_2C_6H_4OH$	11.6	16.5	35.0	90.2	22.2
$HOC_6H_4CH(C_6H_5)C_6H_4OH$	12.6	18.3	26.3	57.5	14.9
$HOC_6H_4C(CH_3)(C_6H_5)C_6H_4OH$	11.0	16.7	25.4	55.1	17.5
$HOC_6H_4C(C_6H_5)C_6H_4OH$	7.51	14.8	24.9	71.6	20.3
$HOC_6H_4C(CF_3)(C_6H_5)C_6H_4OH$	6.9	12.7	20.5	57.4	18.6
$HOC_6H_4C(CF_3)_2C_6H_4OH$	5.9	9.2	14.4	35.6	18.4

5.3.4　影响缩聚反应动力学的因素

动力学因素是与过程有关的,反应过程中任何一个因素的变化都可能对反应产生影响,这就为动力学研究带来困难。重复的实验结果往往要在很严格的条件下细心地工作才能得到。现就有关因素简要讨论如下。

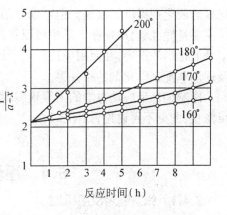

1.温度　温度对缩聚反应速率的影响符合阿累尼乌斯(Arrhenius)公式(即 $K = Ae^{-E/RT}$)。提高温度使反应速率加快,在工业生产中,这是加快反应速率的有效办法。然而,对不同的反应体系,提高反应温度有一定限制。例如对－苯二甲酸双－B－羟乙酯(BHET)的反应,生成聚合物的主要反应为

图 5-4　$\frac{1}{a-x}$ 与对苯二甲酸双酰氯和 2.2—双(羟基苯基)六氟代丙烷缩聚时间的依赖关系

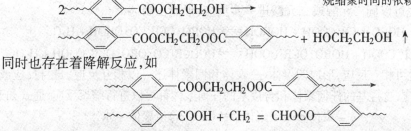

同时也存在着降解反应,如

经研究表明生成聚合物的表观活化能为 99.3kJ/mol,降解反应的表现活化能为 195 kJ/mol。可见降解反应的温度系数较大,比增长反应更容易受温度的影响。因此只有在较低温度下才能获得分子质量较高的产物,但又要注意聚合反应速率不能太低。因此温度对反应的影响不是绝对的,应根据反应具体分析,通过试验确定最合适的缩聚温度,既有利于分子质量的提高也有利于反应速率的加快。

2. 压力　在缩聚反应中,降低反应压力有利于低分子产物的排除,能加速反应,提高产物的分子质量。但减压常使单体因挥发度不同而改变官能团的当量比。因此反应初期,往往根据情况采用不同的压力和温度,有时甚至带压,例如,尼龙 66 的生产,反应初期在密闭设备内于 260℃在 1.7MPa 下己二酸己二胺盐初步缩聚,确保己二胺不挥发,己二酸不分解。随着反应程度的增加逐步降低压力,最后在于 3.2kPa 柱的压力下操作。

很低的压力,对反应设备的气密性提出了很高的要求,而设备的质量往往决定了反应的最大分子质量。

3. 催化剂　缩聚反应常用催化剂来加速反应,减少副反应。如聚酯反应,没有外加催化剂时反应很慢,加入催化剂如对一甲苯磺酸后,反应以很快速率进行,并且它对二元醇的醚化不起催化作用。二元醇的醚化不仅破坏了官能团的当量比,也避免了在链中引入新的结构单元,破坏了分子链的规整性,降低聚合物的熔化温度等。不同催化剂对缩聚反应有不同的选择性和活性,这就为选择更优良的催化剂提供了前提。但对催化剂的选择,直到现在还主要是凭经验,即使在文献中可以找到适于某种反应的

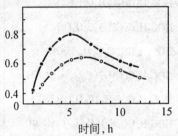

图 5-5　搅拌时间(t)对 BET 缩
聚反应粘度(η)的影响
●—120r/min
○—60r/min

多种催化剂的报导,在使用中往往还要进行各种试验,以确定合适的催化剂种类、组成以及使用和配制催化剂的条件等。

影响缩聚反应动力学的因素很多,除以上所述之外,如搅拌因素,介质效应等等也不可忽视,此处不再讨论,如图 5-5。

5.4　逐步聚合反应机理

5.4.1　线型缩聚反应机理

以二元醇和二元酸来合成聚酯为例来说明线型缩聚的机理。二元醇和二元酸第一步反应形成二聚体(羟基酸)

$$HOROH + HOOCR'COOH \Longrightarrow HORO \cdot OCR'COOH + H_2O$$

二聚体也可以同二元醇或二元酸进一步反应,形成三聚体

$$HORO \cdot OCR'COOH + HOROH \Longrightarrow HORO \cdot OCR'CO \cdot OROH + H_2O$$

或 $HOOCR'COOH + HORO \cdot OCR'COOH \Longrightarrow HOOCR'CO \cdot ORO \cdot OCR'COOH + H_2O$

二聚体也可相互反应,形成四聚体,三聚体和四聚体还可以相互反应、自身反应或与单体、二聚体反应,含羟基的任何聚体和含羧基的任何聚体都可以进行缩聚反应,通式如下

$$n - 聚体 + m - 聚体 \Longrightarrow (n + m) - 聚体 + 水$$

缩聚反应就这样逐步进行下去,聚合度随时间或反应程度而增加。

在缩聚反应中,带不同官能团的任何两个分子都能相互反应,无特定的活性种,各步反应的速率常数和活化能基本相同,并不存在链引发、链增长、链终止等基元反应。

由于许多分子可以同时反应,缩聚早期,单体很快消失,转变成二聚体、三聚体、四聚体等低聚物,转化率很高,以后的缩聚反应则在低聚物之间进行,分子量分布也较宽。所

谓转化率是指转变成聚合物的单体占起始单体量的百分率。

在缩聚过程中,聚合度稳步上升。延长聚合时间主要目的在于提高产物分子质量,而不是提高转化率。

5.4.2 不可逆缩聚反应机理

不可逆缩聚反应又称不平衡缩聚反应。其基本特征是整个缩聚反应过程中聚合物不被缩聚反应的低分子产物所降解,也不发生其他的交换降解反应。

平衡常数由下列方程式所决定

$$a + b \underset{k_{-1}}{\overset{k_1}{\rightleftharpoons}} c + d$$

$$K = \frac{k_1}{k_{-1}} = \frac{[c][d]}{[a][b]} \tag{5-11}$$

对于不可逆缩聚反应其特征是平衡常数非常大,即 $k_1 \gg k_{-1}$,或 $k_1 \to \infty$,或 k_{-1} 无限小。

不可逆缩聚反应如同平衡缩聚反应一样,每进行一步反应都生成稳定的、能够独立存在且能进一步反应的化合物,与链增长的同时生成低分子副产物。与平衡缩聚反应不同,这些低分子副产物不与生成的大分子链相作用。生成大分子的过程大致可分为链增长的开始、链增长和链终止三个反应过程。

1.链增长的开始

在不可逆缩聚反应中,由于使用原料的性质和进行反应的条件不同,链增长的开始有着完全不同的方式:

(1) 两个反应官能团按亲核取代反应 SN_2 历程进行反应,如二元酸双酰氯与二元胺的界面缩聚反应

$$Cl-\underset{\overset{\|}{O}}{C}(CH_2)_n\underset{\overset{\|}{O}}{C}-Cl + H_2N(CH_2)_mNH_2 \longrightarrow \left[Cl-\underset{\overset{\|}{O}}{C}(CH_2)_n\underset{\underset{Cl}{|}}{\overset{\overset{\|}{O}}{C}}\cdots\underset{\underset{H}{|}}{\overset{\overset{H}{|}}{N}}-(CH_2)_mNH_2 \right]$$

$$\xrightarrow{+ NaOH} Cl-\underset{\overset{\|}{O}}{C}(CH_2)_n\underset{\overset{\|}{O}}{C}-NH(CH_2)_mNH_2 + NaCl + H_2O$$

(2)由不参加组成聚合物链的第三种物质(催化剂)与一种原料的官能团形成中间状态的活性物质,再由后者与第二种原料的官能团反应。如在叔胺存在下对苯二甲酸双酰氯与二元酚的溶液聚酯化反应

$$Cl-\underset{\overset{\|}{O}}{C}-R'-\underset{\overset{\|}{O}}{C}-Cl + HOR''OH + R_3N$$

$$\rightleftharpoons HO-R''-O\cdots H\overset{+}{N}R_3 + Cl-\underset{\overset{\|}{O}}{C}-R'-\underset{\overset{\|}{O}}{C}-Cl$$
(一般的酸碱催化)

$$\rightleftharpoons \left[Cl-\underset{\overset{\|}{O}}{C}-R'-\underset{\overset{\|}{O}}{C}-NR_3 \right]^+ Cl^- + HO-R''-OH$$
(亲核催化)

$$\longrightarrow \overset{\underset{\displaystyle \|}{O}}{Cl\cdot C}-R'-\overset{\underset{\displaystyle \|}{O}}{C}-R''-OH + R_3N\cdot HCl$$

(3)其中一种反应物分解成离子,再与第二种反应物进行离子反应。或两种反应物先分别分解为离子,再进行离子反应。例如二元酸双酰氯与双酚钠盐的界面缩聚反应

NaO—⟨○⟩—R—⟨○⟩—ONa $\longrightarrow$ NaO—⟨○⟩—R—⟨○⟩—O⁻ + Na⁺

NaO—⟨○⟩—R—⟨○⟩—O⁻ + Cl—$\overset{\underset{\displaystyle \|}{O}}{C}$—⟨○⟩—$\overset{\underset{\displaystyle \|}{O}}{C}$—Cl $\longrightarrow$

NaO—⟨○⟩—R—⟨○⟩—O—$\overset{\underset{\displaystyle \|}{O}}{C}$—⟨○⟩—$\overset{\underset{\displaystyle \|}{O}}{C}$—Cl + Cl⁻

(4)参加组成聚合物链的活性中心是由活性化合物(如有机过氧化物)分解而获得的游离基,它们引起原料分子中弱原子键的均裂而生成游离基。后者的重合生成二聚体。上述基本反应不断重复进行就生成大分子链。如在过氧化二叔丁基作用下对二异丙基苯通过重合聚合反应生成高分子质量的聚合过程。

$$H-\overset{\underset{\displaystyle CH_3}{\overset{\displaystyle CH_3}{|}}}{C}-⟨○⟩-\overset{\underset{\displaystyle CH_3}{\overset{\displaystyle CH_3}{|}}}{C}-H + R\cdot \longrightarrow H-\overset{\underset{\displaystyle CH_3}{\overset{\displaystyle CH_3}{|}}}{C}-⟨○⟩-\overset{\underset{\displaystyle CH_3}{\overset{\displaystyle CH_3}{|}}}{C}\cdot + RH$$

$$2H-\overset{\underset{\displaystyle CH_3}{\overset{\displaystyle CH_3}{|}}}{C}-⟨○⟩-\overset{\underset{\displaystyle CH_3}{\overset{\displaystyle CH_3}{|}}}{C}\cdot \longrightarrow H-\overset{\underset{\displaystyle CH_3}{\overset{\displaystyle CH_3}{|}}}{C}-⟨○⟩-\overset{\underset{\displaystyle CH_3}{\overset{\displaystyle CH_3}{|}}}{C}-\overset{\underset{\displaystyle CH_3}{\overset{\displaystyle CH_3}{|}}}{C}-⟨○⟩-\overset{\underset{\displaystyle CH_3}{\overset{\displaystyle CH_3}{|}}}{C}-H$$

上述两步反应重复进行的结果就生成了高聚物。

2.链增长

在不可逆缩聚反应中链增长过程同样具有逐步的性质。但是由于使用单体的反应活性、介质和催化剂等不同,链增长的速度有很大的差异,大体上可分为两组。

第一组:使用反应活性大的双酰氯或酸酐为一种原料,在温和的条件下进行界面缩聚反应或低温溶液缩聚反应。例如对苯二甲酸双酰氯与苯酚酞在三乙胺存在时于二氯乙烷溶液中的低温溶液缩聚反应,产物的粘度随反应时间迅速增加。在50℃进行反应时,大分子的生成几乎是瞬间的。如图5-6所示。

第二组:生成一系列共轭高聚物的氧化脱氢缩聚反应。由二羧酸双酰氯和双酚在高沸点溶剂下进行的高温缩聚反应,以及生成聚酰亚胺、聚苯并咪唑等芳杂环聚合物的环化反应的链增长都是缓慢的过程。图5-7是间苯二甲酸双酰氯和4,4'–2,2(羟基苯基)2,2–丙烷在高温缩聚反应时产物粘度、产率随反应时间变化的情况,由图线可见链的增长经历了一个缓慢的过程。

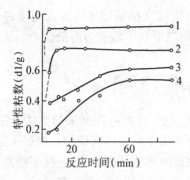

图 5-6 [η]随反应时间的变化
1,2,3,4 分别为 50,30,0
及 −20℃下进行的反应

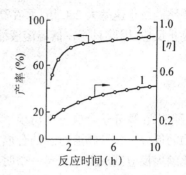

图 5-7 产率、特性粘数随
反应时间的变化

3. 链增长的终止

如同平衡缩聚反应一样,不可逆缩聚反应链增长的终止也受到物理因素和化学因素的影响。物理因素主要是那些减少官能团碰撞几率和减慢单体分子扩散速度的原因。如反应介质很粘稠,或者聚合物沉淀下来,都会导致链增长的终止。

导致链增长终止的化学因素有:(1)原料的非当量比;(2)活性单官能团杂质;(3)大分子及单体官能团发生化学变化而丧失反应活性。在不可逆缩聚反应中官能团化学变化往往是引起链增长终止的主要原因。例如在界面缩聚反应中,由于反应是在有机物和水相的界面进行的,因此酰卤基的水解反应被认为是链终止的主要原因,并且酰卤基的

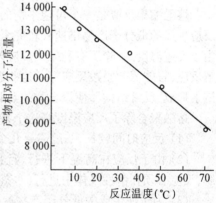

图 5-8 分子质量随反应温度的变化

水解反应随反应温度的升高而加速。图 5-8 可见聚己二酰己二胺的分子质量随反应温度的升高而迅速下降。这是因为高温下酰氯基的水解反应加速的缘故。

某些溶剂也会与羧酸双酰氯发生副反应,使双官能团变为单官能团活性物质,从而引起链终止反应。例如在以二甲基甲酰胺为溶剂进行羧酸双酰氯的聚酰胺化反应时,发现在酰氯基和溶剂分子间发生了酰胺交换反应,使酰氯基发生化学变化而丧失反应活性,从而导致链的终止。酰胺交换反应是按下列历程进行的。

酰胺交换反应的活化能为 23kJ/mol,而链增长活化能为 6.3kJ/mol,在常温下链增长

速率要比链终止速率大 280 倍,而在高温下反应时,酰胺交换反应将以较高速度进行,导致链终止反应,因此只能在低温溶液缩聚反应中采用二甲基甲酰胺为溶剂。

5.5　合成方法

近年来在高分子合成方面出现了不少新的合成方法,使那些用原来的方法无法制成高聚物的低分子化合物通过新的合成方法能制备出有实际用途的高聚物。例如苯通过脱氢氧化缩聚反应制成聚苯就是一个明显的例子。缩聚的方法很多,并且还在不断发展中。下面着重讨论目前生产上常用的一些缩聚方法。

5.5.1　熔融缩聚反应

这是目前生产上大量使用的一种缩聚方法,普遍用来生产聚酰胺、聚酯和聚氨酯。其特点是反应温度较高(200 ~ 300℃),此时,不仅单体原料处于融熔状态,而且生成的聚合物也处于熔融状态。一般反应温度要比生成的聚合物熔点高 10 ~ 20℃。

熔融缩聚反应是一个可逆平衡的过程。高温有利于加快反应的速度,同时也有利于反应生成的低分子产物迅速和较完全地排除,使反应朝着生成大分子的方向进行。但是由于反应温度高,除了有利于主反应外,也有利于逆反应和副反应的发生,如交换反应,降解反应,官能团的脱羧反应等。这些副反应除了影响聚合物的分子质量外,还会在大分子链上形成"反常结构",使聚合物的热和光稳定性有所降低。

熔融聚合除了反应温度高这个特点外,还有以下几点:

(1) 反应时间较长,一般需要几个小时;

(2) 由于反应在高温下进行,且长达数小时之久,为了避免生成的聚合物质氧化降解,反应必须在惰性气体中进行(水蒸汽,氮气,二氧化碳);

(3) 为了使生成的低分子产物能较完全排除了反应系统之外,后期反应常常是在真空中进行,有时甚至在高真空中进行,如涤纶树脂的生产;或在薄层中进行,以有利于低分子产物较完全地排除;或直接将惰性气体通入熔体鼓泡,赶走低分子产物。

用熔融缩聚法合成聚合物的设备简单且利用率高,因为不使用溶剂或介质,近年来已由过去的釜式法间歇生产改为连续法生产,如尼龙 6,尼龙 66 等。

5.5.2　界面缩聚反应

界面缩聚反应是将两种单体分别溶解在适当的溶剂中,而这两种溶剂是互不相溶的。反应时将两种单体溶液倒在一起,反应即发生在两相的界面处(如图 5-9)。由于使用了活性单体,反应可以在常温以至低温下以极快的速度进行。

下面以碳酸酯的界面缩聚反应来讨论其历程。聚碳酸酯是目前广泛应用的工程塑料之一,它具有透明、耐磨、尺寸稳定性好等优点,它主要可用熔融缩聚(酯交换法)和界面缩聚两种方法合成。界面缩聚法合成聚碳酸酯的原料是光气(碳酸双酰氯 $Cl\!-\!\overset{\displaystyle O}{\overset{\|}{C}}\!-\!Cl$)和双酚 A 钠盐,它们分别溶解于有机相(二氯乙烷)和水中。混合两相,并在叔胺的催化下于两相界面形成聚合物。反应分两个阶段,即光气化和缩聚两阶段。

光气化阶段:当两相接触时,界面反应区内双酚 A 钠盐与光气作用,生成可溶于有机

相的简聚体

$$Cl-\underset{\substack{\|\\O}}{C}-Cl + NaO-\overset{\substack{CH_3\\|}}{\underset{\substack{|\\CH_3}}{C}}\text{（对位苯环）}ONa \longrightarrow$$

$$Cl-\underset{\substack{\|\\O}}{C}-O-\text{（苯环）}\overset{\substack{CH_3\\|}}{\underset{\substack{|\\CH_3}}{C}}\text{（苯环）}ONa + NaCl$$

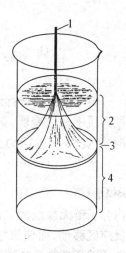

图 5-9　界面缩聚反应
示意图
1—生成的聚合物；
2,4—互不相溶的两种溶
液；3—两相界面

在反应初期界面上简聚体酚氧离子端基的浓度要比双酚 A 钠盐小得多，所以进入界面的光气分子与双酚钠盐反应的几率无疑大大超过与简聚体酚氧离子端基作用的几率。因此在光气化阶段，反应生成物大部分为两端各带不同端基的简聚体。

缩聚反应阶段：当光气消耗尽后，进入缩聚阶段。简聚体不同端基之间的相互作用则成为链增长反应的主要方式，所以氯代甲酸酯端基从相内进入界面反应区的移动速率便成为决定链增长反应速率的主要因素。因此，增大搅拌速度有利于简聚体端基的移动，从而加速反应的进程

$$NaO\text{（苯环）}\overset{CH_3}{\underset{CH_3}{C}}\text{（苯环）}O-\underset{O}{C}-Cl + NaO\text{（苯环）}\overset{CH_3}{\underset{CH_3}{C}}\text{（苯环）}O-\underset{O}{C}-Cl \longrightarrow$$

$$NaO\text{（苯环）}\overset{CH_3}{\underset{CH_3}{C}}\text{（苯环）}O-\underset{O}{C}-O\text{（苯环）}\overset{CH_3}{\underset{CH_3}{C}}\text{（苯环）}O-\underset{O}{C}-Cl + NaCl$$

叔胺或季胺盐均能加速双酚 A 钠盐与光气的界面缩聚反应，因为光气或氯代甲酸酯能与叔胺形成类似盐的加合物，这些加合物与酚钠盐或低聚体在界面上反应要比水解反应快，从而保证聚合物的生成

$$\sim\!\!\sim O\text{（苯环）}\overset{CH_3}{\underset{CH_3}{C}}\text{（苯环）}O-\underset{O}{C}-Cl + NR_3 \longrightarrow \sim\!\!\sim O\text{（苯环）}\overset{CH_3}{\underset{CH_3}{C}}\text{（苯环）}O-\underset{O}{C}-\overset{+}{N}R_3Cl^-$$

$$\sim\!\!\sim O\text{（苯环）}\overset{CH_3}{\underset{CH_3}{C}}\text{（苯环）}O-\underset{O}{C}-\overset{+}{N}R_3Cl^- + NaO\text{（苯环）}\overset{CH_3}{\underset{CH_3}{C}}\text{（苯环）}O-\underset{O}{C}-O\!\sim\!\!\sim \longrightarrow$$

・ 85 ・

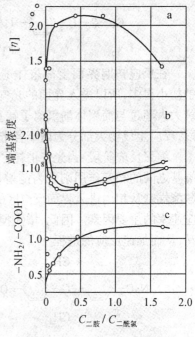

链增长反应进行到一定程度发生链终止反应,其原因是多方面的,最主要的是反应后期介质中碱性变弱,聚合物链的酚氧离子端基酸解为酚基,丧失反应能力。酰氯端基也会水解为碳酸基

$$HCO_2^-(或 \quad -\overset{\overset{\text{O}}{\|}}{C}-OH)$$ 而丧失反应能力。此外,有机相内分子链无规线团之间的缠结,阻碍酰氯端基向界面反应区移动,而使聚酯化反应不能继续。原料中单官能团的活性物质和游基酚的存在则成为链终止剂。

在界面缩聚反应中影响生成聚合物的产率和分子质量的因素是多方面的。下面简述原料比、单官能团化合物、反应温度、介质的 pH 值以及加入乳化剂等因素的影响。

1. 原料比的影响

在界面缩聚反应中可以有两种改变原料配比的方式,一种是在两体积恒定的情况下改变溶液的浓度比。另一种情况是在各相单体浓度恒定的情况下改变体积比,在第一种情况下,一种单体的过量引起产物分子质量的变化经过最大值,但是这个分子质量最大值是在原料非当量比的情况下出现的,并且这条曲线是不对称的,在某一组分的原料过量时,它的倾斜度更大一些(图5-10),但在各相反应物浓度恒定改变体积比时,则任何一种组分的过量都不会引起分子质量显著的变化(5-11)。

图 5-10 界面缩聚合成聚癸二酰己二胺时,单体原料比与聚合物各种特性的依赖关系

a. 相对分子质量(特性粘数$[\eta]$);

b. 端基(羧基和氨基的数目);

c. 端基比

在第一种情况下,虽然某一种原料过量,但产物端基分析的结果表明,最大分子质量产物的两种端基比仍为 1:1(图5-10),这证明在界面缩聚反应中要获得高分子质量产物仍然需要反应区内单体的等当量比。而反应每一瞬间,反应区内每种单体的数量取决于它们扩散到反应区的速度。每种单体的扩散速度可表示为

$$V_A = \beta_A S C_A^0, \quad V_B = \beta_0 S C_B^0$$

式中,C_A^0,C_B^0 分别为单体 A,B 在溶液中的浓度,β_A,β_B 分别为单体 A,B 在溶液中的扩散速率常数,S 为两相界面积。对于公式

$$\bar{X}_n = \frac{N_A + N_B}{N_A - N_B} \quad (\bar{X}_n 为数均聚合度) \tag{5-12}$$

我们可用扩散速度来代替上式中 A,B 单体的官能团数。因为单体浓度取决于其扩散速度

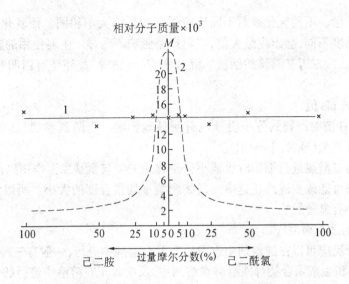

图 5-11　界面缩聚合成聚己二胺时原料比体积过量对分子量的影响

$$\bar{X}_n = \frac{V_A + V_B}{V_A - V_B} = \frac{\beta_A S C_A^0 + \beta_B \beta S C_B^0}{\beta_A S C_A^0 - \beta_B S C_B^0}$$

化简得

$$\bar{X}_n = \frac{\beta' C_A^0 / C_B^0 + 1}{\beta' C_A^0 / C_B^0 - 1}$$

式中, $\beta' = \beta_A / \beta_B$ 为两种单体扩散速率常数之比。因此改变原料配比,同时改变单体溶液浓度时(体积恒定)都会引起分子质量变化(C_A^0 或 C_B^0),但如果改变原料比,只增大溶液的体积而不改变单体浓度(C_A^0 , C_B^0 恒定)则不会引起分子量变化。

2. 单官能团化合物的影响

在用界面缩聚反应合成聚碳酸酯时,也是用加入单官能团羟基化合物-苯酚来控制产物分子质量的。加入单官能团化合物可以降低产物的分子质量,一方面取决于它的反应活性,另一方面也取决于它进入反应区的扩散速度。

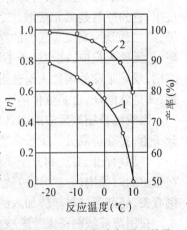

图 5-12　己二胺与光气界面缩聚时相对分子质量(1)及产率(2)与反应温度的关系

3. 温度

通常缩聚反应是在室温下进行的。在合成聚脲和聚芳酯时,随着反应温度升高,产物的产率和分子质量都明显下降,如图 5-12。这可解释为温度升高使副反应加大——酰氯水解,也增加了液体之间的相互溶解度。因此,对于大多数反应来说,升高温度会降低聚合物的产率和分子量。

4. 乳化剂

乳化剂的作用既能降低互不相溶的两相界面张力,也可增大界面面积,从而影响产率和产物的分子量。不同乳化剂对不同反应体系的影响大不相同。而乳化剂用量不同时，产物的增比粘度不同，会出现最大值，但对产率影响不明显。主要使用的乳化剂有脂肪族磺酸钠盐，单、二、三丁基萘磺酸钠盐的混合物、油酸钠等，此外还有白明胶、淀粉、聚乙烯醇等。

5．水相的 pH 值

水相的 pH 值对产物的分子质量也有明显地影响。当酰氯参加反应时，水相中必须加入氯化氢吸收剂（通常用 NaOH）。

在二胺与二酰氯进行缩聚时生成小分子物质 HCl 与氨基发生作用以及链终止反应中酰氯的水解都可能改变链终止速率而最终影响平均聚合度的大小。所以水相 pH 值对产物分子量大小有显著影响。

5.5.3 溶液缩聚反应

溶液缩聚反应可以在纯溶剂中也可以在混合溶剂中进行，一般有三种情况。

(1) 原料和生成聚合物都能溶解在溶剂中，反应真正在溶液中进行的；

(2) 原料能溶解在反应介质中，而生成的聚合物完全不溶或部分溶解；

(3) 原料局部溶解或完全不溶于反应介质，而产物完全溶解。

所使用的溶剂必须能创造有利于生成高分子产物的条件，即有利于反应过程中生成的低分子产物迅速和完全的排除，能使反应系统迅速混合和均匀化，稀释或吸收反应热，以及加大或增加反应的速度等。低分子副产物可以通过溶剂的蒸馏（通过生成恒沸物）的方式，也可以通过与溶剂生成化合物的方式加以排除。

溶液缩聚反应一般可分为高温与低温溶液缩聚反应两种。第一种多数是可平衡缩聚反应，它的原料是二元羧酸、二元醇或二元胺等，用以合成芳香族高熔点的聚酯、聚酰胺等，第二种是用高反应活性的原料如二元酸双酰氯、二异氰酸酯和二氧化丙二烯等与二元醇、二元胺等反应，往往属于不可逆反应。后一种情况如以光气和双酚 A 为原料，吡啶为溶剂，或除吡啶外再加入惰性溶剂如二氯甲烷在 25℃下合成聚碳酸酯。这里吡啶既是溶剂，又是除酸剂，也是催化剂。

影响溶液缩聚反应的因素也是多方面的，首先是两种原料的配比直接影响着产物的分子量，要获得高分子质量产物，必须严格地控制原料的等当量比。在低温溶液缩聚反应中单体原料配比对产物分子质量的影响又有其自身的特点。由于反应速度非常快，往往在很短的时间内（一二分钟）就生成了大分子产物，因此产物的分子质量不仅与原料的比例有关，还与第二种单体加入的速度有关。下举一例：

在用溶液法制备聚芳酰胺如聚间苯二甲酰间苯二胺时（$CHCl_3$ 溶剂，加入三乙胺）双酰氯加入的速度与聚合物分子质量有如下关系：

加入时间(min)	在单体原料比例下产物的 $[\eta]$		
	1:1	1:1.2	1:1.5
15	0.96	0.70	–
30	–	0.88	–
90	–	0.95	–
180	–	–	0.94

从上例可知,为了确保产生高分子质量产物,第二单体加入的速度以慢为宜,即使第二单体过量50%,但只要慢慢加入,同样可以得到高粘度的聚合物。因为总的反应速度是受第二种单体加入的速度限制的。第二种单体一经加入马上与第一种单体全部作用完,直至第一种单体消耗殆尽,已形成大分子质量产物。此时再加入过量的第二单体对已生成的聚合物分子就没有影响了。

单官能团活性物质的存在同样会降低聚合物的分子质量。因此在溶液缩聚反应中不仅单体原料纯度要高,使用的溶剂也不能含有能与单体反应的单官能团化合物。

反应温度直接影响缩聚反应的速度和生成的高聚物分子质量,如图5-13。

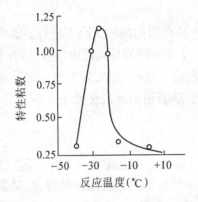
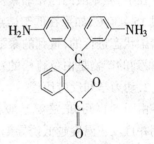

图5-13　间苯二甲酸双酰氯与苯胺酞制备聚芳酰胺时粘度与反应温度的关系

在合成聚酰胺时反应温度对聚合物的分子质量影响极大。例如,间、邻苯二甲酸双酰氯和苯胺肽(如下式)低温溶液缩聚反应,只有在反应温度为 – 30℃时得到的聚合物才具有最大的分子量。

在低温溶液缩聚反应中往往有氯化氢或其他卤化氢生成,这些副产物能与生长着的大分子链的端基相互作用,从而使它们失去进一步进行缩聚反应的能力,使大分子的增长反应终止,因而得不到高分子质量的聚合物。所以吸收反应副产物卤化氢,是使反应得以正常进行的必要条件。通常可以用碱性有机溶剂,也可以使用适当的中性有机溶剂再添加除酸剂。

溶液缩聚反应广泛被用来合成那些熔点接近其分解温度的聚合物。

5.5.4　固相缩聚反应

固相缩聚可以在比较缓和的条件(温度较低)下合成高分子化合物,可以避免许多在高温熔融缩聚下发生的副反应,从而提高树脂的质量。也可制备高粘度的树脂,尤其对于某些熔融温度和分解温度很接近甚至后者比前者还要低的聚合物,更为适用。

固相缩聚反应有下列三种情况:

(1) 缩聚反应是在低于单体原料的熔点下进行的。在这种情况下,固体的结构(单体的晶格)会影响缩聚反应的速度和生成聚合物性质。

(2)缩聚反应在高于单体熔点、低于生成的聚合物的熔点下进行。即反应第一阶段是在单体熔融状态下进行(或者在溶液中,随后把溶剂排除)。反应第二阶段则是在第一阶段生成的低聚体的固相中进行。

(3)环化反应,这类反应也分为两个阶段。第一阶段由具有特殊结构的单体生成含有反应活性基团的线性聚合物分子(通常是在溶液中进行的)。在排除溶剂以后第二阶段在固相进行反应,发生大分子活性基团之间的反应,并在聚合物链上生成环。体型缩聚也属这种类型。

聚酰胺化反应是固相缩聚反应中重要的一种,即氨基酸和二元羧酸二胺盐的反应,由于在反应过程中有小分子水脱出,因此固相缩聚反应动力学有许多影响因素。

1.温度的影响

固相缩聚反应可以用催化剂,也可以在没有催化剂的情况下进行。通常在没有催化剂存在下,氨基酸的固相缩聚反应只能在一个很窄的温度范围内进行,即低于单体熔点不超过 15 ~ 30℃,如果在低于熔点 1 ~ 5℃的温度下进行,则实际上有一部分的缩聚反应是在熔融状态进行的,得到的聚酰胺是块状的,倘若缩聚反应在低于单体熔点 5 ~ 20℃下进行,得到的产物是白色疏松的粉末。

2.动力学和反应历程

由图 5-14 可知,在氨基酸和二元酸二元铵盐的固相缩聚反应中,反应经过一定的诱导期并且反应温度越低诱导期越长。在诱导期后是一个自加速的过程,最后达到平衡状态。

这种加速作用随着反应温度的升高而加剧,自加速作用的出现被认为是由于单体 – 聚合物界面随着反应的深化越来越大的缘故,并且认为在单体分子接近熔点并具有特殊的活动时才发生固相缩聚反应。

若假定固相缩聚反应的链增长反应只在晶体内部进行,则由两种铵盐混合反应时只能得到两种均聚体的混合物,但反应的结果,却得到了按统计分布的真正的共缩聚产物。由此可见,大分子链增长只发生在由一种晶体向另一种晶体过渡的单体的转变过程中。

3.粒子大小的影响

固相缩聚反应如同一般的固相反应一样,反应速率通常取决于下述三个条件:化学反应、副产物分子由固体物质中逸出来的扩散速度和气体副产物由聚合物表面反应区移去的速度。而后两者要远比化学反应的速度慢得多。它们决定着整个固相缩聚反应的总速度。因此,在实现固相缩聚反应时往往使用热的惰性气体流(氮气,过热水蒸气)通过反应区,增大低分子物质的扩散速度,加快缩聚反应的进程,另一方面也用增大物料的比表面积来促进低分子产物的扩散,增大总的反应速率。

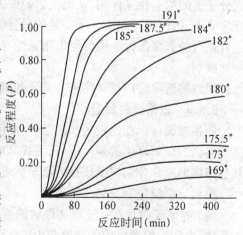

图 5-14 ω-氨基庚酸的固相缩聚动力学曲线

在对苯二甲酸羟乙酯(BHET)低聚体的固相缩聚反应中,固体状态的反应速度在很大程度上取决于产物的分散程度,随着粒子比表面增大,缩聚反应速度加快。

粒子大小(mm)	>7	5~7	3~5	2~3	≤2	≤1
平均相对分子质量	26 000	28 800	30 500	33 600	38 600	49 000

(反应温度240℃,反应时间5h,消耗 N,30 l/h)

在多缩氨酸酯的固相缩聚反应中,同样发现反应速度随物料的分散度增加而加速的情况,但在氨基庚酸的固相缩聚中却发现相反的情况,即在大的结晶中反而有较大的反应速度。此外,起始预聚体的分子量,载气种类等都会影响产物的分子量,例如,尼龙66在240℃下进行固相缩聚反应时使用氮气流或过热蒸气对分子质量影响很大,如图5-15。据认为在氮气中水蒸气往往是从聚合表面扩散的,它不限制聚酰胺化反应的速度。然而,当载气为蒸气时反应生成水蒸气通常是由反应区扩散出来的,它的扩散速度受到周围气氛中蒸气分压的控制。

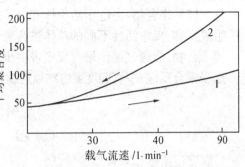

图5-15 己二酸己二胺盐在240℃进行固相缩聚时载气对分子质量的影响(1—过热蒸气;2—氮气)

小　结

本章介绍主要的内容:

1. 逐步聚合反应的特点及分类。
2. 缩聚反应中官能团等活性概念及推导动力学方程时的基本假设。
3. 逐步聚合反应机理及合成方法,在合成方法中重点要求掌握其合成原理及影响因素。

常 用 术 语

二官能度分子:具有两个活性基团的分子。

缩合反应:两种分子反应产生第三种分子和一种副产物(例如水)的反应。

环　　化:生成环的作用。

官 能 度:分子中活性官能团的数目。

官能度因子:在反应混合物的每一个反应分子中存在的官能团的平均数。

低聚物自由基:低分子质量的大自由基。

压 电 性:机械力转化成电能的性质。

阻 聚 剂:起转移剂作用、能产生活性较小的自由基的添加剂。

调 聚 剂:易于同大自由基发生链转移反应的添加剂。

调 聚 物:由大自由基与调聚体的链转移反应生成的低分子质量聚合物。

调聚反应:由链转移反应产生调聚物的过程。

凝胶效应:在粘性介质中,链终止反应的速度降低而导致生成高分子质量聚合物的效应。

交替共聚物:相邻的两个结构单元不同的有序共聚物。

恒组成共聚物:共聚物组成和配料组成相同的共聚物。

嵌段共聚物:由一种链节的长序列接着另一种链节的长序列组成的共聚物。

电荷转移络合物:由电子给予体和电子接受体组成的络合物。

组成飘移:反应活性不同的单体进行聚合时发生的共聚物组成的变化。

预　聚　物:能通过逐步聚合反应进一步聚合的低分子质量物质(低聚物)。

逐步聚合反应:多官能度反应物以连续的逐步反应方式生成聚合物的反应。

习　题

1.简要说明逐步聚合反应特征?

2.说明官能团反应的等活性概念。

3.试写出通常合成聚酯的有机反应式。

4.试写出通常合成聚酰胺的有机反应式。

5.写出下列缩聚反应所得聚酯结构。

(1)　$HOOC—R—COOH + HO—R'—OH$

(2)　$HOOC—R—COOH + HO—R''—OH$
　　　　　　　　　　　　　　　　　$\overset{\displaystyle OH}{|}$

(3)　$HOOC—R—COOH + HO—R'—OH + HO—R''—OH$
　　　　　　　　　　　　　　　　　　　　　　　　　　　$\overset{\displaystyle OH}{|}$

6.写出下列缩聚反应所得聚合物结构。

(1)　$HO—R—COOH$

(2)　$HO—R—COOH + HO—R'—OH$

(3)　$HO—R—COOH + HO—R''—OH$
　　　　　　　　　　　　　　　$\overset{\displaystyle OH}{|}$

(4)　$HO—R—COOH + HO—R'—OH + HO—R''—OH$
　　　　　　　　　　　　　　　　　　　　　　　　$\overset{\displaystyle OH}{|}$

7.何谓平衡聚合反应? 何谓不可逆平衡反应? 有何特点?

第六章　自由基聚合反应

加聚反应绝大多数是由烯类单体出发,通过连锁加成作用而生成高聚物的,即

$$n\,CH_2 = CH \longrightarrow \text{—}(CH_2\text{—}CH)_n$$

$$X \qquad\qquad X$$

$$X = H,\ \text{—}\bigcirc,\ Cl,\ CN\ 等。$$

自由基加聚反应是合成高聚物的一大类重要方法,它有操作简单,易于控制、重现性好等优点。

自由基聚合的特征可概括如下:

(1)自由基聚合反应在微观上可以明显地区分成链的引发、增长、终止、转移等基元反应,其中引发速率最小,是控制总聚合速率的关键,可以概括为慢引发、快增长、速终止;

(2)绝大多数是不可逆反应(高于 T_c 时除外);

(3)绝大多数是连锁反应,只有增长反应才使聚合度增加,一个单体分子转变成大分子时间极短,反应混合物仅由单体和聚合物组成,在全过程中,聚合度变化较小,如图 6-1 所示;

(4)在聚合过程中,单体浓度逐渐减小,聚合物浓度相应提高,如图 6-2 所示;延长聚合时间主要提高转化率,对分子质量影响较小;

(5)少量(0.01%~0.1%)阻聚剂足以使自由基聚合反应终止。

连锁聚合的单体通常是含有不饱和链的单体,如单烯类、共轭二烯类、炔类、羰基化合物以及一些环状化合物,容易按其机理进行加聚反应,形成加聚物。但最重要的是前两类单体,各种单体对不同聚合机理的聚合能力并不相同,主要是取代基的电子效应和空间位阻效应有很大的影响。

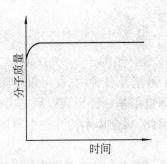

图 6-1　自由基聚合中分子质量与时间关系

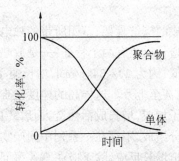

图 6-2　自由基聚合中转化率与时间关系

6.1 自由基聚合反应机理

烯类单体加聚成聚合物一般由链引发、链增长、链终止等基元反应组成,此外还可能伴有链转移反应。

6.1.1 链引发

链引发反应是形成单体自由基活性种的反应。用引发剂引发时,将由下列两步组成:

(1)引发剂 I 分解,形成初级自由基 $R\cdot$

$$I \longrightarrow 2R\cdot$$

(2)初级自由基与单体加成,形成单体自由基

$$R\cdot + CH_2=\underset{\underset{X}{|}}{CH} \longrightarrow RCH_2\underset{\underset{X}{|}}{CH}\cdot$$

单体自由基形成以后,连续与其他单体加聚,而使链增长。

引发剂分解是吸热反应,活化能高,约 $105 \sim 150kJ/mol$,反应速率小,分解速率常数约 $10^{-4} \sim 10^{-6}s^{-1}$。初级自由基与单体结合成单体自由基是放热反应,活化能低,约 $20 \sim 34kJ/mol$,反应速率大,与后继的链增长反应相似。有些单体可以用热、光、辐射等能源来直接引发聚合。

6.1.2 链增长

在链引发阶段形成的单体自由基,仍具有活性,能打开第二个烯类分子的 π 链,形成新的自由基。新的自由基活性并不衰减,连续和其他单体分子结合成单元更多的链自由基,这个过程称做链增长反应,实际上是加成反应。

$$RCH_2\underset{\underset{X}{|}}{CH}\cdot + CH_2=\underset{\underset{X}{|}}{CH} \longrightarrow RCH_2\underset{\underset{X}{|}}{CH}CH_2\underset{\underset{X}{|}}{CH}\cdot \cdots \longrightarrow$$

$$RCH_2\underset{\underset{X}{|}}{CH}\underset{\underset{X}{|}}{\underset{\underset{n}{}}{+CH_2CH+}}CH_2\underset{\underset{X}{|}}{CH}$$

为了书写方便,上述链自由基可以简写成 $\sim\sim\sim CH_2\cdot \underset{\underset{X}{|}}{CH}\cdot$,其中锯齿形代表由许多单元组成的碳链骨架,基团所带的独电子是处在碳原子上。

链增长反应有两个特征:一是放热反应,烯类单体聚合热约 $55 \sim 95kJ/mol$,二是增长活化能低,约为 $20 \sim 34kJ/mol$,增长速率极高,在 0.01 秒至几秒钟内,就可以使聚合度达到数千,甚至上万。这样高的速度是难以控制的,单体自由基一经形成以后,立刻与其他单体分子加成,增长成活性链,而后终止成大分子。因此,聚合体系内往往由单体和聚合物两部组成,不存在一系列中间产物。

对链增长反应,除了应注意速率问题以外,还须研究对大分子微观结构的影响。

在链增长反应中,结构单元间的结合可能存在"头-尾"和"头-头"或"尾-尾"两种形式:

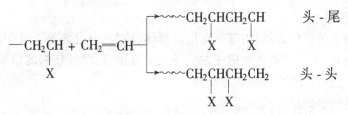

经实验证明,主要以头-尾形成连接。原因有电子效应和位阻效应。按头-尾形式连接时,取代基与独电子连在同一碳原子上,苯基一类的取代基对自由基有共轭稳定作用,加上相邻次甲基的超共轭效应,自由基得以稳定。而按头-头形式连接时,无共轭效应,自由基比较不稳定。两者活化能差 34 ~ 42kJ/mol,因此有利于头尾连接。对于共轭稳定较差的单体,如醋酸乙烯酯,会有一些头-头形式连接出现。聚合温度升高时,头-头形式结构将增多。

另一方面,次甲基一端的空间位阻较小,有利于头尾连接。电子效应和空间位阻效应双重因素,都促使增长链以头尾连接为主,但还不能做到序列结构上的绝对规整性。

从立体结构看来,自由基聚合物分子链上取代基在空间的排布是无规的,因此该种聚合物往往是无定型的。

6.1.3 链终止

自由基活性高,有相互作用而终止的倾向,终止反应有偶合终止和歧化终止两种方式。

两链自由基的独电子相互结合成共价键的终止反应称做偶合终止。偶合终止结果,大分子的聚合度为链自由基重复单元数的两倍

$$\sim\sim CH_2CH\cdot + \cdot CHCH_2\sim\sim \longrightarrow \sim\sim CH_2CH-CHCH_2\sim\sim$$

用引发剂引发并无链转移时,大分子两端均为引发剂残基。

某链自由基夺取另一个自由基的氢原子或其他原子的终止反应则称为歧化终止。歧化终止结果,聚合度与链自由基中单元数相同

$$\sim\sim CH_2CH\cdot + \cdot CHCH_2\sim\sim \longrightarrow \sim\sim CH_2CH_2 + CH=CH\sim\sim$$

每个大分子只有一端为引发剂残基,另一端为饱和或不饱和,两者各半。根据上述特征,应用含有标记原子的引发剂,可以求出偶合终止和歧化终止的比例。

链终止方式与单体种类和聚合条件有关。如聚苯乙烯以偶合终止为主,甲基丙烯酸甲酯在 60℃以上聚合,以歧化终止为主;在 60℃以下聚合,两种终止方式都有。

链终止活化能很低,只有 8 ~ 21kJ/mol,甚至为零。因此终止速率常极高(10^6 ~ 10^8 kJ/mol(s),但双基终止受扩散控制。

链终止和链增长是一对竞争反应。从一对活性链的双基终止和活性链—单体的增长反应比较,终止速率显然大于增长速率。但从整个聚合体系宏观来看,因为反应速率还与反应物质浓度成正比,而单体浓度(1 ~ 10mol/l)远大于自由基浓度(10^{-7} ~ 10^{-9}mol/l),结果,增长的总速率要比终止总速率大得多。否则,将不可能形成长链自由基和聚合物。

在任何自由基聚合反应中,引发速率最小,成为控制整个聚合速率的关键。

6.1.4 链转移

在自由基聚合过程中,链自由基有可能从单体、溶剂、引发剂等低分子或大分子上夺取一个原子而终止,并使这些失去原子的分子成为自由基,继续新链的增长,使聚合反应继续进行下去。这一反应称做链转移反应。

向低分子链转移的反应式示意如下

$$\sim\!\sim\!\sim\!CH_2\overset{\cdot}{C}H + YS \longrightarrow \sim\!\sim\!\sim\!CH_2CHY + \overset{\cdot}{S}$$
$$\qquad\quad | \qquad\qquad\qquad\qquad\quad |$$
$$\qquad\quad X \qquad\qquad\qquad\qquad\quad X$$

向低分子链转移的结果,使聚合物分子质量降低。

链自由基也有可能从死大分子上夺取原子而转移。向大分子转移一般发生在叔氢原子或氯原子上,结果使叔碳原子上带上独电子,形成大自由基。单体在其上进一步增长,形成支链。

自由基向某些物质转移后,形成稳定的自由基,不能再引发单体聚合,最后只能与其他自由基双基终止。结果,初期无聚合物形成,出现了所谓"诱导期"。这种现象称做阻聚作用。具有阻聚作用的物质称做阻聚剂,如苯醌。阻聚反应并不是聚合的基元反应,但颇重要。

6.2　自由基聚合引发剂及引发作用

6.2.1　引发剂的种类

引发剂是容易分解成自由基的化合物,分子结构上具有弱键。在热能或辐射能的作用下,沿弱键均裂成两个自由基。一般聚合温度下,如 $40\sim100℃$,要求离解能约 $1.25\sim1.47\times10^5$ J/mol($30\sim35$ kcal/mol)。根据这一要求,引发剂主要有偶氮类化合物和过氧化合物两类,也可以从另一角度分成有机和无机两类。

1. 偶氮类引发剂

偶氮二异丁腈 AIBN 是最常用的偶氮类引发剂,其分解反应式如下

$$(CH_3)_2C\!-\!N\!=\!N\!-\!C(CH_3)_2 \longrightarrow 2(CH_3)_2\overset{\cdot}{C} + N_2$$
$$\qquad\ |\qquad\qquad\qquad |\qquad\qquad\qquad\qquad\ |$$
$$\qquad CN\qquad\qquad\quad CN\qquad\qquad\qquad\quad CN$$

一般在 $45\sim65℃$ 下使用,其特点是分解均匀,只形成一种自由基,无其他副反应;另一优点是比较稳定,可以纯粹状态安全储存,但 $80\sim90℃$ 时也急剧分解;缺点是有一定毒性,分解速率较低,属于低活性引发剂。

AIBN 分解后形成的异丁腈(二甲基—氰基—甲基)自由基是碳自由基,缺乏脱氢能力,因此不能用作接枝聚合的引发剂。

偶氮二异庚腈(ABVN)是在 AIBN 基础发展起来的活性较高的偶氮类引发剂

$$\qquad\qquad\qquad CH_3\qquad\qquad CH_3\qquad\qquad\qquad\qquad\qquad CH_3$$
$$\qquad\qquad\qquad |\qquad\qquad\quad\ |\qquad\qquad\qquad\qquad\qquad\quad |$$
$$(CH_3)_2CHCH_2C\!-\!N=N\!-\!CCH_2CH(CH_3)_2 \longrightarrow 2(CH_3)_2CHCH_2\overset{\cdot}{C} + N_2$$
$$\qquad\qquad\qquad |\qquad\qquad\quad\ |\qquad\qquad\qquad\qquad\qquad\quad |$$
$$\qquad\qquad\qquad CN\qquad\qquad\ CN\qquad\qquad\qquad\qquad\quad CN$$

其引发速率高,有逐步取代 AIBN 的趋势。

2. 过氧化物类引发剂

过氧化氢是过氧化物的母体,受热分解成两个氢氧自由基,但其分解活化能较高,很少单独用作引发剂

$$HO—OH \longrightarrow 2HO\cdot$$

过氧化氢中两个氢原子都被有机基团所取代,就形成过氧类引发剂。过氧化二苯甲酰(BPO)是典型的代表,其中 O—O 键部分的电子云密度大而相互排斥,容易断裂,一般在 $60 \sim 80℃$ 分解

$$C_6H_5\underset{\underset{O}{\|}}{C}—O—O—\underset{\underset{\cdot O}{\|}}{C}C_6H_5 \longrightarrow 2C_6H_5\underset{\underset{O}{\|}}{C}—O\cdot \longrightarrow 2C_6H_5 + 2CO_2\uparrow$$

过氧化十二酰(LPO)$(C_{11}H_{23}CO)_2O_2$,过氧化二特丁基$[(CH_3)_3C]_2O_2$ 和 BPO 同是常用的低活性引发剂。

有机过氧类引发剂种类很多,活性差别也很大,如过氧化二碳酸二异丙酯(IPD)$[(CO_3)_2CHOCO—]_2O_2$、过氧化二碳酸二环己酯(DCPD)$[C_6H_{11}OCO]_2O_2$ 等,故须在适当温度范围内使用。

$$(CH_3)_2CH—O—\underset{\underset{O}{\|}}{C}—O—O—\underset{\underset{O}{\|}}{C}—O—CH(CH_3)_2 \longrightarrow 2(CH_3)_2CHO\cdot + 2CO_2\uparrow$$

$$\bigcirc\!\!-\!O—\underset{\underset{O}{\|}}{C}—O—O—\underset{\underset{O}{\|}}{C}—O\!-\!\!\bigcirc \longrightarrow 2 \ \bigcirc\!\!-\!O\cdot + 2CO_2\uparrow$$

高活性引发剂制备和储存时,须注意安全,一般多配成溶液后低温储存。

偶氮类和有机过氧类引发剂属于油溶性引发剂,常用于本体聚合、悬浮聚合和溶液聚合。

过氧化氢分子中一个氢原子被取代,成为氢过氧化物,如异丙苯过氧化氢

$$C_6H_5\overset{\overset{\displaystyle CH_3}{|}}{\underset{\underset{\displaystyle CH_3}{|}}{C}}—O—O—H \longrightarrow C_6H_5\overset{\overset{\displaystyle CH_3}{|}}{\underset{\underset{\displaystyle CH_3}{|}}{C}}—O\cdot + \cdot OH$$

3. 无机过氧类引发剂

过硫酸盐,如过硫酸钾 $K_2S_2O_8$ 和过硫酸铵 $(NH_4)_2S_2O_8$,是这类引发剂的代表,能溶于水,多用于乳液聚合和水溶液聚合的场合。

$$KO—\overset{\overset{\displaystyle O}{\uparrow}}{\underset{\underset{\displaystyle O}{\downarrow}}{S}}—O—O—\overset{\overset{\displaystyle O}{\uparrow}}{\underset{\underset{\displaystyle O}{\downarrow}}{S}}—OK \longrightarrow 2KO—\overset{\overset{\displaystyle O}{\uparrow}}{\underset{\underset{\displaystyle O}{\downarrow}}{S}}—O\cdot$$

分离产物 $SO_4^-\cdot$ 既是离子,又是自由基,可称做离子自由基或自由基离子。

4. 氧化-还原引发体系

许多氧化-还原反应可以产生自由基,用来引发聚合,这类引发剂称做氧化-还原引发体系。这一体系的优点是活化能较低(约 $40 \sim 60kJ/mol$),可在较低温度($0 \sim 50℃$)下引发

聚合,而有较快的聚合速度。体系组分可以是无机和有机化合物,性质可以是水溶性和油溶性的,反应机理是直接电荷转移或先形成中间络合物。

(1)水溶性氧化-还原引发体系

这类体系的氧化剂有过氧化氢、过硫酸盐、氢过氧化物等,而还原剂则有无机还原剂(Fe^{2+},Cu^+,$NaHSO_3$,Na_2SO_3,$Na_2S_2O_3$ 等)和有机还原剂(醇,胺,草酸,葡萄酸等)。

$$HO\text{—}OH + Fe^{2+} \longrightarrow HO^{\cdot} + OH^- + Fe^{3+}$$

$$RO\text{—}OH + Fe^{2+} \longrightarrow OH^- + Fe^{3+}$$

$$S_2O_8^{2-} + Fe^{2+} \longrightarrow SO_4^{2-} + SO_4^{-\cdot} + Fe^{3+}$$

如还原剂过量,将进一步与自由基反应,使活性消失,$HO^{\cdot} + Fe^{2+} \longrightarrow HO^- + Fe^{3+}$,因此还原剂的用量一般较氧化剂少。

(2)油溶性氧化-还原引发体系

用这一体系的氧化剂有氢过氧化物、过氧化二烷基、过氧化二酰基等,用作还原剂的有叔胺、环烷酸盐、硫醇、有机金属机化合物[$Al_2(C_2H_5)_3$、$B(C_2H_5)_3$ 等]。过氧化二苯甲酰—N,N—二甲基苯胺是常用的引发体系。

在苯乙烯中该体系有较大的分解速率。

6.2.2 引发剂分解动力学

在自由基聚合的三步主要基元反应中,引发速率最小,是控制总反应的一步反应。研究聚合速率和分子质量影响因素时,应充分了解引发剂浓度与时间、温度间的定量关系。

引发剂分解反应一般属于一级反应,分解速率与引发剂浓度[I]一次方成正比,表达式如下

$$R_d \equiv -\,d[I]/dt = R_d[I] \tag{6-1}$$

上式中负号代表引发剂浓度随时间 t 的增加而减少的意思;R_d 是分解速率常数,单位可以是 s^{-1},min^{-1} 或 h^{-1}。

将上式积分得

$$\ln\left[\frac{I}{I_0}\right] = -R_d t \text{ 或 } \frac{[I]}{[I_0]} = e^{-R_d t} \tag{6-2}$$

式中，[I_0]和[I]分别代表引发剂起始($t = 0$)浓度和时间为t时的浓度，单位为mol/dm^3；[I]/[I_0]代表时间为t时尚未分解的引发剂残留分率。

式(6-2)代表引发剂浓度随时间变化的定量关系式。根据该式，通过实验，可由引发剂起始浓度[I_0]和经过时间t后的浓度[I]，求出某一温度下的分解速率常数R_d。

对于一级反应，常用半衰期来衡量反应速率的大小。所谓半衰期是指引发剂发解至起始浓度一半时所需的时间，以$t_{1/2}$表示。根据式(6-2)，当[I] = [I_0]$_{/2}$时，半衰期与分解速率之间有着下列关系

$$t_{1/2} = \frac{\ln 2}{R_d} = \frac{0.693}{R_d} \tag{6-3}$$

以及

$$\frac{[I]}{[I_0]} = \exp[-0.693^{t/t_{1/2}}] = 2^{-t/t_{1/2}} \tag{6-4}$$

引发剂活性可以用分解速率常数或半衰期来表示，分解速率越大，或半衰期越短，则引发活性越高。在科学上常用分解速率常数来表示，单位为s^{-1}；工程技术上则多用半衰期表示，单位为小时(h)。

根据 Arhenius 经验公式，引发剂分解速率常数与温度关系如下式

$$R_d = A_d e^{-E_d/RT} \tag{6-5}$$

式中，A为频率因子；E为活化能；下标d代表引发剂分解的意思；T为绝对温度(K)；R为摩尔气体常数[8.25J/(mol·K)]。

式(6-5)可改写成

$$\lg R_d = \lg A_d - \frac{E_d}{2.303 RT} \tag{6-6}$$

或

$$\lg \frac{R d_2}{R d_1} = \frac{E_d}{2.303 R}(\frac{1}{T_1} - \frac{1}{T_2}) \tag{6-7}$$

在不同温度下，测得某一引发剂的多个分解速率常数，作 $\ln R_d$-$1/T$ 图，成一直线；由截距可求得频率因子A_d，由斜率求出分解活化能E_d。

有些过氧类引发剂分解反应级数偏离于1，这可能是诱导分解造成的，可以通过下列方法消除：(1)将速率数据外推至零的浓度；(2)在测定介质中加入自由基捕捉剂(阻聚剂)或某些单体。

在聚合研究和工业生产中，应该选择半衰期适当的引发剂，以缩短聚合时间。在聚合温度下，半衰期过长(如 > 100h)，在一般聚合时间内(如 10h)，引发剂残留分率很大(> 0.9)，大部分未分解的引发剂将残留在聚合体系。相反，半衰期过短(如 2h)，早期即有大量分解，聚合后期将无足够的引发剂来保持适当的聚合速率。建立引发剂残留分率[I]/[I_0]与聚合时间、引发剂半衰期之间的定量概念(图 6-3)，对影响速率因素的分析以及引发剂的选择和用量的确定将起重要作用。

6.2.3 引发剂效率

引发剂分解后，只有一部分用来引发单体聚合，还有一部分引发剂，由于诱导分解或笼蔽效应伴随的副反应而损耗。引发聚合的部分引发剂分解或消耗总量的分率称做引发剂效率，以f表示。

1. 笼蔽效应伴随副反应

聚合体系中引发剂浓度很低,引发剂分子处于单体或溶剂"笼子"包围之中。笼子内的引发剂分解成初级自由基以后,必须扩散出笼子才能引发单体聚合。如果来不及扩散,就可能发生副反应,形成稳定分子,消耗引发剂,使其效率降低,这种效应叫做笼蔽效应。

偶氮二异丁腈在笼子内分解成异丁腈自由基后,有可能偶合成稳定分子,下式中方括号代表笼子

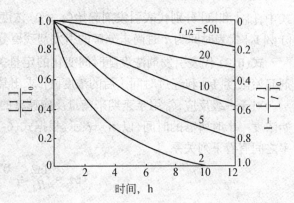

图 6-3 引发剂残留分率与时间的关系

$$(CH_3)_2CN=NC(CH_3)_2 \longrightarrow [2(CH_3)_2\overset{.}{C}+N_2] \overset{\nearrow\ [(CH_3)_2C-C(CH_3)_2+N_2]}{\searrow\ [(CH_3)_2C=C=N-C(CH_3)_2]}$$

过氧化二苯甲酰分两步反应,先后形成苯甲酸基和苯基自由基,有可能进一步形成苯甲酸苯酯和联苯

$$\phi COO\text{-}OOC\phi \rightleftharpoons [2\phi COO\cdot] \longrightarrow [\phi COO\cdot + \phi\cdot + CO_2] \longrightarrow [2\phi\cdot + 2CO_2]$$
$$\downarrow \qquad\qquad\qquad\qquad\qquad \downarrow$$
$$[\phi COO\phi + CO_2] \qquad\qquad [\phi-\phi + 2CO_2]$$

除了第一步可逆反应外,其他消去副反应都有可能使引发剂效率降低。但 BPO 的消去分解不完全,以致有些场合,其引发效率约 $0.8\sim0.9$,而 AIBN 的 f 较低,约 $0.6\sim0.8$。

引发剂效率与单体、溶剂、引发剂、体系粘度等因素有关。

2. 诱导分解

诱导分解实际上是自由基向引发剂的转移反应,例如

$$M_x\cdot + \Phi\overset{O}{\overset{\|}{C}}O\overset{O}{\overset{\|}{C}}\Phi \longrightarrow M_x O\overset{O}{\overset{\|}{C}}\Phi + \Phi\overset{O}{\overset{\|}{C}}O\cdot$$

转移结果,原来自由基终止成稳定分子,另产生一新自由基。自由基数并无增减,徒然消耗一引发剂分子,从而使引发剂效率降低。

偶氮二异丁腈一般无诱导分解。氢过氧化物 ROOH 特别容易诱导分解,或进行双分子反应

$$M_x\cdot + ROOH \longrightarrow M_xOH + RO\cdot$$
$$2ROOH \longrightarrow RO\cdot + ROO\cdot + H_2O$$

这些反应都使引发剂效率显著降低,最高不超过 0.5。

丙烯腈、苯乙烯等活性较高的单体,能迅速与引发剂作用,引发效率较高,而醋酸乙烯

酯一类低活性单体,对自由基捕捉能力较弱,因此引发效率较低。

6.2.4 引发剂的选择

首先根据聚合方法选择引发剂类型。本体悬浮和溶液聚合选用偶氮类和过氧类油溶性有机引发剂;乳液和水溶液聚合则用硫酸盐一类水溶性引发剂或氧化——还原引发体系。

其次,根据聚合温度选择活化能或半衰期适当的引发剂,使自由基形成速率和聚合速率适中。引发剂的温度使用范围见表 6-1。

表 6-1　引发剂使用温度范围

引发剂使用温度范围,℃	E_d, kJ/mol	引 发 剂 举 例
高温 > 100	138 ~ 183	异丙苯过氧化氢,特丁基过氧化氢,过氧化二异丙苯,过氧化二特丁基
中温 30 ~ 100	110 ~ 138	过氧化二苯甲酰,过氧化十二酰,偶氮二异丁腈过硫酸盐
低温 –10 ~ 30	63 ~ 110	氧化还原体系:过氧化氢——亚铁盐,过硫酸盐——亚硫酸氢钠,异丙苯过氧化氢——亚铁盐,过氧化二苯甲酰——二甲基苯胺
极低温 < –10	< 63	过氧化物——烷基金属(三乙基铝,三乙基硼,二乙基铅),氧——烷基金属

如引发剂分解活化能过高或半衰期过长,则分解速率过低,将使聚合时间延长。但活化能过低或半期过短,则引发过快,温度难以控制,有可能引起爆聚;或引发剂过早分解结束,在较低转化率阶段即停止聚合。一般应选择半衰期或聚合时间同数量级或相当的引发剂。

过氧类引发剂具有氧化性,易使聚合物着色,有些场合以改用偶氮类为宜。

此外,在选用引发剂时,尚须考虑对聚合物有无影响,有无毒性,使用储存时是否安全等问题。

6.3　链 转 移 反 应

由于链自由基的反应活性很大,除了和单体作用进行连锁的链增长这一主体反应之外,它还可能和存在于反应体系中的其他各物质分子发生反应。链转移便是其中的一类反应。分子 YS 往往含有容易被夺取的原子,如氢、氯等。

$$M_x + YS \xrightarrow{R\text{tr}} M_xY + S^·$$

转移结果,原来自由基终止,聚合度因而减小,另外形成一个新的自由基。新的自由基如有足够的活性,可以再引发其他单体分子,然后继续增长。

$$S^· + M \xrightarrow{Ra} SM^· \xrightarrow{M} SM_2^· \cdots \longrightarrow$$

以上二式中,$R\text{tr}$ 为链转移速率常数,Ra 为再引发速率常数。

链转移结果,自由基数目不变。如新自由基活性与原自由基相同,则再引发增长速率不变。如新自由基活性减弱,则再引发相应减慢,会出现缓聚现象。极端的情况是新自由基稳定,难以再引发增长,就成为阻聚作用。

链转移和链增长是一对竞争反应,竞争结果与两反应速率常数有关,具体见表6-2。

表6-2 链转移反应对聚合速度和聚合度的影响

情 况	链转移、增长、再引发相对速率常数	作用名称	聚合速率	分子质量
1	$K_p \gg k_{tr}$, $K_a \backsimeq K_p$	正常链转移	不 变	减 小
2	$K_p \ll k_{tr}$, $K_a \backsimeq K_p$	调节聚合	不 变	减小甚多
3	$K_p \gg k_{tr}$, $K_a < K_p$	缓 聚	减 小	减 小
4	$K_p \ll k_{tr}$, $K_a < K_p$	衰减链转移	减小甚多	减 小
5	$K_p \ll k_{tr}$, $K_a = 0$	高效阻聚	零	零

本节仅限于转移后速率并不显著衰减的情况,着重讨论链转移对分子质量的影响。

6.3.1 链转移反应对聚合度的影响

如前所述,活性链向单体、引发剂、溶剂等低分子物质转移结果,聚合度将降低,向这三种物质转移的反应式和速率方程如下

$$M_x^{\cdot} + M \xrightarrow{R_{tr\cdot M}} M_x \cdot M, \quad R_{tr\cdot M} = R_{tr\cdot M}[M\cdot][M] \tag{6-8a}$$

$$M_x^{\cdot} + I \xrightarrow{R_{tr\cdot I}} M_x R + R\cdot, \quad R_{tr\cdot I} = R_{tr\cdot I}[M\cdot][I] \tag{6-8b}$$

$$M_x^{\cdot} + YS \xrightarrow{R_{tr\cdot S}} M_x Y + S\cdot, \quad R_{tr,S} = R_{tr\cdot S}[M\cdot][S] \tag{6-8c}$$

式中下标 tr,M,I,S 分别代表链转移、单体、引发剂、溶剂。

根据定义,动力学链长是每个活性中心自引发到终止所消耗的单体分子数,但有链转移时,应该指出,转移后,动力学链尚未终止;因此,动力学链长应该是每个初级自由基自链引发开始到活性中心真正死亡止(不论双基或是单基终止,但不包括链转移终止)所消耗的单体分子总数,但聚合度却要考虑链转移终止。所以终止应由真正终止和链转移终止两部分组成,为方便起见,在以后讨论中未注明时,双基终止部分暂作歧化终止考虑。平均聚合度就是增长速率与形成大分子的所有终止速率(包括转移终止)之比。

$$\overline{X}_n = \frac{R_p}{R_t + \Sigma R_{tr}} = \frac{R_p}{R_t + (R_{tr\cdot M} + R_{tr\cdot I} + R_{tr\cdot S})} \tag{6-9a}$$

链增长速率 $R_p = -\left(\dfrac{d[M]}{dt}\right)_p = k_p[M][M\cdot]$

链终止速率方程 $R_t = 2k_t[M\cdot]^2$

化简(6-9a)式得

$$\frac{1}{\overline{X}_n} = \frac{2k_t R_p}{k_p^2[M]^2} + \frac{R_{tr\cdot M}}{R_p} + \frac{R_{tr,I}[I]}{k_p[M]} + \frac{k_{tr\cdot S}[S]}{k_p[M]} \tag{6-9b}$$

令 $k_{tr}/k_p = C$,定名为链转移常数,是链转移速率常数和增长速率常数之比,代表这两反应的竞争能力。向单体、引发剂、溶剂的链转移常数 C_M、C_I、C_S 的定义如下

$$C_M = \frac{k_{tr\cdot M}}{k_p}, \quad C_I = \frac{k_{tr\cdot I}}{k_p}, \quad C_S = \frac{k_{tr\cdot S}}{k_p} \tag{6-10}$$

又根据聚合速率方程式

$R_p = k_p(\dfrac{fk_d}{k_t})^{1/2}[I]^{1/2}[M]$ 解得引发剂浓度

$$[I] = \frac{k_t}{fk_d k_p^2} \cdot \frac{R_p^2}{[\mathrm{M}]^2} \tag{6-11}$$

化简式(6-9b),得式

$$\frac{1}{\overline{X}_n} = \frac{2k_t R_p}{k_p^2 [\mathrm{M}]^2} + C_M + C_I \frac{k_t R_p^2}{fk_d k_p^2 [\mathrm{M}]^3} + C_S \frac{[\mathrm{S}]}{[\mathrm{M}]} \tag{6-12a}$$

$$\frac{1}{\overline{X}_n} = \frac{2k_t R_p}{k_p^2 [\mathrm{M}]^2} + C_M + C_I \frac{[\mathrm{I}]}{[\mathrm{M}]} + C_S \frac{[\mathrm{S}]}{[\mathrm{M}]} \tag{6-12b}$$

上式表示链转移反应对平均聚合度影响的定量关系,右边四项分别代表正常聚合、向单体转移、向引发剂转移、向溶剂转移反应对平均聚合度的贡献,贡献的大小决定于各转移常数值。对于某一特定体系,并不一定包括全部转移反应。

6.3.2 向单体转移

链自由基不与单体进行链增长,而是把活性基(独电子)转移到单体上去,链自由基自身变成稳定的大分子。这种反应的可能性大小是和各种单体的结构特点有关的,且与温度有关。此时式(6-12b)可简化为

$$\frac{1}{\overline{X}_n} = \frac{2k_t}{k_p^2} \cdot \frac{R_p}{[\mathrm{M}]^2} + C_M \tag{6-13}$$

键合力较小的原子,如叔氢原子、氯原子等,容易被自由基所夺取而发生链转移反应。如氯乙烯单体其转移方式

其中第二种可能性较大。

链转移速率常数和链增长速率常数均随温度增高而增加,但前者数值较小,活化能较大,温度的影响比较显著。结果两者比值 C_M 也随温度增高而增加。

链转移另一特征就是转移后除得到较稳定的大分子产物外,还得到单体游离基,它可以继续和其他单体分子进行链增长反应,重新成为一个新的游离基。其最终的聚合反应速率要看新自由基的活性而定。

6.3.3 向引发剂转移

自由基向引发剂转移,导致诱导分解,使引发剂效率降低,同时也使聚合度降低。

向引发剂转移常数难以单独测定,须与向单体的转移常数同时处理。单体进行本体聚合时,无溶剂存在,式(6-12b)可简化为

$$\frac{1}{\overline{X}_n} = C_M + \frac{2k_t}{k_p^2} \cdot \frac{R_p}{[\mathrm{M}]^2} + C_I \frac{k_t}{fk_d k_p^2} \cdot \frac{R_p^2}{[\mathrm{M}]^2} \tag{6-14}$$

平均聚合度 $\overline{X}_n$ 是每个大分子的结构单元数,其倒数 $1/\overline{X}_n$ 则代表每个单元的大分子数。以不同种类引发剂和不同浓度使某种单体进行本体聚合,将初期聚合度的倒数对初期聚合速率

作图。诸曲线的起始部分一般呈线性关系,由截距可求得 C_M,由斜率则可求得 k_p^2/k_t 值。

也可由式(6-14)改写成

$$\left(\frac{1}{\overline{X}_n} - \frac{2k_t}{k_p^2} \cdot \frac{R_p}{[M]^2}\right) = C_M + C_I \frac{[I]}{[M]} \tag{6-15}$$

左边全部对 $[I]/[M]$ 作图,从直线斜率可求出 C_I,同时由截距求出 C_M。

引发剂浓度将从两方面对聚合度产生影响,一是正常的引发反应,即式(6-12a)右边的第一项;另一是向引发剂转移,即式(6-12a)右边的第三项。

6.3.4 向溶剂转移

在溶液聚合中有些溶剂由于分子结构特点不同,也能不同程度地和链自由基进行链转移,故大体上有"惰性"及"活性"溶剂之分。各种溶液链转移是否易进行,可用各溶剂的链转移常数 C_S 来表示,所以在溶液聚合时,式(6-12a)可简化为

$$\frac{1}{\overline{X}_n} = \left(\frac{1}{\overline{X}_n}\right)_0 + C_S \cdot \frac{[S]}{[M]} \tag{6-16}$$

其中,$\left(\frac{1}{\overline{X}_n}\right)_0$ 表示式(6-12a) 前三项。通过实验,测定 $[S]/[M]$ 不同比值下的聚合度,以 $1/\overline{X}_n$ 对 $[S]/[M]$ 作图,由斜率可求得向溶剂的链转移常数 C_S。

不同自由基对不同溶剂的链转移常数不同。链转移常数与自由基种类、溶剂种类、温度等因素有关。一般说来,活性较大的单体(如苯乙烯),其自由基活性较小,对同一溶剂的转移常数一般要比低活性单体(如醋酸乙烯酯)的转移常数小。因为链增长和链转移是一对竞争反应,自由基对高活性单体反应快,链转移相对减弱,因此其 C_S 值较小。

对于具有比较活泼氢原子或卤原子的溶剂,链转移常数一般较大,如异丙苯 > 乙苯 > 甲苯 > 苯,四氯化碳和四溴化碳 C_S 值更大,表明 C—Cl、C—Br 链合较弱,更易链转移。此外,提高温度一般可使链转移常数增加。

6.3.5 向大分子转移

向大分子转移,会产生聚合物的支化或交联,反应点多发生在大分子链节的叔碳原子上

这样单体在活性点上加成增长形成支链

在聚合反应后期,单体转化率(%)较大,即大分子数量多,而单体余存量少,此时向大分子链转移的机会就较多。因此,在生产均一线型聚合物时,为了保证质量,避免产品中有支

化或交联的结构或其他副反应,聚合反应的转化率是要加以控制的,并不是越高越好。

6.4 自由基共聚合动力学

由两种(或三种)单体进行共聚合反应,可得到二元(或三元)共聚物。依照二元共聚物中二种单体链节(以 A 和 B 代表)的序列排布,大致可分为如下五类共聚反应(不包括交联反应)。

(1)交替共聚……ABABABAB……

(2)无序共聚……AABAAABBABBBBAA……

(3)嵌段共聚……AAAAAAABBB……BBAAA……

(4)嵌均共聚……AAAAAAABAAAAAABBAAAA……

(5)接枝共聚……AAAA A AA……A A AAA……
　　　　　　　　　 B　　　　　 B
　　　　　　　　　 B　　　　　 B
　　　　　　　　　 B　　　　　 B
　　　　　　　　　 ⋮　　　　　 ⋮
　　　　　　　　　 B　　　　　 B
　　　　　　　　　 B　　　　　 B
　　　　　　　　　 ⋮　　　　　 B
　　　　　　　　　　　　　　　 ⋮

嵌段共聚与嵌均共聚的区别为前者包含两者嵌段,后者以一种单体链段为主,另一种单体链段极短或仅为一个链节。这样,两种单体共聚后,可以改变大分子的结构和性能,增加品种,扩大应用范围。表 6-3 是典型共聚物改性的例子。

表 6-3　典型共聚物

主　单　体	第　二　单　体	改进的性能及主要用途
乙　　烯	醋酸乙烯酯	增加柔性,软塑料,可供作聚氯乙烯共混料
乙　　烯	丙　　烯	破坏结晶性,增加柔性和弹性,乙丙橡胶
异 丁 烯	异戊二烯	引入双键,供交联用,丁基橡胶
丁 二 烯	苯 乙 烯	增加强度,通用丁苯橡胶
丁 二 烯	丙 烯 腈	增加耐油性,丁腈橡胶
苯 乙 烯	丙 烯 腈	提高抗冲强度,增韧塑料
氯 乙 烯	醋酸乙烯酯	增加塑性和溶解性能、塑料和涂料
四氟乙烯	全氟丙烯	破坏结构规整性,增加柔性,特种橡胶
甲基丙烯酸甲酯	苯 乙 烯	改善流动性能和加工性能,塑料
丙 烯 腈	丙烯酸甲酯 衣康酸	改善柔软性和染色性能,合成纤维
马来酸酐	醋酸乙烯酯 或苯乙烯	改进聚合性能,用作分散剂和织物处理剂

6.4.1 二元共聚物的组成方程

两种单体共聚时,由于其化学结构不同,两者活性也有差别,因此共聚物组成与单体配料组成往往不同。在用动力学法推导共聚物组成方程时,须作下列假定:

(1) 自由基活性与链长无关,即各步反应的速率常数不随自由基(即链长)而变化;

(2) 前末端(倒数第二)单元结构对自由基活性无影响,即自由基活性仅决定于末端单元结构;

(3) 无解聚反应,即不可逆聚合;

(4) 共聚物聚合度很大,引发和终止对共聚物组成无影响;

(5) 稳态假定。要求自由基总浓度和两种自由基浓度都不变,除引发速率与终止速率相等外,还要求 $M_1^\cdot$ 和 $M_2^\cdot$ 两自由基相互转变的速率相等。

以 M_1、M_2 代表两种单体,以 $M_1^\cdot$、$M_2^\cdot$ 代表两种自由基。二元共聚时有两种引发、4 种增长、3 种终止反应。

(1) 链引发

$$R^\cdot + M_1 \xrightarrow{k_{11}} RM_1^\cdot (\text{或 } M_1^\cdot)$$

$$R^\cdot + M_2 \xrightarrow{k_{12}} RM_2^\cdot (\text{或 } M_2^\cdot)$$

式中,k_{11} 和 k_{12} 分别代表初级自由基引发单体 M_1 和 M_2 的速率常数。

(2) 链增长

$$\sim\sim M_1^\cdot + M_1 \xrightarrow{k_{11}} \sim\sim M_1^\cdot \qquad R_{11} = k_{11}[M_1^\cdot][M_1] \qquad (6\text{-}17)$$

$$\sim\sim M_1^\cdot + M_2 \xrightarrow{k_{12}} \sim\sim M_2^\cdot \qquad R_{12} = k_{12}[M_1^\cdot][M_2] \qquad (6\text{-}18)$$

$$\sim\sim M_2^\cdot + M_1 \xrightarrow{k_{21}} \sim\sim M_1^\cdot \qquad R_{21} = k_{21}[M_2^\cdot][M_1] \qquad (6\text{-}19)$$

$$\sim\sim M_2^\cdot + M_2 \xrightarrow{k_{22}} \sim\sim M_2^\cdot \qquad R_{22} = k_{22}[M_2^\cdot][M_2] \qquad (6\text{-}20)$$

式中,R_{11} 和 k_{11} 分别代表自由基 $M_1^\cdot$ 和单体 M_1 反应的增长速率和增长速率常数,余类推。$[M_1^\cdot]$ 和 $[M_1]$ 分别代表自由基 $M_1^\cdot$ 和单体 M_1 的浓度,余类推。

(3) 链终止

$$\sim\sim M_1^\cdot + {}^\cdot M_1 \sim\sim \xrightarrow{k_{t11}} \text{死大分子}$$

$$\sim\sim M_1^\cdot + {}^\cdot M_2 \sim\sim \xrightarrow{k_{t12}} \text{死大分子}$$

$$\sim\sim M_2^\cdot + {}^\cdot M_2 \sim\sim \xrightarrow{k_{t22}} \text{死大分子}$$

式中,k_{t11} 代表自由基 $M_1^\cdot$ 与自由基 $M_1^\cdot$ 的终止速率常数,余类推。

根据共聚物聚合度很大的假定,单体消耗于引发的比例很小,可忽略。M_1、M_2 的消失速率或进入共聚物的速率仅取决于链增长速率。于是

$$-\frac{d[M_1]}{dt} = R_{11} + R_{21} = k_{11}[M_1^\cdot][M_1] + k_{21}[M_2^\cdot][M_1] \qquad (6\text{-}21)$$

$$-\frac{d[M_2]}{dt} = R_{12} + R_{22} = k_{12}[M_1^\cdot][M_2] + k_{22}[M_2^\cdot][M_2] \qquad (6\text{-}22)$$

两单体消耗速率比等于两单体进入共聚物的速率比(M_1/M_2)

$$\frac{M_1}{M_2} = \frac{d[M_1]}{d[M_2]} = \frac{k_{11}[M_1^{\cdot}][M_1] + k_{21}[M_2^{\cdot}][M_1]}{k_{12}[M_1^{\cdot}][M_2] + k_{22}[M_2^{\cdot}][M_2]} \tag{6-23}$$

对 $M_1^{\cdot}$ 和 $M_2^{\cdot}$ 分别作稳态假定,得

$$\frac{d[M_1^{\cdot}]}{dt} = R_{11} + k_{21}[M_2^{\cdot}][M_1] - k_{12}[M_1^{\cdot}][M_2] - k_{t12}[M_1^{\cdot}][M_2] - 2k_{t11}[M_1^{\cdot}]^2 = 0 \tag{6-24}$$

$$\frac{d[M_2^{\cdot}]}{dt} = R_{12} + k_{12}[M_1^{\cdot}][M_2] - k_{21}[M_2^{\cdot}][M_1] - k_{t12}[M_1^{\cdot}][M_1^{\cdot}] \tag{6-25}$$

满足上述稳态假定的要求,须有两件:一是 $M_1^{\cdot}$ 和 $M_2^{\cdot}$ 的引发速率分别等于各自的终止速率,即自由基均聚中所作的稳态假定;二是 $M_1^{\cdot}$ 转变成 $M_2^{\cdot}$ 和 $M_2^{\cdot}$ 转变成 $M_1^{\cdot}$ 的速率相等,即

$$k_{12}[M_1^{\cdot}][M_2] = k_{21}[M_2^{\cdot}][M_1] \tag{6-26}$$

由式(6-26)解得$[M_2^{\cdot}]$代入(6-23),消去$[M_1^{\cdot}]$。并令 $r_1 = k_{11}/k_{12}$,$r_2 = k_{22}/k_{21}$,经简化最后得共聚物组成摩尔比(或浓度比)微分方程为

$$\frac{d[M_1]}{d[M_2]} = \frac{[M_1]}{[M_2]} \cdot \frac{r_1[M_1] + [M_2]}{r_2[M_2] + [M_1]} \tag{6-27}$$

式中,r_1、r_2 是均聚和共聚链增长速率常数之比,表征两单体的相对活性,特称做竞聚率。

式(6-27)以两种单体的摩尔比或浓度比来描述共聚物瞬时组成与单体组成的定量关系。

若令 f_1 代表某瞬间单体 M_1 占单体混合物的摩尔分数,即

$$f_1 = 1 - f_2 = \frac{[M_1]}{[M_1] + [M_2]}$$

而 F_1 代表同一瞬间单元 M_1 占共聚物的摩尔分数,即

$$F_1 = 1 - F_2 = \frac{d[M_1]}{d[M_1] + d[M_2]}$$

式(6-27)则可以转换成以摩尔分数表示的共聚物组成微分方程

$$F_1 = \frac{r_1 f_1^2 + f_1 f_2}{r_1 f_1^2 + 2f_1 f_2 + r_2 f_2^2} \tag{6-28}$$

此外,式(6-27)还可以用质量比或质量分数来表达。

6.4.2 共聚行为类型——共聚物组成曲线

1. 竞聚率的意义

式(6-28)表示共聚物瞬时组成 F_1 是单体组成 f_1 的函数。而 r_1,r_2 是影响两者关系的主要参数。竞聚率是均聚(自身)增长和共聚(交叉)增长的速率常数比值。其中

$r_1 = 0$,表示 $k_{11} = 0$,活性端基只能加在异种单体。

$r_1 = 1$,表示 $k_{11} = k_{12}$ 即 M_1 加上两种单体的难易程度相同,或两者机率相等。

$r_1 > 1$,即 $k_{11} > k_{12}$,说明单体 M_1 容易自聚,而不易共聚;相反 $r_1 < 1$,表示单体 M_1 共聚的倾向大于自聚的倾向。

$r_1 = \infty$,表示只能均聚,不能共聚,实际上尚未发现这种特殊情况。

影响竞聚率的因素有温度、压力、溶剂等。

2. 共聚物组成曲线

(1) $r_1r_2 = 1$ 的理想共聚

极端情况 $r_1 = r_2 = 1$，两自由基均聚和共聚增长机率完全相同。在这一条件下，不论配比和转化率如何，共聚物组成和单体组成完全相同。$F_1 = f_1$，共聚物组成曲线为一对角线，可称为理想恒比共聚。

一般理想共聚，$r_1r_2 = 1$ 或 $r_2 = 1/r_1$，式(6-27) 可表达为

$$\frac{d[M_1]}{d[M_2]} = r_1 \frac{[M_1]}{[M_2]} \tag{6-29}$$

即共聚物中两单元摩尔比是原料中两单体摩尔比的 r_1 倍，组成曲线不与恒比对角线相交，如图 6-4 所示

(2) $r_1 = r_2 = 0$ 的交替共聚

$r_1 = r_2 = 0$ 或 $r_1 \to 0, r_2 \to 0$ 时，共聚物中两单元严格交替相间。不论单体组成如何，结果是

$$d[M_1]/d[M_2] = 1, \quad F_1 = 0.5$$

上式在 $F_1 - f_1$ 图代表一水平线。含量少的单体消耗完毕，共聚合停止。

如某一竞聚率 $r_2 = 0$，而 $r_1 > 0$，则可改为

$$d[M_1]/d[M_2] = 1 + r_1[M_1]/[M_2] \tag{6-30}$$

具体关系变化如图 6-5。

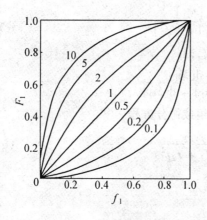

图 6-4　理想共聚曲线($r_1r_2 = 1$)

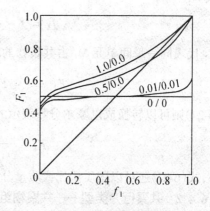

图 6-5　交替共聚曲线
曲线上数字为 r_1/r_2

(3) $r_1 > 1, r_2 < 1$ 而 $r_1r_2 < 1$ 的非理想共聚

当 $r_1 > 1, r_2 < 1$ 而 $r_1r_2 < 1$ 时，共聚曲线不与恒比对角线相交，而处于该对角线上方。如果 $r_1 < 1, r_2 > 1$，则曲线处于对角线下方，具体如图 6-6 所示。

(4) $r_1 < 1, r_2 < 1$ 的有恒比点的非理想共聚

$r_1 < 1, r_2 < 1$ 时的共聚物组成曲线与恒比对角线有一交点，这点的共聚物组成和单体组成相同，称做恒比点。这一点 $d[M_1]/d[M_2] = [M_1]/[M_2]$，由式(6-27) 可得出恒比点条件

$$\frac{[M_1]}{[M_2]} = \frac{1 - r_2}{1 - r_1} \qquad (6\text{-}31)$$

或

$$F_1 = f_1 = \frac{1 - r_2}{2 - r_1 - r_2} \qquad (6\text{-}32)$$

当 $r_1 = r_2 < 1$ 时,恒比点的 $F_1 = f_1 = 0.5$;共聚物组成相对于恒比点作点对称。

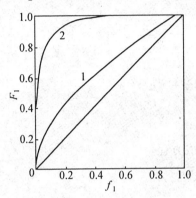

图 6-6　非理想非恒比共聚曲线
$$(r_1 > 1, r_2 > 1)$$

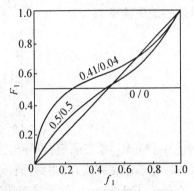

图 6-7　非理想恒比共聚曲线

$r_1 r_2$ 越接近于零,则交替倾向越深,$r_1 r_2$ 越接近于 1,则越接近理想共聚。$0 < r_1 = r_2 > 1$ 时的共聚曲线介于交替曲线($F_1 = 0.5$)和恒比对角线($F_1 = f_1$)之间,如图 6-7。

(5) $r_1 > 1, r_2 > 1$ 的"嵌段"共聚

在 $r_1 > 1, r_2 > 1$ 这种情况下,两种链自由基都有利于加上同种单体,形成"嵌段"共聚物,链段的长短决定于 r_1、r_2 的大小。但 M_1 和 M_2 的链段都不长。

$r_1 > 1, r_2 > 1$ 的共聚曲线也有恒比点,但曲线形状和位置与 $r_1 < 1, r_2 < 1$ 时相反。

6.4.3　多元共聚

常见的三元共聚物往往以两种主要单体来确定主要性能,少量第三单体则作特殊改性。四元共聚也有出现,但本节主要讨论三元共聚。

三元共聚时有 3 种引发,9 种增长,6 种终止,6 个竞聚率。9 个增长反应如下

$$\begin{aligned}
&M_1^{\cdot} + M_1 \longrightarrow M_1^{\cdot} \quad R_{11} = k_{11}[M_1^{\cdot}][M_1] \\
&M_1^{\cdot} + M_2 \longrightarrow M_2^{\cdot} \quad R_{12} = k_{12}[M_1^{\cdot}][M_2] \\
&M_1^{\cdot} + M_3 \longrightarrow M_3^{\cdot} \quad R_{13} = k_{13}[M_1^{\cdot}][M_3] \\
&M_2^{\cdot} + M_1 \longrightarrow M_1^{\cdot} \quad R_{21} = k_{21}[M_2^{\cdot}][M_1] \\
&M_2^{\cdot} + M_2 \longrightarrow M_2^{\cdot} \quad R_{22} = k_{22}[M_2^{\cdot}][M_2] \\
&M_2^{\cdot} + M_3 \longrightarrow M_3^{\cdot} \quad R_{23} = k_{23}[M_2^{\cdot}][M_3] \\
&M_3^{\cdot} + M_1 \longrightarrow M_1^{\cdot} \quad R_{31} = k_{31}[M_3^{\cdot}][M_1] \\
&M_3^{\cdot} + M_2 \longrightarrow M_2^{\cdot} \quad R_{32} = k_{32}[M_3^{\cdot}][M_2] \\
&M_3^{\cdot} + M_3 \longrightarrow M_3^{\cdot} \quad R_{33} = k_{33}[M_3^{\cdot}][M_3]
\end{aligned} \qquad (6\text{-}33)$$

6 个竞聚率为

$$M_1 - M_2 \quad M_2 - M_3 \quad M_1 - M_3$$

$$r_1: \quad r_{12} = \frac{k_{11}}{k_{12}} \quad r_{23} = \frac{k_{22}}{k_{23}} \quad r_{13} = \frac{k_{11}}{k_{13}}$$

$$r_2: \quad r_{21} = \frac{k_{22}}{k_{21}} \quad r_{32} = \frac{k_{33}}{k_{32}} \quad r_{31} = \frac{k_{33}}{k_{31}}$$
(6-34)

三种单体的消失速率为

$$-\frac{d[M_1]}{dt} = R_{11} + R_{21} + R_{31}$$

$$-\frac{d[M_2]}{dt} = R_{12} + R_{22} + R_{32}$$
(6-35)

$$-\frac{d[M_3]}{dt} = R_{13} + R_{23} + R_{33}$$

作 $[M_1^\cdot]$,$[M_2^\cdot]$ 和 $[M_3^\cdot]$ 稳态假定,可导出三元共聚组成方程。

有两种稳态假定方式,可得到两种形式的方程式。

1. Alfrey – Goldfinger 作如下稳态假定

$$R_{12} + R_{13} = R_{21} + R_{31}$$
$$R_{21} + R_{23} = R_{12} + R_{32}$$
(6-36)
$$R_{31} + R_{32} = R_{13} + R_{23}$$

最后得三元共聚物组成比为

$$d[M_1] : d[M_2] : d[M_3] =$$

$$[M_1]\left\{\frac{[M_1]}{r_{31}r_{21}} + \frac{[M_2]}{r_{21}r_{32}} + \frac{[M_3]}{r_{31}r_{23}}\right\}\left\{[M_1] + \frac{[M_2]}{r_{12}} + \frac{[M_3]}{r_{13}}\right\}$$

$$: [M_2]\left\{\frac{[M_1]}{r_{12}r_{31}} + \frac{[M_2]}{r_{12}r_{32}} + \frac{[M_3]}{r_{32}r_{13}}\right\}\left\{[M_2] + \frac{[M_1]}{r_{21}} + \frac{[M_3]}{r_{23}}\right\}$$
(6-37)

$$: [M_3]\left\{\frac{[M_1]}{r_{13}r_{21}} + \frac{[M_2]}{r_{23}r_{12}} + \frac{[M_3]}{r_{13}r_{23}}\right\}\left\{[M_3] + \frac{[M_1]}{r_{31}} + \frac{[M_2]}{r_{32}}\right\}$$

2. Valvaszori – Sartori 作如下处理

$$R_{12} = R_{21} \quad R_{23} = R_{32} \quad R_{31} = R_{13}$$
(6-38)

就得到下列三元共聚物组成方程

$$d[M_1] : d[M_2] : d[M_3] = [M_1]\left\{[M_1] + \frac{[M_2]}{r_{12}} + \frac{[M_3]}{r_{13}}\right\}$$

$$: [M_2]\frac{r_{21}}{r_{12}}\left\{\frac{[M_1]}{r_{21}} + [M_2] + \frac{[M_3]}{r_{23}}\right\}$$
(6-39)

$$: [M_3]\frac{r_{31}}{r_{13}}\left\{\frac{[M_1]}{r_{13}} + \frac{[M_2]}{r_{32}} + [M_3]\right\}$$

三元或四元共聚时,如某一单体不能均聚,其竞聚率为零,就不能应用上式,须另作推导。

6.4.4 共聚合速率

共聚物组成一般决定于增长反应,而共聚速率却同时与引发、终止以及增长三步基元反应有关。在一般情况下,两种单体都能很有效地与初级自由基作用,可以认为引发速率与配料组成无关。下面用两种不同方法来推导共聚速率方程。

1. 化学控制终止

化学控制终止,即是假定终止反应系化学控制。共聚有 4 种增长反应和下列 3 种终止反应

$$M_1^· + M_1^· \xrightarrow{k_{t11}} \tag{6-40a}$$

$$M_2^· + M_2^· \xrightarrow{k_{t22}} \tag{6-40b}$$

$$M_1^· + M_2^· \xrightarrow{k_{t12}} \tag{6-40c}$$

其中,式(6-40a)和(6-40b)是同种自由基的自终止,式(6-40c)为不同自由基的交叉终止。

共聚总速率为 4 种增长速率之和

$$R_p = \frac{d[M_1] + d[M_2]}{dt} =$$

$$k_{11}[M_1^·][M_1] + k_{12}[M_1^·][M_2] + k_{22}[M_2^·][M_2] + k_{21}[M_2^·][M_1] \tag{6-41}$$

要消去上式中自由基浓度,须作两种稳态假定。一种是每种自由基都处于稳态,即

$$k_{21}[M_2^·][M_1] = k_{12}[M_1^·][M_2] \tag{6-42}$$

另一种是自由基总浓度处于稳态,即引发速率等于终止速率

$$R_i = 2k_{t11}[M_1^·]^2 + 2k_{t12}[M_1^·][M_2^·] + 2k_{t22}[M_2^·]^2 \tag{6-43}$$

将式(6-41)与(6-42),(6-43)联立,消去自由基浓度,引入 r_1, r_2,就得到共聚速率方程

$$R_p = \frac{(r_1[M_1]^2 + 2[M_1][M_2] + r_2[M_2]^2) R_i^{1/2}}{\{r_1^2\delta_1^2[M_1]^2 + 2\varphi r_1 r_2 \delta_1 \delta_2[M_1][M_2] + r_2^2\delta_2^2[M_2]^2\}} \tag{6-44}$$

式中

$$\delta_1 = \left(\frac{2k_{t11}}{k_{11}^2}\right)^{1/2} \tag{6-45a}$$

$$\delta_2 = \left(\frac{2k_{t22}}{k_{22}^2}\right)^{1/2} \tag{6-45b}$$

$$\varphi = \frac{k_{t12}}{2(k_{t11}k_{t22})^{1/2}} \tag{6-45c}$$

δ 是单体均聚时综合常数 $k_p/(2k_t)^{\frac{1}{2}}$ 的倒数。φ 为交叉终止速率常数的一半与自终止速率常数几何平均值的比值。式(6-45c) 中分母系数 2 代表交叉终止的机会比自终止多一倍。$\varphi > 1$ 代表有利于交叉终止;$\varphi < 1$ 则有利于自终止。

有利于交叉终止的同时($\varphi > 1$) 往往有利于交叉增长(交替倾向),$r_1 r_2$ 接近于零时,φ 值增加。这就导致极性效应有利于交叉终止的结论。由于电子转移效应,极性不相近的两自由基易反应,这与不相似单体有交替倾向的情况相似。交替共聚的特点是增长加速(n 和 r_2 均小于 1),终止加速($\varphi > 1$)。这两相反因素作用的结果,就很难预测速率与配料组成的关系。速率-组成图的形状将决定于 φ, r_1, r_2 值。

2. 扩散控制终止

一般情况下自由基聚合的终止反应属于扩散终止。考虑终止反应有如下列反应,就

可得出扩散控制共聚速率的动力学方程

$$M_1^{\cdot} + M_1^{\cdot}$$

$$M_1^{\cdot} + M_2^{\cdot} \xrightarrow{k_{t(12)}} 死共聚物 \tag{6-46}$$

$$M_2^{\cdot} + M_2^{\cdot}$$

上式中终止速率常数 k_{t12} 是共聚物组成的函数。对自由基总浓度作稳态处理

$$Ri = 2k_{t12}([M_1^{\cdot}] + [M_2^{\cdot}])^2 \tag{6-47}$$

联立式(6-41),(6-42),(6-47),将 r_1,r_2 的定义引入 得共聚速率

$$R_p = \frac{(r_1[M_1]^2 + 2[M_1][M_2] + r_2[M_2]^2)/Ri^{1/2}}{k_{t12}^{1/2}\left\{\left(\dfrac{r_1[M_1]}{k_{11}}\right) + \left(\dfrac{r_2[M_2]}{k_{22}}\right)\right\}} \tag{6-48}$$

可以考虑终止速率常数 k_{t12} 是均聚终止速率常数的函数。理想状态可取如下函数

$$k_{t12} = F_1 k_{t11} + F_2 k_{t22} \tag{6-49}$$

上式表示 k_{t12} 按共聚物组成(摩尔分数 F_1,F_2) 对 k_{11} 和 k_{22} 平均加和而成。

6.5 聚合方法

　　将单体转化为聚合物的聚合反应方法,通常有本体聚合、悬浮聚合、溶液聚合和乳液聚合等几种,其中有些方法也可用于缩聚和离子聚合。若按单体和所用聚合介质的溶解分散情况来划分,本体聚合和溶液聚合属均相体系。而悬浮聚合和乳液聚合则属非均相体系。但悬浮聚合在机理上却与本体聚合相似,一个液滴相当于一个本体聚合单元。乳液聚合则另有独特的机理。但是根据聚合物在其单体或聚合溶剂中的溶解性能,本体、溶液和悬浮聚合都有均相聚合和非均相聚合之分。如聚苯乙烯在自身或苯中的本体聚合、悬浮聚合以及溶液聚合属于均相聚合,而氯乙 烯的本体、溶液或悬浮聚合都属沉淀聚合,也属非均相聚合。

　　烯类单体进行自由基聚合,采用上述四种方法时的配方聚合场所、聚合机理、生产特征、产物特性的比较如表 6-4 所示。

表 6-4　四种自由基聚合方法的比较

	本体聚合	溶液聚合	悬浮聚合	乳液聚合
配方主要成　分	单　体 引发剂	单　体 引发剂 溶　剂	单　体 引发剂 水 分散剂	单　体 水溶性引发剂 水 乳化剂
聚合场所	本体内	溶液内	液滴内	胶束和乳胶粒内
聚合机理	遵循自由基聚合一般机理,提高速率的因素往往使分子质量降低	伴有向溶剂的链转移反应,一般分子质量较低,速率也较低	与本体聚合相同	能同时提高聚合速率和分子质量

	本体聚合	溶液聚合	悬浮聚合	乳液聚合
生产特征	热不易散出,间歇生产(有些也可连续生产),设备简单,宜制板材和型材	散热容易,可连续生产,不宜制成干燥粉状或粒状树脂	散热容易,间歇生产,须有分离、洗涤、干燥等工序	散热容易,可连续生产,制成固体树脂时,需经凝聚、洗涤、干燥等工序
产物特性	聚合物纯净,宜于生产透明浅色制品,分子质量分布较宽	一般聚合液直接使用	比较纯净,可能留有少量分散剂	留有少量乳化剂和其他助剂

6.5.1 本体聚合

本体聚合是单体本身在引发剂或热、光、辐射的作用下进行的聚合。在此体系中,除单体和引发剂外,有时还可能加少量色料、增塑剂、润滑剂、分子质量调节剂等助剂,因此本方法的优点是聚合物含杂质少,纯度高,尤适于制板材、型材等透明制品。

本体聚合的缺点往往是由于不加溶剂或分散介质(水),使聚合体系很粘稠,烯类单体的聚合热约为 55～95kJ/mol,聚合初期,转化率不高、体系粘度不大时,散热无困难;但当转化率提高(如 20%～30%)、体系粘度增大后,聚合热不易扩散,反应温度难以控制;加上凝胶效应,放热速率提高,如散热不良,轻则造成局部过热,使分子质量分布变宽,最后影响到聚合物的机械强度,严重的则温度失调,引起爆聚。绝热聚合时,温度可升高到超过 100℃,不利于工业上连续生产,改进的方法是采用两段聚合,第一阶段保持较低的转化率,10%～40%不等,这阶段体系粘度较低,散热尚无困难,聚合可在较大的聚合釜中进行,第二阶段进行薄层(如板状)聚合,或以较慢的速度进行,严格控制体系温度。

例如甲基丙烯酸甲酯的间歇本体聚合是丙烯酸类单体中最重要的生产方法。其聚合体系有散热困难、体积收缩、易产生气泡诸问题,可以分成预聚合、聚合和高温后处理三个阶段,根据各阶段的特点加以控制。预聚合系将 MMA、引发剂 BPO 或 AIBN 等,以及适量的增塑剂、脱模剂放在普通搅拌釜(为于 90～95℃下聚合至 10%～20%转化率),使之成为粘稠的液体(粘度可达 1Pa·s),此时体积已部分收缩,聚合热已部分排出。然后用冰水冷却,使聚合反应停止。第二阶段将粘稠的预聚物灌入无机玻璃平板模中,移入空气或水浴中,升温至 40～50℃聚合。数天后使转化率达 90%左右。此后,进一步升温至 PMMA 玻璃化温度以上(100～120℃),进一步热处理,使残余单体充分聚合。这样得到的有机玻璃相对分子质量可达 10^6,而注塑用的悬浮法 PMMA 相对分子质量一般约 5～10 万。

6.5.2 溶液聚合

单体和引发剂溶于适当的溶剂中的聚合称做溶液聚合。

1. 自由基溶液聚合

溶液聚合的优点是有机溶剂为传热介质,聚合温度容易控制;体系中聚合物浓度较低,不易进行链自由基向大分子转移而生成支化或交联的产物;反应后物料易输送处理,低分子物易除去。此外,还可以避免局部过热,凝胶效应较少。

另一方面,溶液聚合也有若干缺点:(1)由于单体浓度较低,溶液聚合速率较慢,设备生产能力和利用率较低;(2)单体浓度低和向溶剂链转移的结果,使聚合物分子质量较低;(3)溶剂分离回收费用高,很难除尽聚合物中残留溶剂,在聚合釜内除尽溶剂后,固体聚合物出料也很困难。

此外,溶液聚合有可能消除凝胶效应。选用链转移常数较小的溶剂,容易建立稳态,便于找出聚合速率、聚合度与单体浓度、引发剂浓度等参数间的定量关系。

自由基溶液聚合选择溶剂时,须注意两方面的问题:

(1) 活剂的活性

溶剂并不直接参加聚合反应,但溶剂往往并非绝对惰性,对引发剂有诱导分解作用,链自由基对溶剂有链转移反应。这两方面都可能影响聚合速率和分子质量。

向溶剂分子转移结果,使分子质量降低,各种溶剂的转移常数变动很大,水为零,苯较小,卤代烃较大。

(2) 溶剂对聚合物溶解性能和对凝胶效应的影响

选择良溶剂时,为均相聚合,如果单体浓度不高,则有可能消除凝胶效应,遵循正常的自由基聚合动力学规律。选用沉淀剂时,则成为沉淀聚合,凝胶效应显著。劣溶剂的影响则介于两者之间,影响深度则视溶剂优劣程度和浓度而定。有凝胶效应时,反应自动加速,分子质量也增大。

链转移和凝胶效应同时发生时,分子质量分布将决定于这两个相反因素影响的深度。

例如,醋酸乙烯酯进一步醇解成聚乙烯醇(PVA)时采用溶液聚合的方法。芳烃、酮类、卤代烃、醇类都是聚醋酸乙烯酯的溶剂,但从聚合速率和分子质量两方面考虑,溶液聚合时选用甲醇较好。向甲醇的链转移常数不大(60℃时 C_s 约为 4.3×10^{-4}),但其对 PVA 的聚合度有影响。可用 AIBN 作引发剂,聚合温度约65℃,实际上在回流情况下聚合。转化率控制在60%左右,过高将引起支链。产物聚合度约 1 700 ~ 2 000。

2. 离子型溶液聚合

离子和配位引发剂容易被水、醇、氧、二氧化碳等含氧化合物所破坏,同此离子聚合不能选用水作介质进行悬浮聚合或乳液聚合,多选用有机溶剂进行溶液聚合或本体聚合,所用单体和溶剂含水量,须限制在一定量以下。

离子聚合选用溶剂的原则,首先应考虑到溶剂化能力,即溶剂性质对活性种离子对紧密程度和活性的影响,这对聚合速率、分子质量分布、聚合物微结构都有深远的影响。其次才考虑到溶剂的链转移反应,这将在离子聚合一章中详细讨论。

6.5.3 悬浮聚合

悬浮聚合是以水为介质,另加分散剂,在强力搅拌之下将单体分散为无数小液珠悬浮在水中进行的聚合。所用的引发剂是油溶性的,只溶于单体而不溶于水中,一个小液滴就相当于本体聚合的一个单元。从单体液滴转变为聚合物固体粒子,中间经过聚合物—单体粘性粒子阶段,而分散剂的加入是为了防止粒子相互粘结在一起,以便在粒子表面形成保护膜。因此,悬浮聚合体系一般由单体、引发剂、水、分散剂四个基本组分组成。

悬浮聚合产物粒径在 0.01 ~ 5mm 之间,一般约 0.05 ~ 2 mm,随搅拌强度和分散剂性质及用量而定。悬浮聚合结束后,回收未聚合的单体,聚合物经洗涤、分离、干燥,即得粒状或粉状树脂产品。

悬浮聚合优点主要有：

(1) 体系粘度低,聚合热容易从粒子经水介质通过釜壁由夹套冷却水带走,散热和温度控制比本体聚合、溶液聚合容易得多,产品分子质量及其分布比较稳定。

(2) 产品分子质量比溶液聚合高,杂质含量比乳液聚合产品中少。

(3) 后处理工序比溶液聚合、乳液聚合简单,生产成本较低,粒状树脂可以直接用来加工。

悬浮聚合的缺点主要是:产品中多少附有少量分散剂残留物,要生产透明和绝缘性能高的产品,须将残留的分散剂除尽。

悬浮聚合兼有本体聚合和溶液聚合的优点而缺点较少,因此凡可进行本体聚合的多用悬浮聚合代替,在工业上得到广泛应用,悬浮聚合一般采用间歇分批进行。

悬浮聚合反应机理动力学与本体聚合相似,需要研究的是成粒机理及分散剂和搅拌对成粒的影响。

在悬浮聚合中单体在水中溶解度很小,只有万分之几到千分之几,可以把它看作与水互不相溶。在搅拌时,由于受剪切力的影响,单体液层将分散成液滴,大液滴受力还会变形,继续分散成小液滴,如图 6-8 中过程①②。但单体和水两液体间存在一定的界面张力,界面张力越大,保持成球形能力越强,形成的液滴也越大,搅拌剪切力和界面张力对成滴作用影响方向相反,当两者构成一动平衡时,就达到一定的平均细度,但仍有大小分布。过小的液滴还会聚集成较大的液滴。搅拌停止后,液滴将聚集变大,最后仍与水分层,如图 6-8 中③④⑤过程。因此,单靠搅拌形成液滴分散是不稳定的,而且聚合到一定程度后,如 20% 的转化率,单体液滴中溶有或溶胀有一定的聚合物,就变得发粘起来,此时两液滴碰撞而粘接在一起,最后结成一块。当转化率较高如

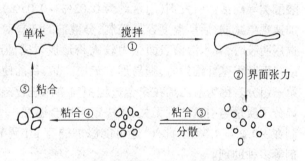

图 6-8　悬浮单体液滴分散合一模型

60%～70%以上,液滴转变成固体粒子,就不会粘结成块。因此需加入一定量的分散剂,以便在液滴表面形成一层保护膜,防止粘结。但是,当体系转化率提高 20%～70%,如果停止搅拌,仍有粘结成块的危险。因此,在悬浮聚合中,分散剂和搅拌是两个重要因素。

用于悬浮聚合的分散剂,大致可分为两类,作用机理亦有差别。

(1) 水溶性有机高分子物质

属于该类的有部分水解的聚乙烯醇、聚丙烯酸和聚甲基丙烯酸盐类等合成高分子,甲基纤维素、羧甲基纤维素、羟丙基甲基纤维素等纤维素衍生物,明胶、蛋白质、淀粉等天然高分子,目前多采用质量稳定的合成高分子。

其作用机理主要是吸附在液滴表面,形成一层保护膜,起着保护胶体的作用,同时,介质的粘度增加,有碍于两液滴的结合。

(2) 不溶于水的无机粉末

如碳酸镁、碳酸钙、碳酸钡、硫酸钡、磷酸钙、滑石粉、高岭土、白垩等。这类分散剂的

作用机理是细粉末吸附在液滴表面,起着机械隔离的作用如图 6-9、图 6-10。

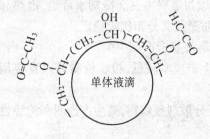

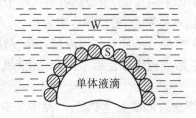

图 6-10 无机粉末分散作用模型

图 6-9 PVA 分散作用模型

分散剂种类的选择和用量的确定,随聚合物种类和颗粒要求而定。此外,还须考虑树脂的透明性和成膜性能等。

影响树脂颗粒大小和形态除了(1)搅拌强度;(2)分散剂性质和浓度两个主要因素外,还与(3)液比(单体:水);(4)聚合温度;(5)引发剂种类和用量聚合速率;(6)单体种类;(7)其他添加剂(如表面活性剂)等因素有关。一般,搅拌强度越大,树脂颗粒越细。

例如,在氯乙烯悬浮聚合体系中根据疏松型和紧密型聚氯乙烯的要求,水和单体的质量比自 2:1 至 1.1:1 不等。引发剂种类和用量:根据聚合速度或聚合周期选择过氧化碳酸酯类等高活性引发剂(用量约为 0.02% ~ 0.05%),用这类引发剂时放热比较均匀,自动加速现象减弱,后期温度容易控制;分散剂的选择对聚氯乙烯颗粒形态的影响至关重要,选用明胶时,其水溶液表面张力较大将形成紧密型产品,选用醇解度为 80% 的聚乙烯醇或羟丙基甲基纤维素时,则易形成疏松产品,目前使用这两类分散剂的复合体系,并加入第三组分。因为氯乙烯在聚合过程中向单体进行链转移是主要的终止方式,因此聚氯乙烯分子质量与引发浓度无关,仅决定于聚合温度,一般聚合温度在 45 ~ 65℃ 范围内,并控制在 ±0.2~ 0.5℃。此外,还可能添加的有 pH 调节剂分子质量调节剂、防粘釜剂、消泡剂等多种助剂。

6.5.4 乳液聚合

乳液聚合是单体在乳化剂的作用及机械搅拌下,在水中形成乳状液而进行的聚合反应。在本体、溶液和悬浮聚合中,使聚合速率提高的一些因素,往往使分子质量降低,但是乳液聚中,速率和分子质量都可以同时很高。在不改变聚合速率的前提下,各种聚合方法都可以采用链转移剂来降低分子质量;而欲提高分子质量,则只有采用乳液聚合的方法。

乳液聚合不同于悬浮聚合。乳液聚合物的粒径约 0.05 ~ 1 μm,比悬浮聚合常见粒径(0.05 ~ 2 mm)要小得多;乳液聚合所用的引发剂是水溶性的,悬浮聚合则为油溶性的。乳液聚合最简单的配方:由单体、水、水溶性引发剂、乳化剂四组分组成。

乳液聚合有许多优点:

(1) 聚合速率快,同时产物分子质量高,可以在较低的温度下聚合;

(2) 以水作分散介质,价廉安全;乳液的粘度与聚合物分子质量及聚合物含量无关,这有利于搅拌、传热和管道输送,便于连续操作;

(3) 直接应用乳胶的场合,如水乳漆,粘结剂、纸张、皮革、织物处理剂,以及乳液泡沫橡胶,更宜采用乳液聚合。

乳液聚合同样有其缺点:

(1) 需要固体聚合物时,乳液需经凝聚(破乳)、洗涤、脱水、干燥等工序,生成成本较悬浮法高;

(2) 产品中留有乳化剂等,难以完全除尽,有损电性能。

乳液聚合体系中,单体一般不溶于水或微溶于水,分散介质往往是水,水和单体的质量比约 70:30 至 40:60。乳液聚合常用水包油型阴离子表面活性剂作乳化剂。引发体系或其中一组分系水溶性。如丁苯橡胶选用氧化—还原体系,它聚合温度较低,产生自由基速度快,工业上可以选用以下两种方法来控制,一是陆续补加氧化剂和(或)还原剂;另一是引发体系中一个组分如异丙苯过氧化氢溶于单体,另一组分溶于水。过氧化氢物从单体相中扩散出来,与水溶性还原剂相遇,在水相中进行氧化-还原反应,反应速度由扩散来控制。

乳化剂是乳液聚合的重要组分,它可以使互不相溶的油(单体)-水,转变为相当稳定难以分层的乳液。这个过程称为乳化。乳化剂所以能起乳化作用,是因为它的分子是亲水的极性基团和疏水的(亲油)非极性基团构成的。例如硬脂酸钠 $C_{17}H_{35}COONa$ 乳化剂溶于水的过程中,当乳化剂浓度很低时,乳化剂分子以分子状态溶解于水中,在表面处,它的亲水基伸向水层,疏水基向空气层,由于乳化剂的溶入,水的表面张力急剧下降。当浓度达一定值后,水的表面张力下降趋于平稳,此时,乳化剂聚集在一起,形成无数胶束,胶束的数目和大小取决于乳化剂的用量。乳化剂用量多,胶束数目多而粒子小,即胶束的表面积随乳化剂用量增加而增加。加入单体后,极少部分单体溶于水,其溶解度很小。此时,小部分单体进入胶束的疏水内层,这个过程称为增溶。

乳化剂的作用是:(1)降低界面张力,使单体分散成细小的液滴;(2)在液滴表面,形成保护层,防止凝聚,使乳液得以稳定;(3)增溶作用使部分单体溶于胶束内。三方面综合起来就是乳化作用。乳化剂分子又是由非极性的羟基和极性基团两部分组成的。根据极性基团的性质,可将乳化剂分为阴离子型、阳离子型、两性型和非离子型四类。

在聚合发生前,单体和乳化剂以下列三种状态存在于体系中:

(1) 极少量单体少量乳化剂以分子分散状态溶解于水中;

(2) 大部分乳化剂形成胶束,胶束内增溶有一定量的单体,其数约为 $10^{17~18}$个$/cm^3$;

(3) 大部分单体分散成液滴,其表面吸附着乳化剂,形成稳定的乳液,数目约为 $10^{10~12}$个$/cm^3$。

绝大部分聚合发生在胶束内。胶束是油溶性单体和水溶性引发剂相遇的场所,同时胶束内单体浓度很高,相当于本体单体浓度,比表面积大,提供了自由基扩散进入引发聚合的条件,随聚合的进行,水相单体进入胶束,补充消耗的单体,单体液滴中的单体又复溶解于水中。此时体系中有三种粒子:单体液滴、发生聚合的胶束和没有发生聚合的胶束。胶束进行聚合后形成聚合物乳胶粒。生成聚合物乳胶粒过程,又称为成核作用,有些胶束不成核。图 6-11 是乳液聚合体系简单示意图。

乳液聚合粒子成核有两个过程。一是自由基(包括引发剂分解生成的初级自由基和溶液聚合的短链自由基)由水相扩散进入胶束,引发增长,这个过程称为胶束成核。另一过程是溶液聚合生成的短链自由基在水相中沉淀出来。沉淀粒子从水相和单体液滴上吸附了乳化剂分子而稳定,接着又扩散入单体,形成和胶束成核过程同样的粒子,这个过程称为均相成核。这两种成核过程的相对重要性,取决于单体的水溶性和乳化剂浓度。单体水溶性大及乳化剂浓度低,有利于均相成核;反之则有利于胶束成核。

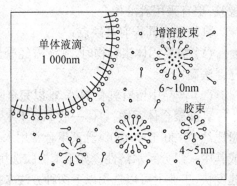

图 6-11 乳液聚合体系示意图

根据乳胶粒的数目和单体液滴是否存在,可以把乳液聚合分为三个阶段。乳胶粒数在第Ⅰ阶段不断增加,在第Ⅱ、Ⅲ阶段恒定;单体液滴存在于第Ⅰ、Ⅱ阶段,第Ⅲ阶段则消失。

第Ⅰ阶段——乳胶粒生成期,成核期。从开始引发到胶束消失为止,整个阶段聚合速率递增。水相中产生的自由基扩散进入胶束内,进行引发、增长,不断形成乳胶粒,同时水相中单体也可引发聚合,吸附乳化剂分子形成乳胶粒。当第二个自由基进入乳胶粒时,则发生终止。随着聚合的进行,乳胶粒内单体不断消耗,液滴中单体溶入水相,不断向乳胶粒扩散补充,保持乳胶粒内单体恒定,此时单体液滴数并不减少,但体积不断缩小。

因此在第Ⅰ阶段中,体系含有单体液滴、胶束、乳胶粒三种粒子。乳胶粒数不断增加,单体液滴数不变,聚合速率不断增大。未成核的胶束全部消失是这一阶段结束的标志。该阶段时间短,转化率可达 2% ~ 15%。

第Ⅱ阶段——恒速阶段。自胶束消失开始,到单体液滴消失为止。胶束消失后,乳胶粒数恒定,乳胶粒内单体浓度可以通单体液滴扩散而保持恒定,故聚合速率恒定,直到单体液滴消失为止。这一阶段,也可能由于凝胶效应,聚合速率有加速现象,体系中含有乳胶粒和单体液滴两种粒子。

第二阶段结束时转化率与单体种类有关。单体水溶性大,单体溶胀聚合物程度大的,转化率低,因为单体液滴消失得早。例如,聚氯乙烯在此阶段转化率可达 70% ~ 80%,苯乙烯为 40% ~ 50%,醇酸乙烯酯仅为 15%。

第Ⅲ阶段——降速期。单体液滴消失后,乳胶粒内继续进行引发、增长、终止直到单元完全转化。但由于单体无补充来源,聚合速率随胶粒内单体浓度下降而下降。

该阶段体系内只有乳胶一种粒子,粒子数目不变,但粒径较小,不合要求,所以往往需要利用"种子聚合"来增大粒子,保持速率恒定。

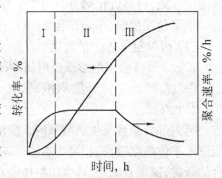

图 6-12 乳液聚合动力学曲线示意图

综合乳液聚合过程,三个阶段的速率变化如图 6-12 所示。

温度对乳液聚合也有影响。温度升高,使:(1)增长速率常数增加;(2)自由基生成速率增加;(3)导致不恒速阶段乳胶粒浓度增加;(4)乳胶粒中单体浓度[M]下降;(5)自由基和单体扩散入乳胶粒的速率增加。其综合结果为聚合速率增加,分子质量降低。温度升高,还可能引起许多副反应,如乳液发生凝聚破乳,产生支链和凝胶聚合物,并对聚合物微结构和分子质量分布有影响。

小　　结

本章介绍的主要内容:

1. 自由基聚合反应机理,包括引发、增长、转移、终止过程。

2. 自由基共聚合动力学基础知识。

3. 介绍常用的聚合方法。

常 用 术 语

双分子反应:涉及两种反应物的反应。

支 化 点:高分子主链上的一个点,在这个点上出现导致支化的附加链延伸。

歧　　化:由两个大自由基之间的链转移产生无活性聚合物而导致链终止的过程,其中一个聚合物分子含烯端基。

半 衰 期:一级反应中消耗一半反应物所需的时间。

异　　裂:共价键或离子对分裂时,二个电子都留在一个原子上。产物是一个正碳离子和一个负碳离子,即一个阳离子和阴离子。

均　　裂:共价键或离子对分裂时,每个原子都留下一个电子,产物是自由基。

共 聚 物:由一种以上结构单元或链节组成的大分子。

区域结构:嵌段共聚物中的序列。

接枝共聚物:主链和支链由不同链节组成的支化共聚物。

离 聚 物:乙烯和甲基丙烯酸共聚物的通称。

同质异晶聚合物:乙烯和丙烯的嵌段共聚物等。

无规共聚物:不同链节或结构单元的排列没有一定次序的共聚物。

习 　 题

1. 判断下列单体能否进行自由基聚合,并说明理由:

$CH_2 = C(C_6H_5)_2$　$ClCH = CHCl$　$CH_2 = C(CH_3)C_2H_5$

$CH_3CH = CHCH_3$　$CF_2 = CFCl$　$CH_2 = C(CN)COOCH_3$

$CH_2 = C(CH_3)COOCH_3$　$CH_3CH = CHCOOCH_3$

2. 什么叫自由基? 比较下列自由基活性,并说明原因,对自由基聚合起什么作用?

$CH_3^{\cdot}$　$(CH_3)_3C^{\cdot}$　$C_6H_5^{\cdot}$　$(C_6H_5)_3C^{\cdot}$　$C_6H_5CH_2^{\cdot}$

$$RCH = CHCH_2 \qquad HO-\!\!\!\bigcirc\!\!\!-O\cdot \qquad \text{(structural formula with NO}_2\text{ groups)}$$

3. 以偶氮二异丁腈为引发剂,写出氯乙烯聚合过程中的各基元反应式。

4. 自由基聚合时,转化率、分子质量随时间的变化有何特征? 与机理有何关系?

5. 写出下列常用引发剂的分子式和分解反应式:偶氮二异丁腈、偶氮二异庚腈、过氧化二苯甲酰、过氧化二碳酸、二异庚酯、过氧化二异丙苯、过硫酸钾,其中哪些属于水溶性,使用场合有何不同?

6. 根据下列所给数据,试求出偶氮二异丁腈的分解活化能。

不同温度下的分解速率常数和分解活化能

温度(℃)	$k_d(s^{-1})$	$t_{1/2}(h)$	$E_d (\times 4.8 kJ/mol)$
50℃	2.64×10^{-6}	73	
60.5℃	1.16×10^{-5}	16.6	29.4
69.5℃	3.78×10^{-5}	5.1	

7. 引发剂半衰期与温度常写成下列关系式

$$\lg t_{1/2} = \frac{A}{T} - B$$

式中,常数 A、B 与频率因子、活化能有什么关系? 资料中经常介绍半衰期为 10 和 1 小时的分解温度,这有什么方便之处? 过氧化二碳酸二异丙酯半衰期为 10 和 1 小时的温度为 45℃和 61℃。试求出 A、B 两常数。($A = 6\,638$;$B = 19.87$)

8. 解释引发效率,笼蔽效应和诱导分解。

9. 动力学链长的定义,与平均聚合度的关系。

10. 什么叫链转移反应? 有几种形式? 对聚合速率与分子质量有何影响? 什么叫链转移常数? 与链转移速率常数的关系?

11. 无规共聚物,交替共聚物,接枝共聚物和嵌段共聚物在结构上有什么区别?

12. 什么叫理想共聚? 什么叫交替共聚? 它们的竞聚率乘积是怎样的? 并说明它们的意义?

13. 推导共聚物组成微分方程时共有几个假定? 说明为什么这个方程只能应用于低转化率的条件? 高转化率时未反应单体组成与瞬时共组成间的关系是否可用这个方程式?

14. 已知氯乙烯-乙酸乙烯酯共聚时 $r_1 = 1.68$,$r_2 = 0.23$,求出 f_1-F_1 共聚组成曲线,并计算下列两题:

(1) 若起始反应的原料单体中氯乙烯含量为 85%(质量),从你自己所做 f_1-F_1 图中求出共聚物中氯乙烯的含量(质量%)。

(2) 由下式

$$\overline{w} = \frac{r_1 k \cdot \dfrac{w_1}{w_2} + 1}{1 + k + r_1 k \dfrac{w_1}{w_2} + r_2 \dfrac{w_2}{w_1}} \times 100\%$$

其中 $\overline{w}_1$ 表示该瞬间所形成的共聚物中 M_1 单体单元所占的质量百分数;w_1, w_2 表示某瞬间原料单体混合物中单体 M_1 及 M_2 所占的质量百分数,$w_1 + w_2 = 100$,k 表示单体 M_2, M_1 的相对分子质量之比。

计算上一小题中共聚物的氯乙烯含量,并相互比较之。

15. 已知丙烯腈(单体1)—偏二氯乙烯共聚时的 $r_1 = 0.91, r_2 = 0.37$。

(1) 求作 f_1-F_1 共聚物组成曲线。

(2) 由 f_1-F_1 图求出 $(f_1)_A$ 点。

(3) 由式(6-32)计算 $(f_1)_A$ 点。

(4) 原料单体中丙烯腈的质量分数为 20%(质量),求瞬时共聚物中丙烯腈的质量分数(%)。

第七章　离子及配位聚合

离子聚合反应是聚合反应的一个类型,和自由基聚合反应相似,也分为链开始、链增长、链终止等步骤,同属连锁反应的历程。但是反应的活性中心是离子而不是独电子的自由基。离子聚合反应因活性中心所带电荷的不同(如正碳离子 $\sim\sim\sim\overset{|}{C}{}^{\oplus}$ 和负碳离子 $\sim\sim\sim\overset{|}{C}{}^{\ominus}$ 等),可分为正(阳)离子聚合反应和负(阴)离子聚合反应两类,现分述如下。

7.1　阳离子聚合

7.1.1　阳离子聚合反应的特点

阳离子聚合反应通式可表示如下

$$A^{\oplus}B^{\ominus} + M \longrightarrow AM^{\oplus}B^{\ominus}\cdots\overset{M}{\longrightarrow}M_n$$

式中,$A^{\oplus}$表示阳离子活性中心,可以是碳阳离子,也可以是氧　离子,$B^{\ominus}$是紧靠中心离子的引发剂碎片,所带电荷相反,称做反离子或抗衡离子。

适合阳离子聚合反应的烯类单体分子的基团(X)多属给电子基团,即 X = R—,RO—

等。$\underset{\underset{X:}{\uparrow}}{\overset{\delta-\qquad\delta+}{CH_2 = CH}}$ 型单体结构具有正负偶极,例如异丁烯 $CH_2 = C(CH_2)_2$、苯乙烯、

乙烯基醚等烯类化合物,以及环氧化物和环氧乙烷、四氢呋喃等均能进行阳离子聚合反应。

阳离子聚合反应,是利用催化剂来促使链开始的,它相当于自由基聚合反应中所用的引发剂,但是,反应机理是不同的。阳离子聚合反应所用的催化剂是"亲电试剂",常用BF_3、$AlCl_3$、$AlBr_3$、$TiCl_4$、$SnCl_4$ 等金属卤化物,HCl,HBr,H_2SO_4,H_3PO_4 等质子酸及烷基铝化合物。使用金属卤化物或烷基铝为催化剂时,还常常需要加入"助催化剂",例如水、醇(ROH)、醚(ROR)、卤氢酸(HX)、卤代烷(RX)等。这些助催化剂能与金属卤化物作用,生成不稳定的络合物,这种络合物进一步分解产生质子 $H^{\oplus}$ 或碳离子 $R^{\oplus}$,后二者为真正的催化中心,能与单体作用,促使链开始,如下面列式所示。

单体及溶剂或惰性气体(N_2)中的杂质,如水、醇、酸等,都常成为助催化剂,其含量甚微,但影响显著。水、醇、酸等含量过多时,反成为阻聚剂。故须注意分析,控制其含量。

催化剂　助催化剂　　不稳定络合物　　　　负离子分解物　正离子催化中心

$$BF_3 + HOH \longrightarrow F_3B\cdots O\overset{H\,(或\,R)}{\underset{H}{|}} \rightleftharpoons F_3B\cdots O\overset{H\,(或\,R)}{\underset{\ominus}{|}} + H^{\oplus}$$

(或 HOR)

$$BF_3 + ROR \longrightarrow F_3B\cdots O\overset{R}{\underset{R}{|}} \rightleftharpoons F_3B\cdots O\overset{R}{\underset{\ominus}{|}} + R^{\oplus}$$

$$TiCl_4 + HOH \longrightarrow Cl_4Ti\cdots O\overset{H}{\underset{H}{|}} \rightleftharpoons Cl_4Ti\cdots O\overset{H}{\underset{\ominus}{|}} + H^{\oplus}$$

(或 HX)　　　　　　　　　　　　　　　　(或 $Cl_4TiX^{\ominus}$)

$$SnCl_4 + HOH \longrightarrow Cl_4Sn\cdots O\overset{H}{\underset{H}{|}} \rightleftharpoons Cl_4SnOH^{\ominus} + H^{\oplus}$$

7.1.2　阳离子聚合的单体与催化剂

能进行阳离子聚合的单体,除那些具有强供电子取代基的乙烯基单体(异丁烯、乙烯基醚)和具有共轭效应基团的单体(苯乙烯、α—甲基苯乙烯,丁二烯、异戊二烯)外,还有含氧、氮杂原子的不饱和化合物和环状化合物(甲醛、四氢呋喃、3,3—双氯甲基丁氧环、环戊二烯)等。

常用的催化剂可归纳为三大类:含氢酸—$HClO_4$,H_2SO_4,H_3PO_4,CCl_3COOH 等;Lewis 酸,其中较强的有 BF_3,$AlCl_3$,$SbCl_5$,中强的有 $FeCl_3$,$SnCl_4$,$TiCl_4$,较弱的有 $BiCl_3$,$ZnCl_2$ 等;有机金属化合物如 $Al(CH_3)_3$,$Al(C_2H_5)_2Cl$ 等,其他还有卤素 I_2、稳定的碳阳离子盐 $[C_7H_7^+ BF_4^-$,$(C_6H_5)_3C^+ SnCl_5^-]$ 等。不同催化剂对所引发的单体有强烈的选择性。

7.1.3　阳离子聚合机理

阳离子聚合也由链引发、链增长、链终止和链转移等基元反应组成,但各步反应速率与自由基聚合有所不同。

1. 链引发

阳离子聚合用的最多的引发剂是 Lewis 酸(C)。它先和质子给体 RH 生成络合物,离解出 $H^{\oplus}$,然后引发单体 M

$$C + RH \rightleftharpoons H^{\oplus}(CR)^{\ominus}$$

$$H^{\oplus}(CR)^{\ominus} + M \overset{ki}{\longrightarrow} HM^{\oplus}(CR)^{\ominus}$$

阳离子聚合引发速率很快。曾测得引发活化能 $E_i = 8.4 \sim 21kJ/mol$,与由基聚合慢引发($E_d = 105 \sim 125kJ/mol$)截然不同。

2. 链增长

引发反应中生成的碳阳离子活性中心和反离子形成离子对,单体分子不断插到碳阳离子和反离子中间而使链增长。

$$HM_n^{\oplus}(CR)^{\ominus} + M \xrightarrow{k_p} HM_nM^{\oplus}(CR)^{\ominus}$$

阳离子聚合的增长反应有几个特点:

(1) 增长反应是离子与分子间反应,速度快,活化能低,大多数 $E_p 8.4 \sim 21 \text{kJ/mol}$,与自由基聚合增长活化能属同一数量级。

(2) 增长过程中来自引发剂的反离子,始终处于中心阳离子近旁,形成离子对。离子对的紧密程度与溶剂、反离子性质、温度等有关,并影响聚合速率和分子质量。单体按头-尾结构插入离子对中,对链节构型有一定的控制能力。

(3) 增长过程中有的伴有分子内重排反应。增长碳阳离子可能脱去 $H^{\oplus}$ 或 $R^{\ominus}$,异构成更稳定的结构。例如,3 – 甲基 – 1 – 丁烯的阳离子聚合产物含有两种重复单元,就是发生重排反应的结果。

（正常产物）　　　　　　　（重排产物）

现在常把这种聚合称为异构化聚合或氢转移聚合。

3. 链转移和链终止

离子聚合的增长活性中心带有相同电荷,不能双分子终止,往往通过链转移终止或单基终止。

(1) 动力学链不终止

（Ⅰ）向单体转移终止

活性中心向单体分子转移,生成的大分子含有不饱和端基,同时再生出能引发的离子对,所以动力学链并未终止。以异丁烯聚合为例

$$H\text{┼}CH_2C(CH_3)_2\text{┽}_nCH_2C^{\oplus}(CH_3)_2(BF_3OH)^{\ominus} + CH_2 =\!\!=\!\!= C(CH_3)_2$$
$$\longrightarrow (CH_3)_3C^{\oplus}(BF_3OH)^{\ominus} + H\text{┼}CH_2C(CH_3)_2\text{┽}_nCH_2 - C(CH_3)=\!\!=\!\!=CH_2$$

或 $\qquad HM_nM^{\oplus}(CR)^{\ominus} + M \xrightarrow{k_{tr,m}} M_{n+1} + HM^{\oplus}(CR)^{\ominus}$

如果活性中心夺取单体上的 $H^{\ominus}$：而转移,生成末端饱和的聚合物,在动力学上和前一种并无多大差别。

向单体链转移是阳离子聚合中最主要的链终止方式之一。向单体转移常数 $C_M(= K_{tr,m}/k_p)$ 约 $10^{-2} \sim 10^{-4}$,比自由基聚合的 $C_M(10^{-4} \sim 10^{-5})$ 大得多,因此阳离子聚合中的链转移反应更容易发生,是控制聚合物分子质量的主要因素,阳离子聚合须在很低的温度下进行就是这个道理。

如果活性链夺取聚合物链上的 $H^{\ominus}$,则可导致聚合物支化。

向溶剂等链转移,也使活性链终止,但动力学链未终止。

（Ⅱ）自发终止或向反离子转移终止

增长离子对重排导致活性链终止,再生出原来的引发剂-共引发剂络合物,可再引发

聚合

$$H \overline{\left[CH_2C(CH_3)_2 \right]}_n CH_2C^{\oplus}(CH_3)_2(BF_3OH)^{\ominus} \longrightarrow$$

$$H \overline{\left[CH_2C(CH_3)_2 \right]}_n CH_2C(CH_3) = CH_2 + H^{\oplus}(BF_3OH)^{\ominus}$$

或

$$HM_nM^{\oplus}(CR)^{\ominus} \xrightarrow{Kt} M_{n+1} + H^{\oplus}(CR)^{\ominus}$$

这种终止称为自发终止或向反离子转移终止。

(2) 动力学链终止

（Ⅰ）反离子加成

当反离子有足够的亲核性时,增长碳阳离子和反离子结合,形成共价键而终止。

$$HM_nM^{\oplus}(CR)^{\ominus} \longrightarrow HM_nM(CR)$$

三氟乙酸引发苯乙烯聚合就发生这种情况。

（Ⅱ）活性中心与反离子中一部分阴离子碎片结合终止,例如

$$H \overline{\left[CH_2C(CH_3)_2 \right]}_n CH_2C^{\oplus}(CH_3)_2(BF_3OH)^{\ominus} \longrightarrow$$

$$H \overline{\left[CH_2C(CH_3)_2 \right]}_n CH_2C(CH_3)_2OH + BF_3$$

这种终止将使引发剂-共引发剂络合物浓度下降。

（Ⅲ）添加某些链转移剂或终止剂

在离子聚合中,添加转移剂或终止剂(XA)往往是主要终止方式

$$HM_nM^{\oplus}(CR)^{\ominus} + XA \xrightarrow{k_{tr,s}} HM_nMA + XCR$$

虽然动力学链是否终止,要看生成的 XCR 有无引发活性。但除碳阳离子外,通常,硫、氧阳离子活性都较低,添加水、醇、酸、酐、酯、醚等,实际上使链终止。添加胺,则生成稳定无引发活性的季胺盐,并且不发生链转移

$$HM_nM^{\oplus}(CR)^{\ominus} + :NR_3 \longrightarrow HM_nM^{\oplus}NR_3CR^{\ominus}$$

苯醌是自由基聚合的阻聚剂,对阳离子聚合也能起阻聚作用。因此不能用苯醌的阻聚作用判断聚合机理是自由基还是阳离子。

在阳离子聚合中,真正的动力学链终止反应比较稀少,主要原因在于体系难以做到完全除尽上述杂质。例如,作为共引发剂的水过量,转移反应占主要地位,只能得到分子质量低的低聚物,实际上导致链终止。虽然目前有人从使阳离子活性中心稳定除去杂质等着手,试图进行活的阳离子聚合,但结果尚不理想,只达到延长活性中心寿命的程度。

阳离子聚合机理的特点可以总结为快引发、快增长、易转移,难终止。

7.1.4 阳离子聚合反应动力学

1. 动力学方程

阳离子聚合反应动力学的研究比自由基聚合困难得多。因为阳离子聚合体系多为非均相,聚合速率快,共引发剂、微量杂质对聚合速率影响很大,数据重现性差。特别是真正的终止反应可能并不存在,活性中心浓度不变的稳态假定在许多阳离子聚合体系中难以建立。但若考虑特定的反应条件(主要是引发、终止方式),用稳态假定,仍可建立动力学方程式。在研究聚合动力学时,选用 $TiCl_4$ 或 $SnCl_4$ 等低活性引发剂有其方便之处。

由于终止模型不同,动力学方程各不相同,在稳态下,反离子加成或向反离子转移终

止(自发终止)的动力学方程可参照自由基聚合来加以推导。

增长离子重排终止,即向反离子转移(自发终止),各步反应速率方程为:

引发
$$R_i = ki[H^{\oplus}(CR)]^{\ominus}[M] =$$
$$Kk_i[C][RH][M] \tag{7-1}$$

增长
$$R_p = k_p[HM^{\oplus}(CR)^{\ominus}][M] \tag{7-2}$$

终止
$$R_t = k_t[HM^{\oplus}(CR)^{\ominus}] \tag{7-3}$$

式中$[HM^{\oplus}(CR)^{\ominus}]$是所有增长离子对的总浓度,$K$是引发剂-共引发剂络合平衡常数。

虽然阳离子聚合速率较快,一般 $R_i > R_t$ 很难建立稳态。但为了便于动力学处理,仍作稳态假定,$R_i = R_t$,得

$$[HM^{\oplus}(CR)^{\ominus}] = \frac{Kk_i[C][RH][M]}{k_t} \tag{7-4}$$

将式 (7-4)代入式(7-2),得阳离子单分子终止聚合速率为

$$R_p = \frac{Kk_ik_p[C][RH][M]^2}{k_t} \tag{7-5}$$

上式表示,速率对引发剂和共引发剂浓度均呈一级反应,对单体浓度呈二级反应。

反离子加成终止,动力学上与单分子重排相当,也属于单基终止,式(7-5)同样适用。但应该注意,自发终止时,引发剂-共引发剂浓度不变;反离子加成时,则下降。

向单体转移和向溶剂转移时,如活性不减,聚合速率仍可用式(7-5)表示。

上式系假定引发过程的控制速率反应是引发剂引发单体,生成碳阳离子的反应。结果引发速度与单体浓度有关。若引发剂和共引发剂的反应是慢反应,则反应速度将与$[M]$无关,以上各动力学方程中对$[M]$的方次应减去 1,式中 k_i 应表示引发剂-共引发剂反应速率常数。

还有两种特殊情况,一是引发剂浓度过量,此时

$$R_i = k_i[RH][M] \tag{7-6}$$

另一是共引发剂浓度过量,此时

$$R_i = k_i[C][M] \tag{7-7}$$

以上各动力学方程中关于$[C]$和$[RH]$项,将作相应的修正。

2. 聚合度

链转移反应结果,如活性并不衰减,聚合速率可以不变,但聚合度却显著降低。在阳离子聚合中向单体或向溶剂转移的速率方程可写如下式

$$R_{tr,M} = k_{tr,M}[HM^{\oplus}(CR)^{\ominus}][M] \tag{7-8}$$

$$R_{tr,s} = k_{tr,s}[HM^{\oplus}(CR)^{\ominus}][S] \tag{7-9}$$

与自由基聚合一样,阳离子聚合物的聚合度可表示为

$$\frac{1}{X_n} = \frac{k_t}{k_p[M]} + C_M + C_S\frac{[S]}{[M]} \tag{7-10}$$

式中右边各项分别是单基终止、向单体转移、向溶剂(或转移剂)转移终止的贡献。

不同的聚合体系,有时可以某一种终止方式为主,则聚合度的表达式各不相同,成为式(7-10)的特例。

单基终止为主要终止方式时,聚合物的平均聚合度为

$$\bar{X}_n = \frac{R_p}{Rt} = \frac{K_p[M]}{Kt} \tag{7-11}$$

此时,聚合度与引发剂浓度无关,与单体浓度成正比。

向单体转移终止为主时

$$\bar{X}_n = \frac{R_p}{R_{tr,M}} = \frac{k_p}{k_{tr,M}} = \frac{1}{c_M} \tag{7-12}$$

聚合度只取决于向单体转移常数。

$$\bar{X}_n = \frac{R_p}{R_{tr,s}} = \frac{k_p[M]}{k_{tr,s}[S]} = \frac{1}{c_s} \cdot \frac{[M]}{[S]} \tag{7-13}$$

例如,丁基橡胶或聚异丁烯在低温下在适当溶剂(如 CH_3Cl)中进行聚合,向单体转移和向溶剂转移对聚合度都有影响,在不同温度范围内,两者影响程度不一,在低于 $-78℃$ 时,主要向单体转移,$-100℃$ 以上,主要向溶剂转移终止。

7.1.5 影响阳离子聚合的因素

1. 共催化剂的影响

在使用 Lewis 酸时,聚合速率随共催化剂的酸性降低而减小。用 $SnCL_4$ 聚合异丁烯时($-78℃$ C_2H_5Cl)就是这样。在大多数情况[共催化剂]/[催化剂]比值变动,R_p 有最大值出现。产生最大值的原因可能与催化剂 – 共催化剂络合物组成有关。苯乙烯在 CCl_4 中聚合时,最大 R_p 在[H_2O]/[$SnCl_4$]为 0.002,而 70% CCl_4 – 30% $C_6H_5NO_2$ 混合溶剂中则为 1.0。这说明在不同溶剂中最大值也改变。

共催化剂也能使催化剂发生"中毒"现象,故应严格控制用量。

2. 反应介质(溶剂)的影响

溶剂对阳离子聚合有较大影响。通常在极性较低的溶剂中,溶剂化作用显得十分重要。如果溶剂化作用小,除使 R_p 降低外,还能使某一动力学因素的反应级数增高。如用 $SnCl_4$ 聚合苯乙烯,在苯($\varepsilon = 2.4$)中 $R_p \propto [M]^2$,在 CCl_4($\varepsilon = 2.30$)中 $R_p \propto [M]^3$,说明 CCl_4 相对苯来说是不良溶剂化试剂,所以具有较高的反应级数。当苯乙烯浓度增加,并直到变成纯苯乙烯时,$R_p \propto [M]^2$。说明苯乙烯也参预溶剂化作用了,变成了相当于苯的体系。总之,反应体系中单体、催化剂和共催化剂都能产生对活性中心离子对的溶剂化作用,影响离子对的形态,从而影响聚合速率和聚合度。

阳离子聚合中要求选用的溶剂不与催化剂络合物和活性中心发生反应;在低温时能溶解聚合物,并为流体;容易提纯、回收、价廉。

3. 反离子的影响

反离子对聚合反应影响也很大,主要表现在影响增长反应频率因素上。如 $HCCO_4$ 引发苯乙烯聚合,$A_p \approx 10^7 \sim 10^9$,与自由基聚合同数量级,而用 I_2 引发,A_p 下降到 10^2。A_p 的数值反映了反应过渡状态的空间障碍,可能以 I_2 引发,其离子对近于紧对,单体插入较困难。

反离子的亲核性对阳离子聚合能否进行,有很大影响。亲核性强,将使链终止。

反离子体积也有影响。体积大,离子对疏松,聚合速率大。如苯乙烯在 1,2—二氯乙

烷中 25℃下聚合，分别以 I_2，$SnCl_4 - H_2O$ 和 $HClO_4$ 为催化剂，表观增长速率常数为 0.003，0.42 和 1.70 l/(mol·s)。

4.聚合温度的影响

烯类单体离子聚合和自由基聚合一样，都是由 π 键转变成 σ 键，某一单体的聚合焓 ΔH 和熵 ΔS，不论引发方式如何，基本上相同，但各步反应活化能和总活化能不一样。

根据式(7-5)和稳态时的 $R_i = R_t$ 及式(7-11)，(7-12)，(7-13)，阳离子聚合速率和聚合度的综合活化能分别为

$$E_R = E_i + E_p - E_t \tag{7-14}$$

及

$$E_{\bar{X}n} = E_p - E_t \text{或} E_{\bar{X}n} = E_p - E_{tr} \tag{7-15}$$

阳离子引发活化能一般较小，多数情况下，E_i 和 E_t 都大于 E_p。聚合速率总活化能 $ER = -5 \sim +21 \sim 41.8 kJ/mol$，因此往往出现聚合速率随温度降低而加快的现象。但不论 E_R 为负或正，其绝对值较小，温度的影响比自由基聚合时小。

阳离子聚合的 E_t 或 E_{tr} 一般总大于 E_p，$E_{\bar{X}n}$ 常为负值 $-12.5 \sim -29 kJ/mol$，聚合度随温度降低而增大，这是阳离子聚合多在较低温度下进行的原因。温度低，还可以减少异构化等副反应。

7.2 阴离子聚合

7.2.1 阴离子聚合反应的特点

阴离子聚合反应通式可表示如下

$$A^{\oplus}B^{\ominus} + M \longrightarrow BM^{\ominus}A^{\oplus} \cdots \xrightarrow{M} Mn$$

式中 $B^{\ominus}$ 表示阴离子活性中心，一般由亲核试剂提供；$A^{\oplus}$ 为反离子，一般为金属离子。活性中心可以是自由离子，离子对，甚至于处于缔合状态的阴离子活性种。

7.2.2 阴离子聚合的单体与催化剂

适合阴离子聚合反应的烯类单体分子如 $CH_2 =\!\!=\!\!= \underset{X}{CH}$ ，其单体结构的偶极性恰与阳离子聚合反应所要求的方向相反，基团 X 多属吸电子基，即 X = $-CN$、$-COOR$、$-NO_2$ 等。能进行阴离子聚合的单体有乙烯基类、二烯烃类、丙烯酸类、某些有机酸酐以及含氧、氮、硫等原子的杂环化合物(如环氧化物、环硫化物、环酯、环酰胺等)。其中有些含有强吸电子取代基的单体，只能进行阴离子聚合；那些共轭烯烃化合物，较容易倾向阴离子聚合；而某些常有杂原子的单体，往往既能进行阴离子聚合又能进行阳离子聚合。

阴离子聚合反应所用的催化剂是"亲核试剂"，大致可分三类：一是氨基钾(钠)，可以使普通烯类单体苯乙烯、丙烯腈、甲基丙烯酸甲酯等很好地聚合；二是用属锂(钠)及有机锂(钠)为催化剂，可使二烯类单体聚合，所得到聚合物为顺式或反式 1,4 的立构，且随所用溶剂之不同而变化；三是醇钠(钾)、氢氧化钠(钾)等催化剂，可使环氧乙烷类单体进行开环聚合，前两类聚合反应都属阴碳离子聚合。后一类属阴氧离子聚合。

7.2.3 阴离子聚合机理

同阳离子聚合一样，阴离子聚合也分为链引发、链增长和链终止三个基元反应。

1. 链引发

阴离子聚合大多须用催化剂进行链引发反应。而催化剂要根据单体性质和对聚合物结构及性能要求来选择。常用引发反应可大致归为两类：一是催化剂分子中的阴离子直接加成到单体上形成活性中心；另一是单体与催化剂通过电子转移作用形成活性中心。

$$e + CH_2 \!=\! \overset{\displaystyle Y}{\underset{\displaystyle}{CH}} \longrightarrow \cdot CH_2 \!-\! \overset{\displaystyle}{\underset{\displaystyle Y}{\bar{C}H:}}$$

下面介绍几种常见的引发方式。

(1) 用烷基金属化合物引发

$$R - A + CH_2 \!=\! \overset{\displaystyle}{\underset{\displaystyle Y}{CH}} \longrightarrow RCH_2 \overset{\displaystyle}{\underset{\displaystyle Y}{\bar{C}HA^+}}$$

能进行引发聚合的烷基金属化合物中的金属—碳键，必须有离子键性，而这一点又是由金属和碳的电负性之差决定的。金属电负性越小，越易解离成离子。工业上用的最广泛的引发剂是烷基锂。

(2) 用碱金属引发

Li，Na，K 等碱金属与单体接触，容易形成阴离子自由基。

Na + CH$_2$ $=$ CH(苯基) ⟶ Na$^+$ CH(苯基)—$\dot{C}$H$_2$ 它经二聚后形成双阴离子，

Na$\bar{C}$H(苯基)—CH$_2$—CH$_2$—$\bar{C}$HNa$^+$(苯基)。碱金属引发引发属于非均相引发，它的引发速率较慢，但却可得到高分子质量聚合物，分子质量分布也较宽。

(3) 用碱金属络合物引发

在醚类溶剂中碱金属与萘、蒽等芳烃或酮类能形成络合物，如

Na + (萘) ⇌ [(萘)$\dot{}$]$^-$Na$^+$

形成阴离子自由基。

碱金属络合物作引发剂时，只要引发剂与单体的相对电子亲和性能匹配，引发反应极易进行，如

[(萘)$\dot{}$]$^-$Na$^+$ + $\dot{C}$H$_2$ = CH(苯基) ⟶ (萘) + $\dot{C}$H$_2$—$\bar{C}$HNa$^+$(苯基)

(4) 用"活性"聚合物引发

活性聚合物的制备，如

$$P^- A^+ + M \longrightarrow PM^- A^+$$

而后用它去引发单体聚合。在给定溶剂条件下，$P^- A^+$ 中 P^- 的活性与其共轭“碳酸”PH 的电离平衡有联系

$$PH \overset{k_d}{\rightleftharpoons} P^- + H^+$$

其中，k_d 是电离平衡常数，用 $Pk_d = -\lg k_d$ 表示 P^- 的碱性大小。Pk_d 值大的单体形成聚合物阴离子后，能引发 Pk_d 值小的单体。如苯乙烯 $Pk_d = 40 \sim 42$，其阴离子可引发 $Pk_d = 24$ 的甲基丙烯酸甲酯，反之则不行。

2. 链增长

引发反应阶段所形成的活性中心，如能继续与单体加成，则可形成活性增长链。链增长反应是聚合物生成过程中的主要基元反应

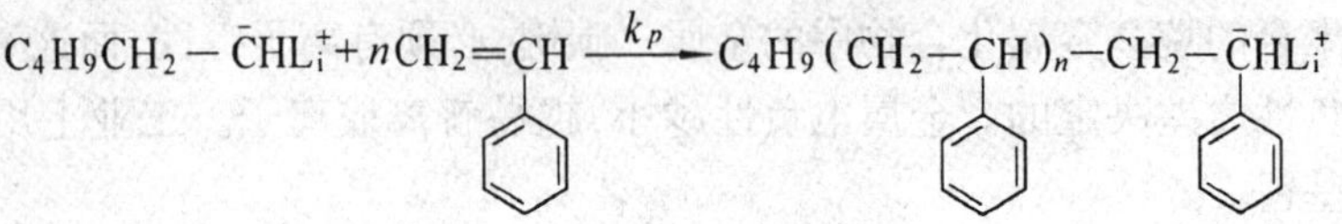

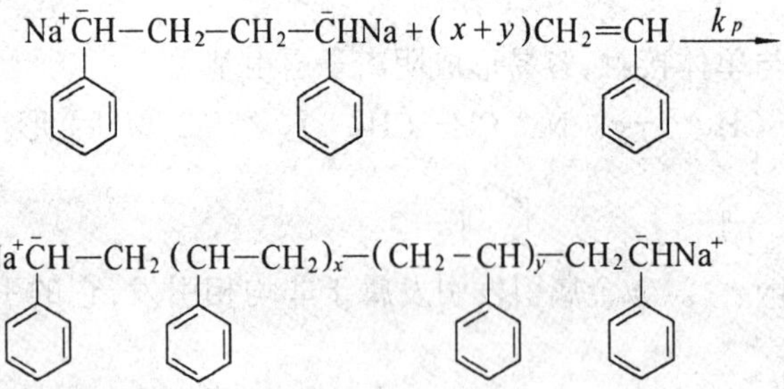

许多聚合物阴离子因其结构的稳定性，其寿命很长。

3. 链终止

阴离子聚合中一个重要的特征是在适当的条件下可以不发生链转移或链终止反应。因此，链增长反应中的活性链直到单体完全耗尽仍可保持活性，这种聚合物链阴离子称为“活性聚合物”。当重新加入单体时，又可重新开始聚合，聚合物分子质量继续增加。因此需要采取措施使其发生链终止反应。阴离子聚合一般是使阴离子发生链转移或异构化反应，从而使活性链活性消失而达到终止。

(1) 链转移

活性链与醇、酸等质子给予体或与其共轭酸发生转移

$$\sim\!\sim\!\sim\underset{\displaystyle \mathrm{Y}}{\bar{\mathrm{C}}\mathrm{H}}A^+ + CH_3OH \longrightarrow \sim\!\sim\!\sim\underset{\displaystyle \mathrm{Y}}{\mathrm{C}\mathrm{H}_2} + CH_3OH$$

$$\sim\!\sim\!\sim\underset{\displaystyle \mathrm{Y}}{\bar{\mathrm{C}}\mathrm{H}}A^+ + RH \longrightarrow \sim\!\sim\!\sim\underset{\displaystyle \mathrm{Y}}{\mathrm{C}\mathrm{H}_2} + R^- A^+$$

如果转移后生成的产物 $R^- A^+$ 很稳定,不能引发单体,则 RH 相当于阴离子聚合的阻聚剂,如环戊二烯就是异戊二烯聚合的阻聚剂。如果转移后产物 $R^- A^+$ 还相当活泼,并可继续引发单体,则 RH 就起分子质量调节剂的作用。

丙烯腈类单体阴离子聚合时,活性链可向聚合物发生转移作用,这就导致聚合物分子质量降低和链的支化。而甲基丙烯酸甲酯阴离子聚合时,活性链能向单体中的亲电取代基发生转移反应

$$
\sim CH_2-\overset{CH_3}{\underset{COOCH_3}{\overset{|}{\underset{|}{C}}}}L_i^+ + CH_2=\overset{CH_3}{\underset{COOCH_3}{\overset{|}{\underset{|}{C}}}} \longrightarrow \sim CH_2-\overset{CH_3}{\underset{COOCH_3}{\overset{|}{\underset{|}{C}}}}\overset{O}{\overset{\|}{C}}-\overset{CH_3}{\underset{}{\overset{|}{C}}}=CH_2 + CH_3OL_i
$$

(2) 活性链端发生异构化

有些活性聚合物久置后,活性会逐步消失。如活性聚苯乙烯在四氢呋喃中久存,会发生以下两步反应

$$
\sim CH_2-\overset{}{\underset{\bigcirc}{\overset{|}{C}}}HNa^+ \longrightarrow \sim CH_2-\overset{}{\underset{\bigcirc}{\overset{|}{C}}}H-CH=\overset{}{\underset{\bigcirc}{\overset{|}{C}}}H + NaH
$$

$$
\sim CH_2-\overset{}{\underset{\bigcirc}{\overset{|}{C}}}HNa^+ + \sim CH_2-\overset{}{\underset{\bigcirc}{\overset{|}{C}}}H-CH=\overset{}{\underset{\bigcirc}{\overset{|}{C}}}H \longrightarrow \sim CH_2-CH_2+ \sim CH_2-\overset{}{\underset{\bigcirc}{\overset{|}{C}}}-CH=CH
$$

(3) 与特殊添加剂的链终止反应

根据活性聚合物的特点,可加入特殊物质作为链终止剂,使活性链失活,同时获得指定端基的聚合物,如

$$
\sim \overline{C}H_2A^+ + CH_2\overset{}{\underset{O}{\diagdown}}CH_2 \longrightarrow \sim CH_2CH_2CH_2\overline{O}A^+ \xrightarrow{CH_3OH} \sim CH_2CH_2CH_2OH
$$

$$
\sim \overline{C}H_2A^+ + CO_2 \longrightarrow \sim CH_2CO\overline{O}A^+ \xrightarrow{H^+} \sim CH_2COOH
$$

$$
\sim \overline{C}H_2A^+ + OCN-R-NCO \longrightarrow \sim CH_2\overset{}{\underset{\overset{|}{OA}}{C}}=N-R-NCO
$$

$$
\xrightarrow{H_2O} \sim CH_2-\overset{O}{\overset{\|}{C}}-NHRNH_2
$$

$$
4 \sim \overline{C}H_2A^+ + SiCl_4 \longrightarrow (\sim CH_2)_4Si
$$

7.2.4 阴离子聚合动力学
因为阴离子聚合中可能同时存在几种不同形态的活性中心,且各种活性中心的聚合

速率又相差很大,所以链增长速率的 R_p 应当是各种活性中心增长速率的总和。

1. 纯粹由自由阴离子引发的聚合体系

到目前为止唯一得到证实的属于自由离子引发的聚合反应是辐射阴离子聚合,如苯乙烯在 15℃下本体聚合时的 $k = 3.5 \times 10^8 \text{l/(mol·s)}$。

2. 纯粹由离子对引发的阴离子聚合

在离子对引发的阴离子聚合体系中,由于体系的增长速率常数 $k_p = k_{(\pm)}$,所以增长速率应写成

$$R_p = k_{(\pm)}[M^-][M] \qquad (7\text{-}16)$$

当 $[M^-]$ 和 $[M]$ 已定,R_p 可测,K_p 可直接求出。

当聚合体系中只有一种活性中心,它的引发速率很快,且不发生链终止或链转移反应,全部催化剂都变成活性中心时,所得活性聚合物的平均聚合度($\bar{X}_n$),可用下式表示

$$\bar{X}_n = \frac{[M]}{[M^-]} = \frac{[M]}{C} \qquad (7\text{-}17)$$

假如,链增长反应是通过双阴离子活性中心进行的,则

$$\bar{X}_n = 2[M]/C \qquad (7\text{-}18)$$

如果无链终止反应的阴离子聚合体系中,引发反应特快,反应物又被高效搅拌均匀,全部活性中心几乎都同时增长,和链增长比较起来聚解反应又进行得很慢,在这种理想条件下,阴离子聚合体系所得聚合物分子质量分布很窄,接近于泊松(Poisson)分布。

$$\frac{\bar{X}_w}{\bar{X}_n} = 1 + \frac{\bar{X}_w}{(\bar{X}n + 1)^2}$$

可简化成

$$\frac{\bar{X}_w}{\bar{X}_n} = 1 + \frac{1}{\bar{X}_n} \qquad (7\text{-}19)$$

甚至趋于单分散状态,$\bar{X}_w/\bar{X}_n \approx 1$。这种表示方法对许多单一活性中心的无终止阴离子聚合体系都适用。

3. 由离子对和自由阴离子共同参加的阴离子聚合反应

这种情况是很常见的。这时反应式可表示如下

$$\sim\sim M^- \cdots Na^+ + M \xrightarrow[\text{80 l/(mol·s)}]{R_{(\pm)}} \sim\sim MM^- \cdots Na^+$$
$$\Big\Vert k_d \qquad\qquad\qquad\qquad\qquad\qquad \Big\Vert k_d \ 1.5\times10^{-7} \text{ mol/l}$$
$$\sim\sim M^- + Na^+ + M \xrightarrow[\text{6.4×10}^4 \text{ l/(mol·s)}]{R_{(-)}} \sim\sim MM^- + Na^+$$

前式为离子对方式聚合,后式为自由离子方式聚合。按这种模式阴离子聚合的表观聚合速率应为离子对和自由离子各自增长速率的总和

$$R_p = k_{(\pm)}[M^-_{(\pm)}][M] + k_{(-)}[M^-_{(-)}][M] \qquad (7\text{-}20)$$

其中,$k_{(\pm)}$ 和 $k_{(-)}$ 分别为离子对和自由离子的增长速率常数,$[M^-_{(\pm)}]$ 和 $[M^-_{(-)}]$ 分别为离子对和自由离子的浓度。

因为两种活性中心间有平衡存在,所以

$$K_d = \frac{[M^-_{(-)}][Na^+]}{[M^-_{(\pm)}]}$$

如果 $[M_{(-)}^-] = [Na^+]$，即 $k_d = \dfrac{[M_{(-)}^-]^2}{[M^{(\pm)}]}$ $\qquad\qquad$ (7-21)

则由式(7-20)和(7-21)得

$$\frac{R_p}{[M_{(\pm)}^-][M]} = k_{(\pm)} + k_{(-)} \left(\frac{k_d}{[M_{(\pm)}^-]}\right)^{\frac{1}{2}} \qquad (7-22)$$

若假设自由离子浓度很小时,式(7-22)左边部分就相当于式(7-16)中的 k_p ,即表观速率常数,而 $[M_{(\pm)}^-]$ 近似于活性聚合物的浓度,即催化剂浓度 (C) ,则

$$k_p = k_{(\pm)} + k_{(-)} \left(\frac{k_d}{C}\right)^{1/2} \qquad (7-23)$$

显然表观速率常数 k_p 是与活性聚合物浓度有关,它随活性聚合物浓度减小而增大,因为活性聚合物浓度改变,也改变了两种活性中心浓度的比值。

7.2.5 影响阴离子聚合的因素

反离子、溶剂和温度对阴离子聚合有决定性的影响。

1.溶剂的影响

阴离子聚合中显然应当选用非质子性溶剂[如苯、二氧六环、四氢呋喃(THF)、二甲基甲酰胺(DMF)等],而不能选用质子性溶剂(如水、醇、酸等),因为后者与阴离子有反应而无法进行聚合。

离子型聚合中,溶剂的影响是多方面的。除了溶剂用量改变能引起单体浓度的改变及溶剂转移作用都会影响聚合速率和聚合物分子质量外,在阴离子聚合中溶剂的特殊重要作用是它能导致活性中心形态和结构发生改变,使聚合机理发生变化。

2.反离子的影响

在溶液中,离子的溶剂化程度除与溶剂等有关外,还与离子半径有关,而离子半径又与周围环境有关,而且离子本身的形状也是不太对称的。

3.缔合作用

在研究反应介质的影响时,还发现有缔合作用的影响。在非极性介质中用烷基锂作引发剂时,由于烷基锂和增长离子对都能发生缔合作用,所以使引发速率和增长速率都受影响。

4.温度的影响

温度对聚合反应的影响是很复杂的。在无链终止反应的阴离子聚合体系中,因为离子对的 k_d 值很小,所以聚合表观速率将由离子对左右,一般情况下随温度增加而增高。在许多情况下反应总活化能为负值,故聚合速率将随温度升高而降低,聚合物分子质量则减小。

7.3 配位聚合简介

配位聚合的概念最初是 Natta 在解释 α - 烯烃聚合(用 Ziegler - Natta 引发剂)机理时提出的。配位聚合是指单体分子首先在活性种的空位上配位,形成某种形式的络合物(常称 σ—π 络合物),随后单体分子相插入过渡金属—烷基键(M_t - R)中进行增长,增长反应

可用以下图式示意

$$[\,M_t\,] \cdots\!\cdots CH_2 - \overset{\delta+}{\underset{\underset{R}{|}}{CH}} - \overset{\delta-}{P_n} \longrightarrow [\,M_t\,] \cdots\!\cdots \overset{\delta+}{CH_2} - \overset{\delta-}{\underset{\underset{R}{|}}{CH}} - P_n \longrightarrow$$

式中,$[\,M_t\,]$——过渡金属,$\cdots\!\square$ 为空位,P_n 为增长链,$CH_2 = CH - R$ 是 α—烯烃。由于这类聚合常是在络合引发剂的作用下,单体首先和活性种发生配位络合,而且本质上常是单体对增长链端络合物的插入反应。所以又称络合聚合或插入聚合(Insertion Polymerization)。

配位聚合的特点是:

(1) 单体首先在嗜电性金属上配位形成 π 络合物;

(2) 反应是阴离子性质的;

(3) 反应是经过四元环(或称四中心)的插入过程。尽管增长链端是阴离子性质的,但插入反应本身却既有阴离子性质又有阳离子性质。因为插入反应包括两个同时进行的化学过程,一是增长链端阴离子对 C = C 双键 β 碳的亲核攻击,二是阳离子从 $\delta+$ 对烯烃 π 键的亲电性进攻(如图)。

(4)单体的插入反应有两种可能的途径,一是单体插入后不带取代基的一端带负电荷并和反离子 Mt 相连,称为一级插入;二是带取代基的一端带负电荷并和反离子 Mt 相连,称为二级插入;其反应是

$$P_n - \overset{}{\underset{\underset{R}{|}}{CH}} - \overset{\delta-}{CH_2} - \overset{\delta+}{M_t} + RCH = CH_2 \longrightarrow P_n - \overset{}{\underset{\underset{R}{|}}{CH}} - CH_2 - \overset{\delta-}{\underset{\underset{R}{|}}{CH}} - \overset{\delta-}{CH_2} - \overset{\delta+}{M_t}$$

$$P_n - CH_2 - \overset{}{\underset{\underset{\delta-}{|}}{\overset{R}{CH}}} - \overset{\delta+}{M_t} + RCH = CH_2 \longrightarrow P_n - CH_2 - \overset{R}{\underset{|}{CH}} - CH_2 - \overset{R}{\underset{\delta-}{\underset{|}{CH}}} - \overset{\delta+}{M_t}$$

虽然这两种插入所形成的聚合物的结构完全相同,但用红外光谱(IR)和核磁共振(^{13}C - NMR)对聚合物的端基分析证明,丙烯的全同聚合是一级插入,而丙烯的间同聚合却为二级插入,其原因尚不清楚。

理论上讲,按照增长链端的荷电性质,应有配位阴离子聚合和配位阳离子聚合之分。但是,由于增长链端的反离子经常是金属或过渡金属(如钛、钒等),而单配位又经常是富电子双键在亲电性金属上发生,因而常见的配位聚合多属配位阴离子聚合(如 α - 烯烃只有配位阴离子机理)。配位阴离子聚合的特点是可以制备各种有规立构聚合物。但是,乙烯和丙烯采用典型的 Ziegler - Natta 引发剂 (VOCl$_3$ - Al(C$_2$H$_5$)$_2$Cl)共聚合,聚合过程虽属

配位阴离子性质,但所得共聚物却为无规分子链,它不是有规立构聚合物。一般地说,配位阴离子聚合的立构规化能力(或定向能力)取决于引发剂类型,特定的组合和配比,单体种类和聚合条件。

7.3.1　引发剂的类型和作用

可以引发配位阴离子聚合的引发剂常称为配位(或络合)引发剂。配位引发剂主要有三类:一是 Ziegler – Natta 引发剂(这类引发剂是指 1953 年 Ziegler 用 $TiCl_4$ – $AlEt_3$ 在常温下使乙烯聚合得到高密度聚乙烯 HDPE 和 1954 年 Natta 用 $TiCl_3$ – $AlEt_3$ 引发丙烯得到固体的全同聚丙烯这两种引发剂的统称);二是 π 烯丙基过渡金属型引发剂;三是烷基锂引发剂(引发二烯烃聚合)。其中以 Ziegler – Natta 引发剂种类最多,组分多变,应用最广。在配位阴离子聚合领域中,长期来一直称引发剂为催化剂,实际上无论是 Ziegler – Natta 引发剂还是单一过渡金属组分引发剂,引发聚合后其残基(或碎片)均进入聚合物链,所以应称为引发剂或共引发剂体系,相应的主催化剂、助催化剂应称为主引发剂和共引发剂。

配位引发剂的作用有二:一是提供引发聚合的活性种;二是引发剂的剩余部分(经常是含过渡金属的反离子)紧邻引发中心提供独特的配位能力,这种反离子同单体和增长链的配位促使单体分子按一定的构型进入增长链。也就是说单体通过配位而"定位",当反离子和增长链间的络合键断裂,立即在增长链端和单体之间形成 δ 键。实际上引发剂起着连续定向模板或模型的作用。全同定向增长的推动力是靠增长链端的引发剂残基(反离子)和进入单体的取代基(R)之间的相斥作用;而间同定向增长的推动力则是靠毗邻单体单元的取代基之间的推斥作用。

7.3.2　引发体系组分的组合和单体类型

引发剂各组分和引发剂 – 单体之间的特定配位对配位阴离子聚合获得立构规整聚合物极为重要。一般地说,Ziegler – Natta 引发剂既可以使 α – 烯烃定向聚合,又可以使二烯烃,环烯进行有规立构聚合,而 π – 烯内基镍型(如 π-C_3H_5NiX)引发剂常专供引发丁二烯的顺式 1,4 或反式 1,4 聚合;烷基锂引发剂可在均相体系中引发极性单体和二烯烃形成有规立构聚合物。对于 Ziegler – Natta 引发剂,两组分的组合以及和单体的匹配很重要,例如 $AlEt_2Cl$ 与 $COCl_2$ 组合容易使二烯聚合,但不能使乙烯或 α – 烯烃聚合;α$TiCl_3$ – AlR_3 和 $NiCl_2$ 能使乙烯、丙烯聚合,并能制得全同聚丙烯,但用于丁二烯聚合却得反式 1,4-聚丁二烯;对 α-烯烃有活性的引发剂,对乙烯也有高活性,反之对乙烯聚合有活性者,却不一定对 α-烯烃也有活性。

7.3.3　单体的极性与聚合体系的相态

在配位阴离子聚合中,所得聚合物的立构规整性与单体对引发剂(或其反离子)的配位能力有关,而单体的配位能力又主要取决于单体的极性。带极性取代基有烯类单体如丙烯酸酯类、甲基丙烯酸酯类等有很强的配位能力;而 α-烯烃如乙烯、丙烯和 1-丁烯等不带极性取代基,其配位能力就很差,这类单体要用立构规化能力很强的引发剂,才能使之配位"定位"以发生全同聚合,因此它们的有规立构聚合都要用非均相的 Ziegler – Natta 引发剂。若采用可溶性均相引发剂除少数可产生间同聚合物外,大都形成无规聚合物。反之,对于极性单体的全同聚合,采用均相引发剂就可获得全同聚合物(例如甲基丙烯酸甲酯在烃类溶剂中用 C_6H_5MgBr 作引发剂于 – 78℃聚合可得全同聚合物);而间同聚合物只能用均相体系制得；苯乙烯和 1,3-二烯烃等单体,由于苯基和乙烯基的极性不大并有共轭作用,因而其聚合要求介于极性和非极性单体之间,这些单体无论用均相还是非均相引发剂都可获得有规立构聚合物。

配位聚合中常用术语甚多,如络合聚合、定向聚合、有规立构聚合和 Ziegler－Natta 聚合等,但是配位聚合和络合聚合含义相同,都是采用具有配位(或络合)能力的引发剂,链增长(有时包括引发)都是单体先在活性种的空位上配位(络合)并活化,然后插入烷基－金属键($R—M_t$)中。这是对聚合反应的发生和性质的描述,因此任何聚合反应只要包括单体的配位(或络合)、活化的单体在 $R—M_t$ 键中插入增长,均属配位(或络合)聚合的范畴。聚合的结果可以是有规立构聚合物,也可以是无规立构聚合物。这样,采用 Ziegler－Natta 引发剂的 α—烯烃、二烯烃、环烯烃和极性烯类单体的聚合以及烷基锂引发的二烯烃聚合均为配位(或络合)聚合;不过配位比络合表达的意义更为明确。定向聚合和有规立构聚合是同义语,按照国际纯粹和应用化学联合会(IUPAC)的确定,二者都是指以形成有规立构聚合物为主的聚合过程。因此,任何聚合过程(包括自由基、正离子、阴离子和配位聚合等)或任何聚合方法(如本体、悬浮、乳液和溶液等),只要它是以形成有规立构聚合物为主,都是定向聚合或有规立构聚合。这样像乙烯等对称单体的聚合和形成无规共聚物的乙丙共聚合,尽管采用 Ziegler－Natta 引发剂,也为配位聚合,但不是定向聚合。至于 Ziegler－Natta 聚合通常是指采用 Ziegler－Natta 引发剂的任何单体的聚合或共聚合。所得聚合物可以是立构规整的,也可以是无规聚合物。这样,采用非 Ziegler－Natta 引发剂的烷基锂引发二烯烃的配位阴离子聚合,以及采用单一金属引发剂(如 $Zr(\pi—C_3H_5)_3Br$ 引发的苯乙烯、丙烯全同聚合,$\pi—C_3H_5NiCl$ 引发的丁二烯顺式 1,4 聚合)引发的有规立构聚合,均不属 Ziegler－Natta 聚合之列。

小　　结

本章介绍的主要内容:
1.离子聚合的特点;
2.离子聚合反应的动力学及影响因素;
3.配位聚合的主要理论。

常　用　术　语

阴离子聚合:由阴离子引发的聚合反应。

负碳离子:带负电的有机离子。

正碳离子:带正电的有机离子,即碳原子上缺一个电子对的离子。

阳离子聚合:由阳离子引发,以正碳离子进行链增长的聚合。

链式聚合:以引发、链增长、链终止三步为基本反应的快速聚合。

平衡离子:对应离子。

内酰胺:在环上有一个氮原子的杂环酰胺。

内醚:在环上有一上氧原子的杂环醚。

齐格勒 – 纳塔催化剂:$TiCl_3 – AlR_3$。

习　题

1.简要地说明阳离子聚合、阴离子聚合反应特征。

2.研究下列催化剂和单体的聚合体系

催化剂:$(C_6H_5COO)_2$,　—Na、$n—C_4H_9Li$、BF_3、H_2SO_4

单体:$CH_2 = CHC_6H_5$,$CH_2 = C(CH_3)COOCH_3$,$CH_2 = CHO – C_4H_9$,$CH_2 = C(CH_3)_2$,CH_2O

能否进行聚合反应,属于何种聚合反应类型,为什么? 催化剂的引发中心和由它形成的引发活性中心是什么样的? 写出反应式,在实现聚合反应时,一般需要什么样的聚合反应条件才能使聚合物分子质量增加?

3.2.0M 苯乙烯的二氯乙烷溶液,于 25℃在 4.0×10^{-4}M 硫酸存在下聚合,计算开始时的聚合度。假如单体溶液中含有浓度为 8.0×10^{-5}M 的异丙苯,那么聚苯乙烯的聚合度是多少? 已知用 H_2SO_4 催化苯乙烯聚合的动力学参数为

参　数	
$[H_2SO_4]$M	$\sim 10^{-3}$
k_p 1/(mol·s)	7.6
k_t(自动终止)(s^{-1})	4.9×10^{-2}
$k_{tr.m}$ 1/(mol·s)	1.2×10^{-1}
Cs(25℃,在 $(CH_2Cl)_2$ 是用异丙苯作链转移剂)	4.5×10^{-2}
k_t(与反离子偶合终止)(s^{-1})	6.7×10^{-3}

第八章 高分子材料的化学反应

8.1 引 言

聚合物化学反应是研究聚合物分子链上或分子链间官能团相互转化的化学反应过程。用它可进行聚合物的化学改性;合成具有特殊功能的高分子材料;研究聚合物的化学结构及其破坏因素与规律。

天然高分子化合物(如纤维素、淀粉、蛋白质等)的化学性质早在合成高分子化合物出现前几十年人们就已经进行了研究,其中最引人重视的是纤维素的化学转变。经过改性的纤维素具有许多宝贵的性能,使纤维素成为用途最广的天然高分子化合物。通过纤维素的化学转变,可以获得乙酸纤维,用以生产纤维、漆薄膜、塑料。用硝酸纤维,可以生产塑料、薄膜、漆和无烟火药。许多纤维素(如甲基纤维素、乙基纤维素、羧甲基纤维素等)的醚具有各种用途,可以生产薄膜、漆、绝缘材料,在纺织工业中可代替淀粉作浆料和胶粘剂等。

某些合成高分子化合物不能直接由低分子化合物制备,因为这些低分子化合物是不稳定的,或者反应活性很差。例如聚乙烯醇不能由乙烯醇聚合而得,因为后者是不稳定的,因此只能由聚乙酸乙烯酯水解制备聚乙烯醇。聚乙烯醇在纺织工业、食品加工工业等方面都有重要的用途。只有通过天然和合成橡胶与硫或其他多官能团化合物的硫化反应,才能得到各种品种的橡胶。作为特种橡胶品种的氯磺化聚乙烯,就是通过氯气和二氧化硫与聚乙烯大分子链上的氢原子的置换反应而制成的。又如目前在宇航工业、原子能工业及其他工业部门中使用的耐高温纤维－碳纤维是胶纤维或聚丙烯腈纤维经过热化学转变的产物。

聚合物的化学转变通常还被用来研究和证明天然及合成高分子化合物的结构,例如将聚乙酸乙烯酯水解成聚乙烯醇,然后又通过酯化使它变回聚乙酸乙烯酯,借此证明聚乙酸乙烯脂和聚乙烯醇的结构

$$\left[CH_2-CH \right]_n \xrightarrow[NaOH]{H_2O} \left[CH_2-CH \right]_n \xrightarrow{(CH_3CO)_2O} \left[CH_2-CH \right]_n$$

由此可见研究聚合物的化学转变,无论在实际应用上或在理论上都有一定的意义。

近年来,聚合物的化学反应取得了迅速发展,特别是具有特殊功能的聚合物相继出现。如高分子催化剂、感光性高分子、导电性高分子、伸缩性高分子等等。其中有些已获得工业生产;有些则渗入其他科学领域,并形成许多所谓边缘科学。在高分子科学发展中,聚合物的化学反应已成为十分重要的领域。

聚合物的性能决定于其结构和聚合度。聚合物化学反应种类很多,一般并不按反应机理进行分类,而根据聚合度和基团的变化(侧基和端基)而作如下分类:

(1) 聚合度基本不变而仅限于侧基和(或)端基变化的反应。这类反应有时称做相似转变。

(2) 聚合物变大的反应,如交联、接枝、嵌段、扩链等。

(3) 聚合物变小的反应,如解聚、降解等。

聚合物化学改性多属聚合度基本不变或变大,主要由基团变化的反应。聚合物的老化则往往是降解反应,有时也伴有交联反应。

8.2　高分子材料的反应特点及其影响因素

8.2.1　高分子材料的反应特点

与小分子相比,聚合物上各基团的反应能力与低分子化合物相似,但由于聚合物结构上的特殊性,如聚合物分子量高,结构和分子量的多分散性等,在进行化学反应时,必有一些新特征。

第一,把聚合物作为制造新产品的原料,并不令人满意。因为它不挥发,也不能简单地从饱和溶液中重结晶,因而很难精制。聚合物溶液有很高的粘度,使搅拌、传热、输送、过滤等化工过程变得复杂而困难,即使是稀溶液,大量的溶剂回收与消耗也成问题;特别是必须除去杂质或得到固体聚合物时,又要耗用大量的沉淀剂。这些问题往往限制了聚合物化学反应的应用。然而由于反应产物的特殊性质,当这种方法可能是制取它的唯一途径时,这些技术困难又成为这类反应的特点而受重视。

第二,作为反应产物,制取大分子链上含有同一基团的"纯的"高分子,一般是极其困难的。因为在反应过程中,起始官能团和反应后形成的新官能团往往连接在同一个大分子链上。例如,聚丙烯腈水解制取聚丙烯酸时,水解过程中大分子链上总是同时含有未反应的腈基和其他不同反应阶段的基团:胺基、羧基、环状亚胺等

$$\sim\!\!\sim\!\!CH_2\!-\!CH\!-\!CH_2\!-\!CH\!-\!CH_2\!-\!CH_2\!-\!CH\!-\!CH_2\!-\!CH\!-\!CH_2\!-\!CH\!\sim\!\!\sim \longrightarrow$$

$$\underset{\text{CN}}{|} \quad \underset{\text{CN CH}}{|} \quad \underset{\text{CN}}{|} \quad \underset{\text{CN}}{|}$$

$$\sim\!\!\sim\!\!CH_2\!-\!CH\!-\!CH_2\!-\!CH\!-\!CH_2\!-\!CH\!-\!CH_2\!-\!CH\!\cdots\!\!\cdots\!\!CH\!\sim\!\!\sim$$

$$\underset{\text{CN}}{|} \quad \underset{\text{CONH}_2}{|} \quad \underset{\text{COOH}}{|} \quad \underset{\text{CO}}{|}\quad\underset{\text{CO}}{|}$$

由于邻近官能团的相互影响或其他因素使官能团全部转化很困难,甚至不可能,在许多情况下为控制合适的性能,只希望有少量的基团反应。这种在聚合物分子链上含有多

种不重复的结构单元的聚合物称为异链聚合物。

第三,在反应过程中,分子链总有不同程度的聚合度改变。所谓聚合物链长保持不变,只是说分子质量仍处在某一范围。和小分子不同,分子质量的这种变化并不意味着新物质的形成。

第四,在化学反应中,一般用反应式表示反应前后原料与产物的变化。在聚合物化学反应中,虽然也沿用反应式表示,但受到很大局限,例如聚乙酸乙烯酯水解制聚乙烯醇的反应,可用下式表示

$$\text{┤CH}_2\text{—CH┤}_n \xrightarrow{\text{H}_2\text{O}} \text{┤CH}_2\text{—CH┤}_n$$
$$\quad\quad\text{OCOCH}_3 \quad\quad\quad\quad\quad\quad \text{OH}$$

该式表示了大分子链上任一结构单元的水解过程。但它没有说明分子链上有多少结构单元参与反应,更不能理解为所有酯基统统转化。因此在聚合物的化学反应中要用百分率做官能团反应程度的补充说明,并以结构单元作为化学反应的计算单元。

8.2.2 影响因素

1. 物理因素的影响

(1) 聚集态及扩散速度的影响:要使化学反应进行,首先要使起作用的分子能互相接近,产生有效碰撞。大分子的反应也服从这个条件。虽然大分子链的长短不一,但是只要起作用的分子能互相接近,链的长短对反应速度没有多大影响。当高分子化合物与低分子化合物起反应时,由于高分子化合物的长链结构扩散速度很慢,反应速度取决于试剂小分子在大分子中的扩散情况。在稀的良溶液中,如果大分子的链段的流动性很好,反应速度与小分子间的反应相似。并当扩散速度大于反应速度时,则反应按接近于一般小分子的反应速度进行。在不良溶剂中大分子链因缠绕成团甚或凝聚,小分子试剂便难以在其中扩散,反应速度及程度都下降。试剂小分子在高弹态聚合物中的扩散速度要比小分子在玻璃态的高分子化合物中的扩散速度为快,后者反应进行得很慢,甚至无法进行。但是如果玻璃态聚合物表面发生溶胀,变成高弹态时,反应便可以进行。例如制备纤维素乙酸酯时,用很细的棉絮纤维素,乙酰化反应要二三小时,如果先将它在溶液中溶胀,纤维素转变为高弹态,反应在几分钟内可完成。又如制备磺酸型阳离子交换树脂时,如果先将苯乙烯—二乙烯基苯共聚物小球用二氯乙烷溶胀,增大该体形共聚物的孔隙,则磺化反应速率及程度也可增大。

(2) 相态的影响:一般认为聚合物的化学反应是发生在非晶部分的。晶相部分似乎都不起反应。这一点由古塔波胶的硫化和辐射化学反应等得到证明。因为在晶相部分中,分子的位置固定不能移动,小分子又不能通过扩散进入晶相部分,晶相部分只有在溶解或熔融后才能进行化学反应。

(3) 温度的影响:由于大分子链的结构影响,大分子间作用力较大,使得大分子的活动性很小,所以大分子的化学反应受到障碍。升高温度可以增大大分子的活动性,也能增大其溶解度或溶胀效果,有利于它的化学反应。但大分子易受热氧化裂解,温度较高时更加剧烈,这是对产物性能不利的一面。总的来说,反应温度不宜太高,且最好在氮气保护下进行。

(4) 大分子官能团的反应与聚合物的降解及交联反应有时会伴同发生,有时前者是后者的先期反应,因此这两类反应类型是不能绝对分开的。

2. 化学因素的影响

影响聚合物反应活性的化学因素,主要是邻近基团和分子构型对基团活性影响。

(1) 几率效应

当聚合物相邻基团作无规成对反应时,中间往往间有孤立的单个基团,最高转化程度因而受到限制。聚氯乙烯与锌粉共热脱氯,按几率计算,环化程度有 86.5%,与实验结果很相符。此外,聚乙烯醇缩醛化、聚丙烯酸成酐的情况也相似。可逆反应的转化率可以较高,但完全转化却要很长的时间。

(2) 邻近基团效应

分子链上邻近基团的静电作用和位阻效应均可使基团的反应能力降低或增加,有时反应后的基团可以改变邻近未反应基团的活性。例如甲基丙烯酸酯类聚合物皂化时有自动催化效应。有些羧基阴离子形成以后,酯基的继续水解并非羟基的直接作用,而是邻近羧基阴离子的作用,中间还形成环状酸酐

有利于五元或六元环状中间体时,邻近基团将使速率增加。

化学试剂与反应后的基团所带电荷相同,静电相斥,反应速率降低,转化率将低于 100%。例如聚甲基丙烯酰胺在强碱液中水解,某一酰胺基团两侧如已成为羧基,则对羟基有斥力,阻碍了水解,水解程度一般在 70% 以下。

8.3 分子质量增加的化学反应

分子质量增加的化学反应包括交联、接枝、嵌段、扩链等反应。

8.3.1 交联

聚合物在光、热、辐射线或交联剂的作用下,分子链间形成共价键,产生凝胶或不溶(熔)物的反应过程称为交联。由于聚合物大分子的线团结构,交联反应不只是在线团之间,也能在线团内发生。只有在分子间的交联才能产生网状结构。交联反应往往为聚合物提供了许多优异性能,如提高聚合物的强度、弹性、硬度、形变稳定性等等。例如,丁二烯、异戊二烯、氯丁二烯的1,4—聚合物(顺丁、异戊、氯丁橡胶)及其共聚物(丁苯、丁腈、丁基等橡胶)是主要橡胶品种,经补强和交联后,才能制得合用的橡胶制品,在商业中这些含有双键的弹性体就是通过用硫或含硫有机化合物交联来达到消除永久变形的目的,使其在变形以后,迅速而完全地恢复原状。此外,也可用过氧化物、其他药品或电离、辐射来交联。

1. 橡胶的硫化

在最大工业规模上进行的交联反应是天然及合成橡胶的硫化。"硫化"这一术语是用于导致塑性橡胶转化为弹性橡胶这一交联反应的总称。二烯烃聚合物用硫交联时,自由基引发剂和阻聚剂对硫化并无影响,用电子顺磁共振也未检出自由基。相反,有机酸和碱以及介电常数大的溶剂却可加速硫化,因此,初步确定,硫化属于离子型连锁反应机理。另外,对于那些饱和的橡胶体系,必须用过氧化物、三硝基苯、二硝基苯等各类试剂进行硫化,而硫对它们是无能为力的。

硫化的第一步是聚合物与极化后硫或硫离子对反应,先形成硫离子。硫离子夺取聚二烯烃中的氢原子,形成聚合物(烯丙基)碳阳离子,碳阳离子先与硫反应,而后再与大分子双键加成,产生交联。通过氢转移,继续与大分子反应,再生出大分子碳阳离子。

但是,聚二烯烃与硫单独加热硫化时,硫化速度和硫的利用效率都较低,只有40% ~ 50%硫结合到聚合物交联上。所以,在实际硫化时,须加入各种添加剂,加速过程,提高效率。把能起到加速硫化过程的添加剂称为促进剂。常用的促进剂主要是有机硫化合物,如四甲基秋兰姆二硫化物等。少数非硫化合物,如苯胍类化合物也可用作促进剂。

促进剂单独使用时,对交联效率增加甚少,当加入一定量的金属氧化物及有机酸配合使用时,效率最大,这种物质称为活化剂。最常用的活化剂是氧化锌和硬脂酸。用硫单独使用时要几小时,而促进剂和活化剂共用时硫化仅几分钟,而且从交联聚合物的分析结果可以看出,促进剂和活化剂共用可大大降低硫的浪费程度。至于加速硫化机理目前尚不清楚。

2. 不饱和聚酯的固化

由丁烯二酸、邻苯二甲酸和乙二醇所制成的不饱和聚酯树脂,或其他在聚合物链上有不饱和键的低分子聚合物,它需要由低分子线型聚合物转化成体型聚合物才有使用价值。这一转化过程即所谓固化,其实质是在分子链间产生交联。不饱和聚酯树脂的交联常常是烯类单体如苯乙烯、甲基丙烯酸甲酯、丙烯腈、乙酸乙烯酯等与聚酯分子键上的双键进行共聚反应而交联。

固化后的力学性能与交联键的长度和数目有关。而交联点的数目和交联链的长短与共聚单体的性质有关。例如由反丁烯二酸制成的聚酯和苯乙烯共聚所得聚合物的性能比与甲基丙烯酸甲酯共聚所得聚合物的性能强韧得多,主要是由于甲基丙烯酸酯的自聚能

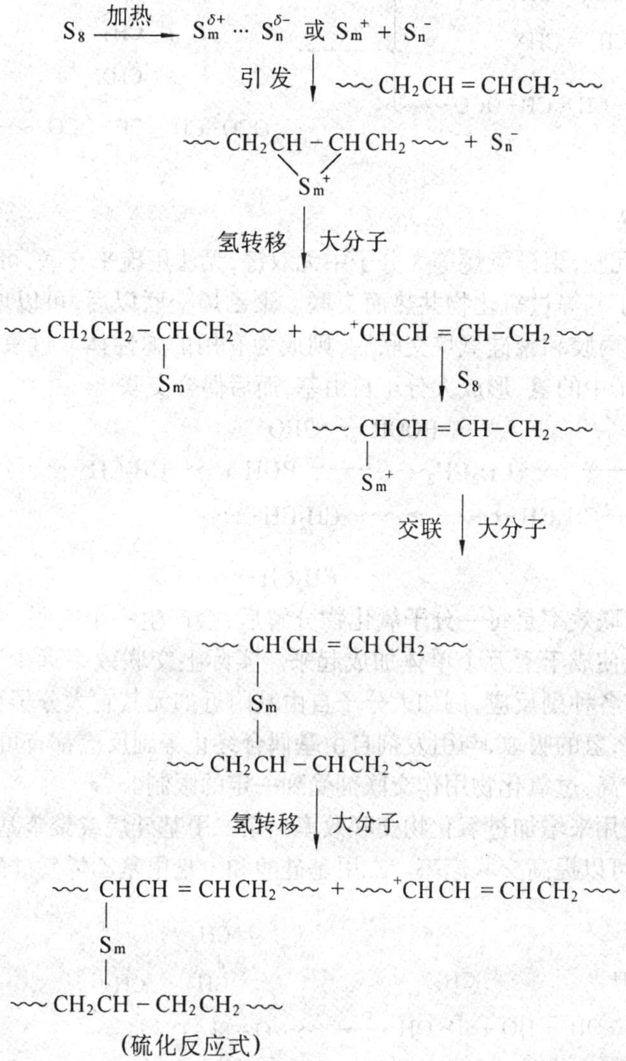

$$S_8 \xrightarrow{\text{加热}} S_m^{\delta+} \cdots S_n^{\delta-} \text{ 或 } S_m^+ + S_n^-$$

$$\text{引发} \downarrow \quad \sim CH_2CH = CHCH_2 \sim$$

$$\sim CH_2\overset{|}{C}H - \overset{|}{C}HCH_2 \sim \; + \; S_n^-$$
$$\underset{S_m^+}{|}$$

$$\text{氢转移} \downarrow \text{大分子}$$

$$\sim CH_2CH_2 - \overset{|}{C}HCH_2 \sim \; + \; \sim {}^+CHCH = CH-CH_2 \sim$$
$$\underset{S_m}{|} \qquad\qquad\qquad\qquad \downarrow S_8$$

$$\sim \overset{|}{C}HCH = CH-CH_2 \sim$$
$$\underset{S_m^+}{|}$$

$$\text{交联} \downarrow \text{大分子}$$

$$\sim \overset{|}{C}HCH = CHCH_2 \sim$$
$$\underset{S_m}{|}$$
$$\sim CH_2\overset{|}{C}H - CHCH_2 \sim$$

$$\text{氢转移} \downarrow \text{大分子}$$

$$\sim \overset{|}{C}HCH = CHCH_2 \sim \; + \; \sim {}^+CHCH = CHCH_2 \sim$$
$$\underset{S_m}{|}$$
$$\sim CH_2\overset{|}{C}H - CH_2CH_2 \sim$$

（硫化反应式）

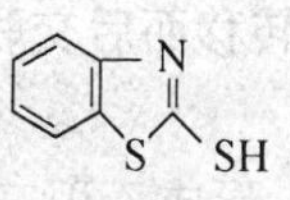

（2-巯基苯并噻唑） 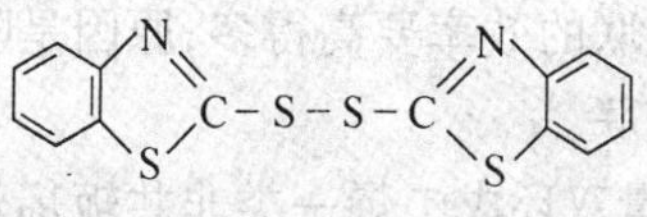　　　　（苯并噻唑二硫化物）

力较强,交联点少,交联链长,而苯乙烯的共聚能力强,交替共聚的倾向很大,所以交联点多,交联链短。若用烯丙基化合物作共聚单体时,由于 α—氢的转移作用,交联链较短,能得到较硬的固化物。所以在进行这种交联时,选择合适的共聚单体是非常必要的。

$$\left.\begin{array}{l} \sim\!\!\sim OCO-CH=CH-OCO\!\!\sim\!\!\sim \\ m CH_2=CHX \\ \sim\!\!\sim OCO-CH=CH-OCO\!\!\sim\!\!\sim \end{array}\right\} \longrightarrow \begin{array}{c} \sim\!\!\sim OCO-CH-CH-OCO\!\!\sim\!\!\sim \\ \left(\begin{array}{c} | \\ CH_2 \\ | \\ CHX \end{array}\right)_m \\ \sim\!\!\sim OCO-CH-CH-OCO\!\!\sim\!\!\sim \end{array}$$

3. 聚烯烃的交联

聚乙烯、乙丙二元胶，聚硅氧烷等大分子中无双键，无法用硫来交联，可以与过氧化二异丙苯，过氧化二特丁基等过氧化物共热而交联。聚乙烯交联以后，可以增加强度，并提高上限使用温度。乙丙胶和聚硅氧烷交联后，则成为有用的弹性体。过氧化物受热分解成自由基，夺取大分子中的氢，形成大分子自由基，而后偶合交联

$$ROOR \longrightarrow 2RO^{\cdot}$$

$$RO^{\cdot} \longrightarrow \sim\!\!\sim CH_2CH_2\!\!\sim\!\!\sim \longrightarrow ROH + \sim\!\!\sim CH_2\dot{C}H\!\!\sim\!\!\sim$$

$$2\sim\!\!\sim CH_2\dot{C}H\!\!\sim\!\!\sim \longrightarrow \begin{array}{c} \sim\!\!\sim CH_2CH\!\!\sim\!\!\sim \\ | \\ \sim\!\!\sim CH_2CH\!\!\sim\!\!\sim \end{array}$$

这一过程最大交联效率是每一分子氧化物分解后，会产生一个交联。而自由基聚合时一个自由基却可以使成千上万个单体加成起来。实际上交联效率远少于 1，因为引发剂和大分子自由基有各种副反应，例如大分子自由基附近如无其它大分子自由基形成，就无法交联。链的断裂，氢的吸取，与引发剂自由基偶合终止等副反应都有可能。这些因素加上过氧化物价格较高，过氧化物用作交联剂受到一定的限制。

有许多方法可以用来增加过氧化物交联效率。聚二甲基硅烷或聚苯基甲基硅烷结构中引发少量乙烯基，可以提高交联速率。二甲基硅醇和少量甲基乙烯基硅醇的共聚物

$$\begin{array}{cc} \begin{array}{c} CH_2 \\ \| \\ CH \\ | \\ HO-Si-OH \\ | \\ CH_3 \end{array} + \begin{array}{c} CH_3 \\ | \\ HO-Si-OH \\ | \\ CH_3 \end{array} \longrightarrow & \begin{array}{c} CH_2 \\ \| \\ CH \quad CH_3 \\ | \quad\quad | \\ \sim\!\!\sim O-Si-O-Si\!\!\sim\!\!\sim \\ | \quad\quad | \\ CH_3 \quad CH_3 \end{array} \end{array}$$

比纯聚二甲基硅烷交联的效率要高得多，原因是除了链转移而后交联外，乙烯基侧基尚可通过自由基聚合而交联。

乙烯、丙烯和少量双环戊二烯一类非共轭烯烃共聚，形成乙丙三元胶，带有的不饱和侧基可以较均匀地用促进剂加速硫化，有利于交联。

4. 感光性树脂的交联

感光性树脂是在光的作用下进行大分子反应的聚合物。如聚桂皮酸乙烯，以 5-硝基苊做光敏剂时，在波长为 340nm 的光照下，发生交联。

芳香酮类叠氮化合物在光的作用下分解，生成自由基，使聚合物如橡胶等交联。或者把叠氮化合物引到分子链中，在光的作用下交联。

~CH-CH₂~
OCOCH=CH—⟨benzene⟩

⟨benzene⟩—CH=CH—COO
                      CH-CH₂~

$\xrightarrow[340nm]{hv}$

~CH-CH₂~
OCOCH—⟨benzene⟩

⟨benzene⟩—CH—COO
                      CH-CH₂~

N₃—⟨benzene⟩—CH=C(H)=CH—⟨benzene⟩—N₃ (环酮, CH₃)

$\xrightarrow{hv}$

·N—⟨benzene⟩—CH=C(H)=CH—⟨benzene⟩—N· (环酮, CH₃)

8.3.2 接 枝

通过化学反应,可以在某聚合物主链上接上结构、组成不同的支链,这一过程称做接枝,所形成的产物称做接枝共聚物。接枝共聚物的性能决定于主、支链的组成、结构和长度,以及支链数。长支链的接枝物类似共混物,支链短而多的接枝物则类似无规共聚物。通过共聚,可将两种性质不同的聚合物接在一起,形成性能特殊的接枝物。例如,酸性和碱性的,亲水的和亲油的,非染色的和能染色的,以及两互不相溶的聚合物接在一起。接枝也可仅限于表面处理。

接枝方法大致可分为聚合法和偶联法两大类。所谓聚合法系单体在高分子主链的引发点上进行聚合,长出支链;而偶联法则将预先制好的支链偶联到高分子主链上去。接枝方法可概括如表8-1。

表 8-1 接枝方法

方 法	种 类	例 子
聚合法 (主链大分子 + 单体)	引发剂法	利用自由基聚合引发剂或与主链大分子有关的氧化还原引发体系,在主链上形成自由基。也可在主链上形成阳离子或阴离子引发中心
	链转移法	在主链上引入 SH 等易发生链转移的基团。
	辐射聚合法	包括预辐射处理法(真空中或空气中)和同时辐射处理法(单体共存时)
	光聚合法	增加光敏剂或将光敏基团引入主链大分子
	机械法	利用摩擦力来切断主链或侧链来产生自由基
偶联法 (主链大分子 + 支链大分子)		具有阴离子活性末端的支链分子在主链分子上失活的同时,支链即结合在主链上
		将具有缩合能力的官能团末端(如 COCl)与在主链上带有相对应的官能团(如 NH₂)的主链分子结合

下面讨论通过聚合物的化学反应制备接枝聚合物的方法。

1. 聚合物作为引发剂

本法系将聚合物主链上某些链节转变成自由基、阳离子或阴离子引发剂,然后引发单体聚合,形成支链。

(1) 自由基型接枝聚合

设法在聚合物中引入键能较低(~125kJ/mol)的基团,在光或热的作用下,分解成自由基,引发聚合而接枝。如聚苯乙烯在四氯化碳中用铁作催化剂进行溴化,有 5% ~ 10% 的苯环被溴化,在光的作用下,C—Br 键分解成自由基,引发单体进行聚合

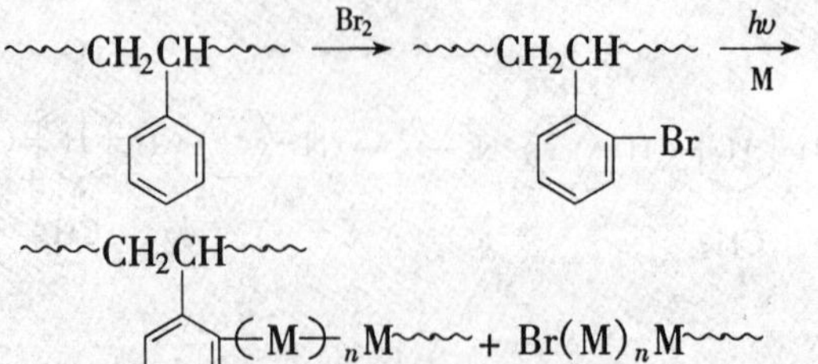

酮类也易受光分解成自由基。共聚物主链中如有乙烯基甲基酮链节,受光分解形成自由基,然后引发单体形成接枝物。

根据过氧化物易受热分解成自由基的原理,可在聚合物主链接上过氧化物侧基。经臭氧化,可形成氢过氧化物。氢过氧化物的活性次序依次如下:叔碳 > 仲碳 > 伯碳,正如异丙苯容易氧化成异丙苯过氧化氢一样。聚苯乙烯可先异丙苯化,然后氧化成氢过氧化物,受热分解,引发甲基丙烯酸甲酯,形成接枝共聚物

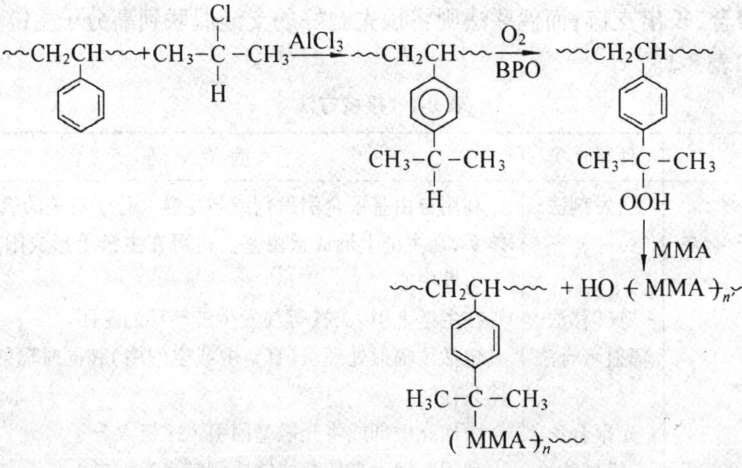

上述诸法,在形成接枝聚合物的同时,有均聚物生成,接枝效率低,一般在 50% 以下。若采用氧化还原系统引发聚合时,则可提高接枝效率。例如以二价铁离子作还原剂

$$\}—O—O—H + Fe^{2+} \longrightarrow \}—O + Fe^{3+} + OH^- \xrightarrow{M} \}—O—(M)_m$$

显然这类反应的接枝效率较高,几乎能得到纯接枝聚合物。

这一类型的接枝聚合,其单体的反应速率与自由基聚合的情况一样。

(2) 阳离子型接枝聚合

付氏催化剂被广泛用作阳离子聚合的催化剂,将这种催化剂与含卤素的聚合物做共催化剂时,形成阳离子型活性中心,可引发接枝反应。例如用 $AlCl_3$ 和聚氯乙烯作催化剂,接枝苯乙烯的反应

$$\text{~CH-CH}_2\text{-CH-CH}_2\text{~} \quad \xrightarrow{AlCl_3}$$

（结构式：CH-CH₂-CH-CH₂ 带 Cl、Cl）

$$\xrightarrow{\quad}$$

（结构式：带 $^+$CH、$^-AlCl_4$、Cl，及 CH=CH₂ 苯乙烯）

（接枝产物结构式：带 Cl、CH₂、苯环，末端 $^+CH \cdot ^-AlCl_3$）

同样也可使环醚类单体进行接枝聚合。或者在侧链上带有环氧基团的聚合物,用 $BF_3 \cdot OEt_2$ 做催化剂,在氯甲烷中使四氢呋喃,3,3-双氯甲基氧杂环丁烷,环氧丙烷,环氧乙烷等进行接枝聚合。

$$\text{~CH-CH}_2\text{~} \quad \xrightarrow{BF_3 \cdot OE_t} \quad \text{~CH-CH}_2\text{~}$$

（左结构：CO, O-CH₂-CH-CH₂ 带 O 环氧）

（右结构：CO, O-CH₂-CH-CH₂-$\overset{+}{O}$ (BF_3OE_t), C_2H_5）

（下结构：CH-CH₂, CO, O-CH₂-CH-CH₂-$\overset{+}{O}$ 五元环, OC_2H_5 ($BF_3 \cdot OE_t$)$^-$，及四氢呋喃）

其聚合反应规律与阳离子型一样,接枝点数目与活性中心的浓度有关,可用催化剂的浓度加以调整。

(3)阴离子型接枝聚合

含阴离子活性中心的聚合物,用做接枝聚合,被认为是接枝效率最好的一种方法。在聚合物侧链上如有萘环、蒽环、联苯环时,在四氢呋喃中容易与碱金属反应,生成阴离子自由基,能引发一些烯类单体以及环氧乙烷,环氧丙烷等进行接枝聚合。如金属钠与聚丙烯腈或其共聚物反应,生成阴离子自由基,与丙烯腈,4-乙烯基吡啶等单体反应,形成接枝聚合物

$$\text{~CH-CH}_2\text{~} \xrightarrow{Na} \text{~CH-CH}_2\text{~} \xrightarrow{M} \text{~CH-CH}_2\text{~}$$
$$C\equiv N \qquad\qquad C=N-Na^+ \qquad\qquad C=N(M)_n$$

也可以把配位阴离子催化剂导入聚合物链中,用以引发苯乙烯、乙烯、丙烯等单体进

行接枝。如在聚合物中含 1,2 丁二烯结构单元时,使乙烯基与二乙基氢化铝作用,在甲苯溶液中添加 $TiCl_4$,制备配位阴离子催化剂侧链,能使乙烯接枝聚合。

2. 聚合物作为链转移剂

将某聚合物 A 溶于另一单体 B——引发剂体系中,加热,在单体均聚的同时,初级自由基或链自由基向聚合物链转移,在主链上形成活性点,引发单体 B 接枝聚合。接枝效率取决于聚合物的链转移常数的大小。链转移常数一般很小,结果产物可能是大量的 A 均聚物,B 均聚物和少量的 A、B 接枝共聚物,如果 A、B 均聚物不互溶,则 A、B 接枝物有增进 A、B 粘结的能力。

为了提高效率,可将链转移常数较高的基团(如—SH,—NR_2—CH_2R 等)引到原始聚合物中。如在聚合物中含少量甲基丙烯酸缩水甘油酯的结构单元时,它与巯基乙酸作用后,可把巯基引入分子链中

$$\sim CH_2 - \underset{\underset{O-CH_2-\underset{O}{CH}-CH_2}{CO}}{C}(CH_3) \sim \xrightarrow{HSCH_2COOH} \sim CH_2 - \underset{\underset{O-CH_2-CH-OCOCH_2-SH}{CO}}{C}(CH_3) \sim$$
$$CH_2-OCOCH_2-SH$$

当烯类单体进行自由基聚合时,很容易与巯基发生链转移,从而提高接枝效率。

自由基有时也可能打开大分子中的双键,通过共聚反应而接枝,其中抗冲聚苯乙烯制备就是一例子:将聚丁二烯橡胶溶于苯乙烯单体中,加过氧化二苯甲酰或过氧化二异丙苯引发剂,加热,则苯乙烯均聚和接枝同时发生。初级自由基或链自由基夺取聚丁二烯大分子链上的氢原子而链转移,然后接枝增长

$$R\cdot + \sim\!\!\sim CH_2CH=CHCH_2\sim\!\!\sim \longrightarrow \sim\!\!\sim \overset{\cdot}{C}HCH=CHCH_2\sim\!\!\sim + RH$$
$$\downarrow S_t$$
$$\sim\!\!\sim \underset{(S_t)_n\sim\!\!\sim}{\overset{|}{C}HCH}=CHCH_2\sim\!\!\sim$$

聚合物结构单元中如有易转移的基团,则有利于接枝的进行。这一方法用得相当普遍,用于均聚物不需要分离的场合。ABS 塑料的合成是另一例子。ABS 树脂的一种合成方法系苯乙烯—丙烯腈在聚丁二烯存在下共聚而成。

以上几种方法都是从主链上的活性点"长出"支链。

3. 聚合物侧基反应

这种方法是在聚合物侧链官能团与聚合物端基之间反应而形成接枝聚合物,如某聚合物链上的侧基是有反应活性的官能团 A,另一聚合物端基 B 能与 A 反应,则通过类似缩聚或逐步聚合形成接枝物。这也是将预先制好的支链接到主链上去的方法。例如苯乙烯在 $NaNH_2$ – NH_3 体系中,进行阴离子聚合,先制得带有胺端基的聚苯乙烯,然后与含有异氰酸脂侧基的丙烯酸甲酯共聚物反应,形成接枝物

$$\sim\text{CH}_2-\underset{\underset{\text{COOCH}_3}{|}}{\overset{\overset{\text{CH}_3}{|}}{\text{C}}}-\text{CH}_2-\underset{\underset{\text{COOCH}_2\text{CH}_2\text{NCO}}{|}}{\overset{\overset{\text{CH}_3}{|}}{\text{C}}}\sim \quad + \; \text{NH}_2 \{ \text{S}_1 \}_n \longrightarrow$$

$$\sim\text{CH}_2-\underset{\underset{\text{COOCH}_3}{|}}{\overset{\overset{\text{CH}_3}{|}}{\text{C}}}-\text{CH}_2-\underset{\underset{\text{COOCH}_2\text{CH}_2\text{NHCONH}\{\text{S}_1\}_n}{|}}{\overset{\overset{\text{CH}_3}{|}}{\text{C}}}\sim$$

这类接枝共聚物支链数决定侧基能参与反应的官能团数,支链长度则决定于含端基官能团的预聚物的聚合度。

这一方法接枝效率高,实施方便。

8.3.3　嵌段共聚

嵌段共聚物的主链至少由两种单体构成很长的链段组成。常见的有 AB,ABA 型,其中 A 和 B 为不同单体组成的长段,也可能有 ABAB,ABABA,ABC 型。

工业上最常见的是 SBS 热塑性弹性体,S 代表苯乙烯段,相对分子质量约 1~1.5;B 代表丁二烯段,相对分子质量约 5~10 万,B 段也可以是异戊二烯段。在室温下 SBS 反映 B 段弹性体的性质,S 段成玻璃态微区,相当于物理交联。温度升高到聚苯乙烯玻璃化温度(100℃)以上,SBS 具流动性,可以模塑。因此,热塑性弹性体具有勿须硫化的优点。

嵌段共聚有以下几种方法。

1. 依次加入不同单体的活性聚合

活性阴离子聚合体系依次加入不同单体是目前合成嵌段共聚物最常用的方法。例如以烷基锂为催化剂,先引发单体 A 聚合,A 聚合完成后,再加入单体 B 聚合,最后加入终止剂(H_2O)就可以分离出 AB 型嵌段共聚物

$$\text{RLi} \xrightarrow{A} \text{RA}_m^- \text{Li}^+ \xrightarrow{B} \text{RA}_m\text{B}_n^- \text{Li}^+ \xrightarrow{\text{H}_2\text{O}} \text{RA}_m\text{B}_n\text{H} + \text{LiOH}$$

但须注意阴离子的活性,能否引发其他单体。例如聚苯乙烯阴离子可以引发甲基丙烯酸甲酯单体聚合,但反之则不然。引发的次序可写如下式:St ⟶ MMA ⟶ AN ⟶ VDCN(乙叉二氰),即后面的聚合物阴离子不能引发前面的单体。

当两大分子阴离子活性相近时,则可相互引发。苯乙烯和异戊二烯或丁二烯就是例子。

SBS 可以用丁基锂做催化剂,在适当条件下,依次加苯乙烯、丁二烯、苯乙烯相继聚合而成,简写成 S→B→S。也可用萘钠使丁二烯先聚合,形成双阴离子,再加苯乙烯,从两端引发增长,记作 S←B→S。还可先制成 SB,再由适当偶联剂(如 $\text{Br}(\text{CH}_2)_6\text{Br}$)连结起来,记作 S→B···X···B←S。

如果用 SiCl_4、SiCH_3Cl_3、$\text{C}(\text{CH}_2\text{Cl})_4$ 等多官能团偶联剂,则可合成星形聚合物

$$\sim\sim\text{A}^- + \text{SiCl}_4 \longrightarrow \sim\sim\text{A}-\underset{\underset{\text{A}\sim}{|}}{\overset{\overset{\text{A}\sim}{|}}{\text{Si}}}-\text{A}\sim\sim$$

利用阴离子活性聚合的原理,可以合成环氧丙烷—环氧乙烷嵌段共聚物,供作聚醚类非离子型表面活性剂。

阳离子型聚合往往伴有链转移、链终止等反应,较难进行活性聚合。在较特殊条件下,虽然也曾合成得少数嵌段共聚物,但工业上尚无应用。

2. 其他合成法

(1) 力化学法

聚合物塑炼时,当剪切力大到一定的程度,可使主链断裂,形成端基自由基

$$\sim\sim M_1 M_1 \sim\sim \xrightarrow{\text{塑炼}} 2\sim\sim M_1$$

将两聚合物混合在一起塑炼时,则形成嵌段共聚物、均聚物 1 和均聚 2 的混合物。如果聚合物 1 和单体 2 一起塑炼时,则形成均聚物 1 和嵌段聚合物 2 的混合物。

(2) 特殊引发剂法

在不同条件下独立发挥作用的双功能自由基引发剂,可以用来合成嵌段共聚物,例如下列引发剂具有偶氮和过氧化酯类双功能

$$(CH_3)_3COOC\cdot CO(CH_2)_2\underset{CN}{\overset{CH_3}{\underset{|}{\overset{|}{C}}}}-N=N-\underset{CN}{\overset{CH_3}{\underset{|}{\overset{|}{C}}}}(CH_2)_2CO\cdot OOC(CH_3)_3$$

该引发剂与苯乙烯共用,偶氮部分分解,引发苯乙烯聚合,形成带有过氧化酯端基的聚苯乙烯

$$(CH_3)_3COOC\cdot CO(CH_2)_2\underset{CN}{\overset{CH_3}{\underset{|}{\overset{|}{C}}}}-(St)_n-(St)_m-\underset{CH}{\overset{CH_3}{\underset{|}{\overset{|}{C}}}}-(CH_2)_2CO\cdot OOC(CH_3)_3$$

过氧化酯端基受胺类活化,于 25℃ 下就可以使甲基丙烯酸甲酯聚合,形成 ABA 型嵌段共聚物。也可合成具有引发剂和活性官能团两种不同性质功能的化合物

$$ClOC(CH_2)_2\underset{CN}{\overset{CH_3}{\underset{|}{\overset{|}{C}}}}-N=N-\underset{CN}{\overset{CH_3}{\underset{|}{\overset{|}{C}}}}-(CH_2)_2COCl$$

如再通过自由基聚合和缩聚反应,形成加聚物和缩聚物组成的嵌段共聚物。

(3) 缩聚中的交换反应

聚酯和聚酰胺共热,通过交换反应,可以形成聚酯和聚酰胺的嵌段共聚合。

(4) 带端基预聚体间的反应

如羟基聚苯乙烯与羧端基的聚丙烯酯类通过端基的酯化反应,可得嵌段共聚物。聚醚二醇或聚酯二醇与二异氰酸酯合成聚氨酯是另一例子。

8.3.4 扩链

分子质量不高的聚合物,通过适当的方法,使多个大分子连接在一起,分子质量因而增大,这一过程称做扩链。

橡胶通常是相对分子质量高达几十万的高聚物,有一套传统的较复杂的成型加工方法。近年来发展了遥爪预聚物或液体橡胶,简化这一成型工艺。

先合成端基有反应活性低聚物,其相对分子质量约 3 000 ~ 6 000 个,一般小于 10^4。活性基团居于分子链的两端,像两只爪子一样,所以又称做遥爪预聚物。由于分子质量不高,呈液体状态,可以采用浇铸或注模工艺。通过活性端基的反应,使分子链扩链成高分子质量的聚合物。如有三官能团物质存在,则交联在一起。近年来发展起来的液体橡胶主要是丁二烯的低聚物或共聚物,也有异戊二烯、异丁烯、环氧氯丙烷、硅氧烷等的低聚物。活性端基有羧基、羟基、胺基、环氧基等。带有羟端基和羧端基的预聚物最有实际意义。

端基预聚体有多种合成方法,如自由基聚合,阳离子聚合,缩聚等。

1. 自由基聚合

引发剂残基连在链自由基的一端,丁二烯、异戊二烯、苯乙烯、丙烯腈等多种单体聚合时,以偶合方式终止,因此分子链两端都有引发剂残基。如果所用引发剂带有羟端基或羧端基,如

$$\text{HO(CH}_2)_3\text{CN}=\text{NC}-(\text{CH}_2)_3\text{OH} \quad , \quad \text{HOOCCH}_2\text{COOC}-\text{CH}_2\text{CH}_2\text{COOH}$$

则所制得的预聚物也带有羟端基或羧端基。用 H_2O_2 – Fe 等氧化-还原体系时,也形成羟端基聚合物。

2. 阴离子聚合

以萘钠作催化剂,可合成双阴离子活性高分子。聚合末期,可加环氧乙烷,,使转变成羟端基;通 CO2,则成羧端基

$$\sim\sim\sim\text{CH}_2^{\ominus\oplus}\text{Na} + \text{CH}_2—\text{CH}_2 \xrightarrow{\text{H}^+} \sim\sim\sim\text{CH}_2\text{CH}_2\text{CH}_2\text{OH}$$

$$\sim\sim\sim\text{CH}_2^{\ominus\oplus}\text{Na} + \text{CO}_2 \xrightarrow{\text{H}^+} \sim\sim\sim\text{CH}_2\text{COOH}$$

3. 缩聚反应

二元酸和二元醇缩聚时,酸或醇过量,则可制得羧或羟端基聚合物。

不同端基的遥爪预聚物,须配用适当的扩链剂或交联剂,见表 8-2,扩链剂为双官能度,交联剂则为 3 或多官能度,两者官能团可以相同。

表 8-2　遥爪预聚体的端基和扩链剂或交链剂的官能团

遥爪预聚体的端基	扩链剂或交联剂的官能团
—OH	—NCO
—COOH	$-\overset{\text{CH}-\text{R}}{\underset{\text{CH}_2}{\text{N}}}$

遥爪预聚体的端基	扩链剂或交联剂的官能团
$-N{\overset{CH_2}{\underset{CH_2}{\diagdown}}}$	—COOH，—X
$-CH-CH_2$（O）	—NH$_2$，—OH，—COOH
—SH	HO—N=⟨⟩=N—OH，—NCO 金属氧化物，有机过氧化物
—NCO	—OH，—NH$_2$，—COOH

8.4 分子质量降低的化学反应

分子质量降低的化学反应主要表现为降解。降解反应是分子链的主链断裂，引起聚合物分子下降的反应。

聚合物的降解反应可以由极性物质如水、醇、酸、胺或氧等引起，也可以在物理因素作用下(热、光、高能辐射、机械力等)发生，并且在多数情况下往往是化学因素和物理因素同时起作用，例如热氧化，光氧化等。

化学降解反应是有选择性的，它对于杂链聚合物是最特征的，即化学作用(水解、酸解、胺解或醇解)的结果是引起碳杂原子键的断裂，其最终产物是单体。

物理因素引起的聚合物降解反应，选择性较小。因为各种化学的键能都相差不大。例如 C—C 键能为 334.94kJ/mol，而 C—O 及 Si—O 则分别为 330.92 及 372.63kJ/mol。

8.4.1 化学因素引起的高分子材料降解

1. 缩聚物的化学降解反应

缩聚物的化学降解反应有水解、醇解、酸解、胺解等，最广泛的降解类型是水解，即在氢氧离子等催化作用下化学键的断裂伴随着水分子的加成。碳-杂链聚合物如聚酯、聚缩醛、聚酰胺等较容易被水解。

(1)多糖的水解：纤维素及淀粉等多糖是属于聚缩醛化合物，水解时多以酸为催化剂，因为缩醛的结构对碱是稳定的，水解的反应式为

$$\alpha-\text{葡萄糖}$$

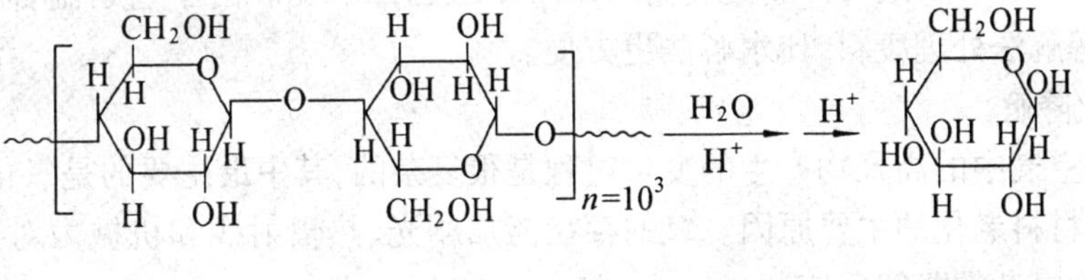

$\beta-$ 葡萄糖

水解过程中,每一缩醛键断裂产生两个端基:一为半缩醛基,另一为羟基

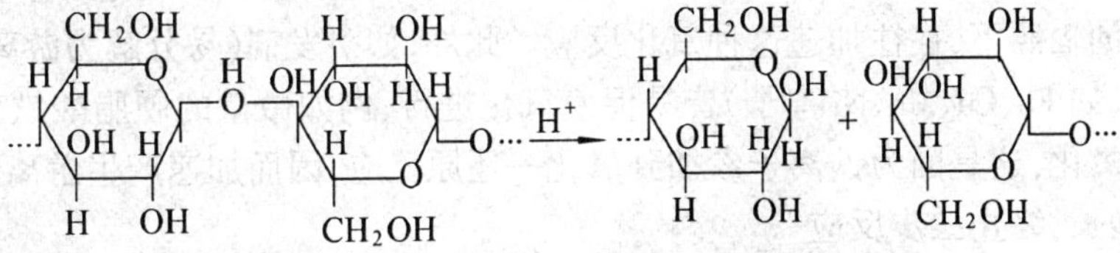

(2) 聚酰胺的水解

聚酰胺的水解,可用酸或碱作催化剂,链节经水解后,产生—NH_2 及—COOH 端基

$$\sim\sim\sim NH-CO\sim\sim\sim \xrightarrow{H^+(\text{或} OH^-)} -NH_2 + HOOC\sim\sim\sim$$

(3) 聚酯的水解

聚酯同样可用酸或碱作为催化剂进行水解,产物的端基为—OH 及—COOH,如

$$\sim\sim\sim O(CH_2)_n O-CO(CH_2)_m CO\sim\sim\sim \xrightarrow{H^+(\text{或} OH^-)}$$

$$\sim\sim\sim O(CH_2)_n OH + HOOC\left(CH_2\right)_m CO\sim\sim\sim$$

芳香族二元酸的聚酯对水解具有较大的稳定性,在水解聚对苯二甲酸乙二醇酯时,也和纤维素水解一样,即水解速率尚依赖于聚合物的物理结构(聚态结构),晶区较无定形区难水解。不溶性聚酯不水解,只在表面进行因此速率很慢。在溶液中聚酯则十分容易水解。

聚酰胺与聚酯的水解反应常被应用于处理该物质的工艺品废料。将废料水解后得回单体,可重新用来聚合。

(4)缩聚物的醇解、酸解、胺解

聚酯醇解的结果,得到的端基为 $\sim\sim\sim$OH 及 $\overset{\overset{O}{\|}}{RC}-O\sim\sim\sim$,例如,在处理聚对苯二甲酸乙二醇酯的废料时,可用过量的乙二醇来进行醇解

$$\sim\sim\sim O(CH_2)_2-O \vdots COC_6H_4CO\sim\sim\sim \longrightarrow$$

$$\sim\sim\sim O(CH_2)_2OH + HO(CH_2)_2 OCOC_6H_4CO\sim\sim\sim$$

彻底醇解的结果,最后产物之一为对苯二甲酸乙二醇酯。由于它是制备"涤纶"的原料,故此用醇解法处理废料,比水解法更方便。

2.氧化降解

暴露于空气中的高聚物产生的变化过程是很复杂的,其中最主要的是氧化降解,它是引起高分子材料老化的主要原因。氧的存在能加剧光、热辐射线和机械力对聚合物的作用,发生更为复杂的降解反应。

聚合物吸收氧进行反应时则发生氧化。吸氧速度依聚合物的分子结构而不同。聚合物氧化反应是游离基反应,首先氧进攻到主链上的薄弱环节,如双键、羟基、叔碳原子上的氢等基团或原子,生成氧化物或过氧化物,进一步便促使主链断裂,再进一步发生降解反应。在有光的辐照下,往往加速这种氧化反应。此外,如引发剂(易分解为游离基者)或某些过渡元素(如 Fe、Cu、Mn、Ni 离子)皆易促使氧化进行,例如微量的硬脂酸铁就能大大加速天然橡胶氧化,这是因为铁离子参加到氧化—还原反应,因而加速产生游离基。具体可分为引发、增长、终止三步反应

$$引发 \quad 聚合物 \longrightarrow ROO\cdot$$

$$增长 \quad RO_2 + R'H \xrightarrow{慢} ROOH + R'\cdot$$

$$R'\cdot + O_2 \xrightarrow{快} R'OO\cdot$$

$$终止 \quad 2ROO \cdot\longrightarrow 不活泼产物$$

8.4.2 物理因素引起的高分子材料降解

在热、光、高能辐射、机械力和超声波等的作用下,聚合物会发生降解反应。因为在这些能量的作用下,会导致大分子主链或侧基的断裂,生成游离基。尤其是在有氧存在的情况下,更进一步加速降解反应的进程。

1.热降解

虽然热氧化是聚合物最普遍的降解,但纯粹热降解也很重要。热降解主要有无规降解、解聚反应、侧基脱除三类。

(1)无规降解,即在主链上随意发生断裂过程中聚合物分子质量迅速下降,但单体收率很少。这类反应也称无规断链,有时也称降解。

(2)解聚反应,表示聚合物末端断裂时,生成自由基,随后连锁地进行解聚反应,单体迅速产生而剩余物分子质量的变化不大。解聚可以看作链增长的逆反应,在聚合上限温度以上尤其容易进行。

(3)取代基的脱除,即在主链上产生双键,形成共轭体系的高聚物。

例如聚甲基丙烯酸甲酯热降解时,大部分转化为单体,属第二种,即按聚合反应的逆反应进行

$$\sim\sim\sim CH_2-\underset{\underset{COOCH_3}{|}}{\overset{\overset{CH_3}{|}}{C}}-CH_2-\underset{\underset{COOCH_3}{|}}{\overset{\overset{CH_3}{|}}{C}}-CH_2-\underset{\underset{COOCH_3}{|}}{\overset{\overset{CH_3}{|}}{C}}\cdot \longrightarrow nCH_2=\underset{\underset{COOCH_3}{|}}{\overset{\overset{CH_3}{|}}{C}}$$

与此相反,聚乙烯分解时几乎不生成单体分子断裂后所形成的自由基,经歧化而终止

$$CH_2—CH_2—CH_2—CH_2 \sim\sim\sim \longrightarrow \sim\sim\sim CH_2—CH_2^{\cdot} + {}^{\cdot}CH_2—CH_2 \sim\sim\sim$$

$$\longrightarrow \sim\sim\sim CH = CH_2 + CH_3 \sim\sim\sim CH_2 \sim\sim\sim$$

它属第一种,即无规降解反应。

又如聚氯乙烯、聚醋酸乙烯酯、聚丙烯腈、聚氟乙烯等受热时,取代基将脱除

$$\sim\sim\sim CH_2CHClCH_2CHCl \sim\sim\sim \longrightarrow \sim\sim\sim CH = CHCH = CH \sim\sim\sim + 2HCl$$

此属于第三种,即侧基脱除反应。

2. 光降解

聚合物在大气中使用,经常受到日光的照射,发生光降解和光氧化,聚合物受光的照射是否引起分子链的断裂,决定于光能和键能的相对强弱。共价键的离解能约 160～600kJ/mol,光能大于这一数值才能使键断裂。红外线波长在 100nm 以上,相当于 125kJ/mol 的能量,远低于键能,对聚合物降解无甚影响。日光中短波长紫外线(120～280nm)大部分被大气层中的臭氧所吸收,照射到地球表面上的是波长为 290～400nm 的近紫外部分。这只能为含有醛、酮等羰基以及双键的聚合物所吸收,引起光化学反应,而不被只含 C－C 键的聚烯烃所吸收。涤纶对 280nm 的紫外光有强烈的特征吸收而降解,降解产物主要是 CO, H_2, $-CH_4$。天然橡胶或二烯烃类橡胶对光照很灵敏,部分降解后性能很快变坏、老化。纯聚氯乙烯对光照稳定,并不吸收 300～400nm 的紫外光。但聚氯乙烯热降解产生少量双键或羰基,就能吸收紫外线而引起光化反应,从主链脱出 HCl。饱和烷烃并不吸收日光,但少量羰基、氢过氧化基团、不饱和键、催化剂残基或过渡金属、芳烃和其他杂质则可促使聚烯烃的光氧化反应。聚烯烃的光氧化有自动催化效应,可能的原因是氧化产物起着光敏剂的作用。

3. 高能辐射降解

在高能辐射作用下,高聚物结构会发生巨大变化,导致离子化作用和游离基产生,因此使高聚物主链断裂,侧基脱落,对其物理状态及机械性能均有很大影响。

高能辐射的能源可有下面几种:γ 射线、X 射线、加速电子或 β 射线、快中子 、慢中子、α 射线、原子反应堆混合射线(γ 射线 + 中子),这些能源可以从原子反应堆直接获得,或从加速器、放射性同位素等获得。

一般说来,α 位置上的碳原子无 H,如 $\left(CH_2—\overset{R}{\underset{X}{C}}\right)_n$ 的结构,受高能辐射时易发生主链断裂,特别是当 R 是甲基时,有人解释为由于甲基的存在,发生空间的张力,致使主链上的碳—碳键变弱而发生降解反应。

4. 机械降解和超声波降解

聚合物的塑炼和熔融挤出,高分子溶液受强力搅拌或超声波作用,都可能使大分子链断裂而降解。

机械拉力过大时,大分子链会断裂,形成一对自由基。有氧存在时,则形成过氧自由基,该自由基可由电子顺磁共振检出。这类反应具有力化学性质。聚合物机械降解时,分子质量随时间的延长而降低,但降到某一数值时,不再降低。天然橡胶相对分子质量高达几百万,经塑炼后,可使分子质量降低,但便于成型加工。

小 结

本章介绍的主要内容:

1. 高聚物的化学反应特点及影响因素;

2. 分子质量增加与降低的化学反应。

常 用 术 语

邻位促进:因存在邻近基团而增加反应速度的效应。

断链:聚合物分子链的断裂。

固化:交联产生网状聚合物。

卤化:卤素与一种分子的反应。

氢化:氢加到不饱和分子上的作用。

臭氧分解:在锌和水存在下,不饱和的有机化合物与臭氧反应导致裂解。

局部化学反应:在聚合物表面的化学反应。

习 题

1. 说明在聚合物化学反应中影响官能团反应的因素及特征。

2. 聚 4-乙烯吡啶和氯甲苯反应(Ⅰ),聚对氯甲基苯乙烯和甲基吡啶反应(Ⅱ),在二甲基甲酰胺中反应后得到在侧链上都有吡啶盐的聚合物。在反应(Ⅰ)中反应速率逐渐减少,而在反应(Ⅱ)中,恰好相反,反应速率逐渐增加,试述理由。

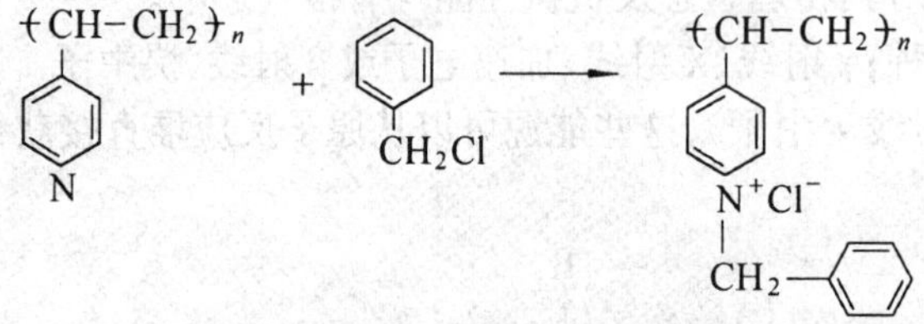

$$(I)$$

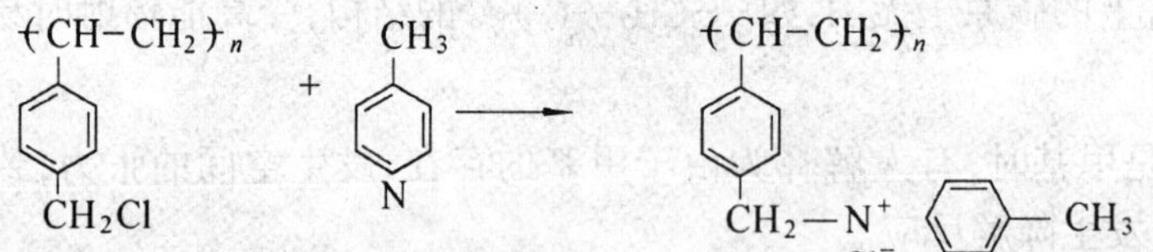

$$(II)$$

3. 乙酸乙烯酯聚合、水解和丁醛反应得到可溶性聚合物,可否先水解再聚合? 这三步反应产物各有什么性质和用途?

4. 解释下列名词:

(1) 几率效应;(2)遥爪聚合物;(3)无规降解。

5. 写出:(1)聚苯乙烯接枝甲基丙烯酸甲酯的共聚物;(2)聚甲基丙烯酸甲酯接枝苯乙烯的共聚物。

156

第九章　高分子合成材料

高分子合成材料作为高分子材料的主体,是本世纪30年代才开始发展起来的一类新材料,发展极其迅速,现已进入人类生活的各个方面。但由于它毕竟问世晚,品种繁多且性能差异大,人们对它的认识远不如对金属材料等那么熟悉。这对于人们正确使用高分子材料是十分不利的。本章分别对高分子材料的主要种类:塑料、橡胶、纤维的主要性能进行介绍。

9.1　塑　料

塑料按高分子化学和加工条件下的流变性能,可分为热塑性和热固性塑料,其中热塑性塑料是指在特定温度范围内具有可反复加热软化、冷却硬化特性的塑料品种;热固性塑料是指在特定温度下加热或通过加入固化剂可发生交联反应变成不溶不熔塑料制品的塑料品种。

而按实用分为通用塑料、工程塑料、特种树脂等比较方便。

(1)通用塑料

价格便宜,大量用在杂货、包装、农用等方面,聚乙烯、聚丙烯、聚氯乙烯、聚苯乙烯、酚醛树脂和脲醛树脂等皆属通用塑料。

(2)工程塑料

因为具有相当的强度和刚性,在受力的场合也能运用,所以被用作结构材料、机械零件、高强度绝缘材料等。可细分成下列数种:

①单纯热塑性树脂,如聚甲醛、聚碳酸酯、尼龙、聚砜以及 PPO,PPS,ABS 等。

②单纯热固性树脂或者添加了填料的材料,如环氧、酚醛、不饱和聚酯、聚酰亚胺等及其以木粉、纸粕、石棉等作为填料配合使用的塑料。

③纤维增强树脂基复合材料,即以增强纤维及其织物为增强材料,以①、②类塑料等为基体制得的复合材料,如 GF/UP,CF/EP,GF/PP 等。

(3)特种树脂

既不属于通用树脂亦不属于工程塑料的树脂,可举出氟树脂、硅酮树脂、聚酰亚胺、PPS 等。它们大多价格高,但是具有耐热、自润滑等特异性能,构成了特殊的应用领域。

9.1.1　聚乙烯

聚乙烯是世界塑料品种中产量最大的品种,其应用面也最大,约占世界塑料总产量的1/3,目前聚乙烯的产量已达到 3 000 多万吨,已有 50 年的工业化历史。由于石油化学工业的发展,为聚乙烯树脂提供了丰富的原料,其价格便宜,容易成型加工,性能优良,发展速度很快。目前聚乙烯的发展,已由原来的高压聚乙烯,发展到低压聚乙烯,又发展到第三代聚乙烯,即线性低密度聚乙烯,之后又发展到第四代聚乙烯,即很低密度聚乙烯和超低密度聚乙烯。同时聚乙烯又向着工程塑料方向发展,即超高分子质量聚乙烯。与此同时,各种聚乙烯的改性研究,即各种改性聚乙烯也在突飞猛进地发展。

1.低密度聚乙烯

低密度聚乙烯(LDPE)也叫做高压聚乙烯。乙烯经高压聚合而成聚乙烯,单体浓度要求99.95%,聚合时压力为100~300MPa,聚合温度160~270℃,按游离基历程反应,工业上采用本体聚合的方法即气相法,用偶氮化合物或有机过氧化物或氧作为引发剂。

LDPE由于按游离基聚合历程进行反应,所以易发生链转移,产品中存在大量支链结构,分子结构缺乏规整性,因此LDPE的结晶度较小,为65%~75%,密度较低,为$0.91~0.93g/cm^3$,相对分子质量一般为25 000左右。

LDPE的电绝缘性能良好,基本不受温度和频率的影响,力学性能良好,热性能、透气性、耐老化性能也都不差。

LDPE主要用于制造农用膜、地膜,另外少部分用于各种轻、重包装膜,如食品袋、货物袋、工业重包装袋、复合薄膜和编织内衬、涂层、各种管材、电线绝缘层等。

LDPE可通过化学或物理的方法进行改性,改善某些性能,成为某些制品的专用料。

例如,通过辐射交联的方法提高LDPE的耐热性及蠕变性;与聚丙烯等塑料或橡胶进行共混改性,可提高某些性能,如热封性、韧性、耐穿刺性、耐环境应力龟裂性、机械强度等。

2.高密度聚乙烯

高密度聚乙烯(HDPE)也叫低压聚乙烯,乙烯单体聚合时若采用齐格勒-纳塔催化体系,则压力偏低,即常压或0.3~0.4MPa;若用金属络合物、金属氧化物如氧化钼则压力常在10MPa以下。

聚合反应按离子聚合反应历程,工业上用溶液聚合法,调节剂采用氢,溶剂用汽油,反应温度一般在50~70℃。

HDPE的平均分子质量较高,支链短而且少,因此密度较高,为$0.92~0.965g/cm^3$,结晶度也比较大,为80%-95%,强度也大。

HDPE的出现大大开拓了聚乙烯的用途,不仅用于薄膜和包装,还用于中空容器、注塑容器、鱼网丝、管材、机械零件、代木产品等。

3.线性低密度聚乙烯(LLDPE)

LLDPE被称为第三代聚乙烯,除具有一般聚烯烃树脂的性能外,其抗张强度、抗撕裂强度、耐环境应力开裂性、耐低温性、耐热性和耐穿刺性,均优于HDPE和LDPE,在工农业生产及日常生活中有着广泛的用途。

LLDPE是在二氧化硅为载体的铬化合物高效催化剂或用钛、钒为载体的铬化合物的催化体系存在情况下,使乙烯与少量的α烯烃共聚(约含量8%),形成在线性乙烯主链上,带有非常短小的共聚单体支链的分子结构。

目前对LLDPE又进行了许多改性,除现在的辛烯支链产品外,还产生了己烯/丙烯、甲基戊烯/丁烯支链的品级,己烯支链型树脂有时称为第二代、第三代新型LLDPE。

表 9-1　LDPE 与 HDPE 性质对照

对比项目	LDPE	HDPE
制造工艺	高压法	低压法
密度(g/cm^3)	0.91~0.93	0.92~0.97
结晶度(%)	65~75	80~95
相对硬度	1~2	3~4
结晶熔点(℃)	108~125	126~136
软化温度(℃)	105~120	124~127
拉伸强度(MPa)	10~25	20~40
断裂伸长率(%)	100~600	20~100
缺口冲击强度(kJ/m^2)	20~50	10~30
平均相对分子质量	25 000	10 000~350 000
线膨胀系数($\times 10^{-5}$/℃)	20~24	12~13
介电常数	2.28~2.32	2.34~2.36
击穿电压(kV/mm)	大于 20	大于 20

　　一般来说 LDPE 的支化度较高,在每 1 000 个碳原子中含有 15~30 个甲基侧链以及少量的乙基和丁基铡链,而 LLDPE 支化度低,其结构近似于 HDPE。其侧基数在 LDPE 和 HDPE 之间约 10~20 个(HDPE 支化度很低,每 1 000 个碳原子的主链上只含有 5~7 个乙基侧链)。LLDPE 的剪切粘度随剪切速度增加,粘度下降,对剪切速度的依赖性小,在中等剪切速率下,LLDPE 的剪切粘度是 LDPE 的 2.5 倍,而随着剪切速度的降低,两种树脂剪切粘度的差别越来越明显,在低剪切速率范围内,LLDPE 的剪切粘度是 LDPE 的 4~5 倍。LLDPE 的密度为 0.920~0.935;其断裂强度为 16~33MPa;断裂伸长率为 800%~1 000%;邵氏硬度为 55~57;软化点温度 105~113℃;脆化温度小于 -75℃;熔融指数分为一般薄膜 0.9、包装薄膜 2、挤出级 0.3、滚塑级 4、注射成型级 8 等大致范围。LLDPE 的耐环境应力龟裂性(ESCR)较好,在同样熔融指数下要比 LDPE 高几十倍,比 HDPE 还好。所以 LLDPE 适宜用它来制作盛洗涤剂或油性物的容器。LLDPE 的耐低温性能优于乙烯 - 醋酸乙烯共聚树脂(EVA),在 0℃以下,其冲击强度高于 EVA 制品 20%,而在常温时,EVA 的冲击强度高。LLDPE 的刚性和强度均高于 LDPE。如在同一密度情况下,抗张力能高出50%~70%,弹性率高出 40%~80%。LLDPE 的透明性稍差于 LDPE。在制造收缩膜及挤出涂层等方面 LDPE 均优于 LLDPE,因此 LLDPE 估计只能取代三分之一的 LDPE。

4.超高分子质量聚乙烯

　　超高分子质量聚乙烯(UHMWPE)具有突出的高模量、高韧性、高耐磨、自润滑性优良、密度低、制造成本低廉等特征,是目前发展中的高性能、低造价工程塑料。

　　UHMWPE 于 1958 年开始作为商品出售。其工艺合成路线有:低压聚合法、淤浆法、气相法等。

UHMWPE 的相对分子质量一般在 100 万以上,而普通的 HDPE 相对分子质量约在 5~30 万范围,但其分子结构与 HDPE 基本相同,也是一种线型分子结构。其熔体粘度极高,实际上是处于凝胶状态,它是一种对热剪切极不敏感的聚合物,主要采用模压烧结、挤出、注射成型。其产品主要用于耐磨、耐强腐蚀零部件、体育器材、汽车部件等。

UHMWPE 的耐磨性在已知塑料中名列第一,比聚四氟乙烯高 6 倍,比聚氨酯也高 6 倍。耐冲击性能比聚甲醛高 14 倍,比 ABS 塑料高 4 倍,比聚碳酸酯高 1 倍。润滑性能良好,其动摩擦系数与聚四氟乙烯相同;耐低温性能也好;消音性能优良;吸水率在 0.01% 以下;耐化学药品性能、抗粘结性能良好;无毒。耐热性能差,一般使用温度在 100℃以下。其脆化温度在 -80℃以下,耐低温性能优良。退火前结晶度为 54%~72%,退火后结晶度为 38%~51%。粉状 UHMWPE 的粒径为 100~300μm,比表面积为 0.4~0.9cm^2/g。

5.改性聚乙烯

这里主要介绍氯化聚乙烯、乙烯-醋酸乙烯共聚物二种改性聚乙烯品种。氯化聚乙烯(CPE)最初是作为聚氯乙烯(PVC)改性剂而发展起来的,至今改性 PVC 仍是 CPE 最重要的应用领域之一。一般常用的是氯含量 30%~45% 的 CPE 弹性体。它具有耐磨耗、耐热、低温性能好等特点,它既是一种塑料改性剂,经硫化后又可作为特种橡胶使用,用途广泛。

表 9-2　CPE 性能与氯含量的关系

氯含量($w\%$)	0	30	40	50	55	60	70
玻璃化温度 T_g(℃)	-79	-20	10	20	35	75	150
形　态	塑料	橡胶状		皮革状	硬质塑料		
趋　向		聚乙烯 $\xrightarrow{接近}$			接近 $\xrightarrow{}$ 聚氯乙烯		

乙烯-醋酸乙烯共聚物(EVA),用高压本体法生产,EVA 的生产流程与 LDPE 流程基本相似,属于自由基聚合。EVA 分子中不含有对氧化敏感的碳碳双键,所以抗老化性能较好。EVA 的性能与醋酸乙烯(VA)的含量有很大关系,VA 越少,越接近 LDPE,VA 越多,越接近橡胶。当熔融指数一定时,VA 含量降低,其刚性、耐磨性、电绝缘性提高;VA 含量增加,其弹性、柔软性、粘合性提高,因此在选用 EVA 作为 PVC 改性剂时,一定要注意 VA 的含量。EVA 的耐气候性优于 PE,所以常用作室外 PVC 制品的改性剂。EVA 的成型加工温度比 LDPE 低 20~30℃,可用挤出、注射、中空成型方法。

9.1.2　聚氯乙烯

目前世界聚氯乙烯(PVC)生产能力约 2 000 万吨/年,我国 PVC 工业始于 1958 年,年产量约 90 万吨,仅次于聚乙烯塑料,居我国塑料工业产量的第二位。

PVC 工业化生产方法主要有悬浮法、乳液法、微悬浮法、本体法。其中以悬浮法为主,占 75%。微悬浮法糊树脂和本体法是两种新兴的聚合工艺,各占 10% 左右。

从单体制法看,可分为两种路线,一种是以乙烯为原料的石油路线,即氧氯化法。由石油裂解分离出乙烯,然后进行氯化,再脱氯化氢,最后用铜作催化剂及在 220~250℃温度下进行氧氯化而合成出 PVC 树脂,成本较低。

另一种合成路线为乙炔电石法。以电石为原料制备乙炔,然后与氯化氢反应制氯乙烯(VCM)单体,最后进行聚合反应生成 PVC 树脂,成本较高。

常用的悬浮法 PVC 树脂颗粒形态及性能对比如下:

悬浮法 PVC 树脂为白色无定形粉末,在显微镜下观察,其颗粒形态分为两种结构即疏松型(XS 型)和紧密型(XJ 型)。疏松型树脂颗粒直径一般为 50 ~ 100μm,表面不规则,多孔,容易吸收增塑剂,容易塑化,成型加工性好,但从制品强度上比同样条件下的紧密型树脂低。紧密型树脂颗粒直径为 5 ~ 10μm,表面规则呈实心球形,不易吸收增塑剂,不太容易塑化,成型加工性稍差。该树脂目前可分为 SG-1 到 SG-8 型号,分子质量越小则型号越大,每种型号均有 XJ 型、XS 型二种。

表 9-3　PVC 树脂型号

型号	K 值	绝对粘度(厘泊)	平均聚合度
SG – 1	> 74.2	≥2.1	≥1340
SG – 2	70.3 ~ 74.2	1.9 ~ 2.1	1 110 ~ 1 340
SG – 3	68 ~ 70.3	1.8 ~ 1.9	980 ~ 1 110
SG – 4	65.2 ~ 68	1.7 ~ 1.8	850 ~ 980
SG – 5	62.2 ~ 65.2	1.6 ~ 1.7	720 ~ 850
SG – 6	58.5 ~ 62.2	1.5 ~ 1.6	590 ~ 720

目前 PVC 树脂又可分为卫生级和普通级 PVC 两种。卫生级是指在 PVC 树脂中,氯乙烯(VCM)单体的含量不能超过 10^{-5},也有要求不能超过 5×10^{-6} 或 1×10^{-6} 的。

1.基本性质

PVC 外观是白色粉末状,一般粒度为 40 目。平均相对分子质量在 3 ~ 10 万之间,高分子 PVC 的相对分子质量可达 25 万。20℃下相对密度为 1.4,折光率为 1.544。

纯 PVC 在 65 ~ 85℃开始软化,120 ~ 150℃开始少量分解,160 ~ 180℃大量分解,200℃完全分解。具体情况根据配方中增塑剂量、稳定剂量、填料、加工助剂量的多少及种类而确定。PVC 热分解时的颜色变化过程为:由白色→粉红色→红色→棕色→黑色。PVC 分解时脱掉氯化氢,形成多烯结构,出现交联,致使制品变硬、发脆,直至破坏。

PVC 的化学稳定性能良好,耐一般的酸、碱腐蚀。它的主要溶剂有:二氯乙烷、环己酮、四氢呋喃等。由于 PVC 属于极性聚合物,氯原子电负性强,因此电绝缘性能属一般水平,可用于一般电气部件。PVC 中含有氯原子,其阻燃性要优于聚乙烯、聚丙烯等塑料,可用做建筑材料如管材、门窗、装饰材料等。

PVC 属于通用型塑料,其拉伸强度、弯曲强度、冲击强度、断裂伸长率、硬度等力学性能属一般水平,根据软质、硬质制品不同,力学性能相差较大。硬质、软质 PVC 制品的划分,主要与增塑剂的含量有密切关系,一般来说,增塑剂含量在 0 ~ 5 份时(以 PVC 树脂为100 份计)为硬质塑料;增塑剂含量 6 ~ 25 份时为半硬质塑料;含量在 25 份以上时则为软质塑料。但也与其他添加助剂,如填料的量及种类等有关。PVC 的结晶度较小,一般为5% 左右,所以制品的透明性要优于聚乙烯、聚丙烯等塑料。PVC 在薄膜、片材生产中占相当大的比重。

PVC 的成型加工性能较差,不如聚乙烯等好加工。这是由于其熔融温度接近分解温度,此时通过加入稳定剂来提高分解温度。硬质 PVC 制品需要添加 7 份左右热稳定剂,软质 PVC 制品需添加 2～4 份热稳定剂,这样能顺利进行成型加工。对于硬质品,有时还需要再添加一些成型加工助剂,如 ACR 等。成型温度一般控制在 150～180℃之间,有时可再高些,到 200℃左右。

2.改性聚氯乙烯

由于 PVC 树脂存在着成型加工性能差,如熔体粘度大,流动性不好、热稳定性低、容易造成分解等;同时 PVC 制品耐老化性差、易变脆、变硬、龟裂、韧性不好、耐寒性不佳等,所以一般要进行改性弥补上述缺点。

改性 PVC 的方法有两条途径。第一条途径为化学改性,第二条途径为物理改性。化学改性主要为共聚改性,即让氯乙烯单体和其他单体进行共聚反应,例如和醋酸乙烯、偏二氯乙烯、丙烯腈、丙烯酸酯、马来酸酯等单体共聚,以此提高成型加工性能,或使成型温度降低,或开拓新的用途,或作为新型材料出现。另一种化学改性是在 PVC 侧链上引入另外的基团或另一种聚合物,即进行接枝反应,以此改善材料的冲击性能、低温脆性、老化性等性能。还有一种化学改性是将 PVC 用水相悬浮法(或气相法)进行氯化,使氯含量由原来的 57% 提高到 65% 左右,这样改性的目的在于提高 PVC 的耐热性,使用温度比原来的 PVC 高出 35～40℃,称之为氯化聚氯乙烯(CPVC)。

改性 PVC 的第二条途径是物理改性,即通过添加各种助剂或进行填充、共混、增强来改善其性能的。例如添加 ACR 来改善 PVC 物料的成型加工性能;添加内外润滑剂或聚乙烯蜡来改善物料的粘度、流动性等;添加热稳定剂,提高物料在成型加工时的热稳定性,提高其分解温度;添加抗氧剂及抗紫外线剂以提高制品的耐老化寿命;添加增塑剂提高物料的塑化性能,增加制品的柔软度等。

填充改性是通过加入无机或有机填充剂(填料)来改善某些性能。如加入木粉填料、降低 PVC 制品的比重;加入金属粉末如:铜粉、铝粉提高制品的导电性能;加入铁淦氧磁粉,提高制品的磁性能;加入碳酸钙提高制品的硬度,同时降低材料成本;加入赤泥,改善制品的耐热、光老化性能,同时降低材料成本等。

共混改性是通过加入一种或两种高聚物(塑料、橡胶、弹性体等),通过共混得到所谓"高分子合金",以此改善 PVC 的流动性或冲击韧性等。一般能和 PVC 共混改性的其他高聚物有:丙烯腈－丁二烯－苯乙烯共聚物(ABS),甲基丙烯酸甲酯－丁二烯－苯乙烯共聚物(MBS),聚丙烯酸酯,氯化聚乙烯(CPE),乙烯－醋酸乙烯共聚物(EVA),丁腈橡胶,乙丙橡胶,氯化聚氯乙烯(CPVC),马来酸双辛酯等。

9.1.3　聚丙烯

聚丙烯(PP)于 1957 年开始工业化生产。丙烯单体主要有两个来源,一是从石油和石油炼制产物的裂解气体中提取,二是从天然气的裂解产物中提取。目前 PP 产量继 PE,PVC 之后居第三位。PP 生产采用低压定向配位聚合,工艺路线可分为四类,即溶剂法、溶液法、气相法和液相本体法。目前采用较多的为液相本体法,它采用高效催化剂,其活性为 60～100 万克 PP/克钛,可实现无脱灰、无脱无规、无脱催化剂残渣、无溶剂,产品可在

92%～98%范围内控制等规度,熔融指数为0.1～100,聚合压力为3.5MPa,反应温度为70℃。

1.主要性质

PP为线型结构,在主链上每隔一个碳原子有一个甲基侧基存在,于是整个分子在空间结构上就产生三种不同异构体,即全同PP、间同PP和无规PP三种立体化学结构。常用的PP一般是全同PP,具有较高的结晶度。无规PP的使用价值不大,但是作为填充母料载体,效果非常好,还可作为PP的增韧剂。

表9-4 三种聚丙烯性能对照

对比项目	全同PP	间同PP	无规PP
等规度(%)	95	5	5
密度(g/cm³)	0.92	0.91	0.85
结晶度(%)	90	50～70	无定形
熔点(℃)	176	148～150	75
在正庚烷中溶解情况	不溶	微溶	溶解

PP的相对密度约为0.9,是热塑性塑料中最轻的。PP化学稳定性好,和聚乙烯相似,在室温溶剂不能溶解PP,只有一些卤代化合物,芳烃和高沸点的脂肪烃能使之溶胀,在高温下才能溶解PP。PP比PE容易被氧化,这是因为在其主链上有许多带甲基的叔碳原子,叔碳原子上的氢易受到氧的攻击,为此在应用粉料PP时要注意这一点。PP耐气候老化性差,必须添加抗氧剂或紫外线吸收剂。铜也能加速PP的老化。

因为在PP主链上含有甲基,甲基要比氢原子的体积大,空间位阻大,因此PP的玻璃化温度比PE高。PP的耐热性能好,能在130℃下使用,可用于煮沸消毒,用做耐温管道、蒸煮食品包装膜、医疗器械等。脆性温度为－35℃。

PP为非极性结晶高聚物,电性能优异,可做耐温高频电绝缘材料。在潮湿环境中电绝缘性能也很好。PP的透水、透气性能较低,收缩率较大,未改性的PP不宜做工程部件。

PP耐疲劳弯曲性能较好,可弯曲10万次,比一般塑料强,因此可用来制造活动铰链。PP塑料制品对缺口效应十分敏感,因此在设计制品时,应尽量避免尖锐的夹角、缺口,避免厚薄悬殊太大。PP的拉伸强度一般21～39MPa,弯曲强度42～45MPa,压缩强度39～56MPa,断裂伸长率200%～400%,缺口冲击强度2.2～5kJ/m³,低温缺口冲击强度1～2kJ/m³,洛氏硬度R_c95～105。PP的刚性较低,耐磨性低于PVC。PP主要用于制造薄膜、管材、片材、编织袋、电器配件、汽车配件等。

2.加工特点

PP在成型加工时,应注意以下特点:

(1)PP对氧很敏感,易被氧化,故加工时,加热时间尽可能缩短。

(2)PP熔体的粘度对剪切速率和温度均十分敏感,因此增大剪切速率和提高料温均可使熔体粘度明显下降。

(3)PP的吸水率很小,约0.02%,加工前,不必干燥。

(4)注射成型时,应注意模具的温度、模具的冷却方式及熔融温度、保压时间等,加料量应适当比聚苯乙烯量少些等问题。

最近采用新型高效催化剂生产出本体法聚丙烯大部分为粉状,故在成型加工时与普通粒状 PP 不太一样,其主要问题是抗自然老化性及耐寒性差。一般是在本体法粉状 PP 中,添加主抗氧剂 1010 为 0.1% ~ 0.3%,副抗氧剂 DLTD 为 0.2% ~ 0.3%,或者只加主抗氧剂 1%。此外还应再添加一定量的卤素吸收剂。由于是粉状,还应注意加工时分散性差,易产生硬颗粒不熔物及大块状物的问题。

3.改性聚丙烯

尽管 PP 存在着不少优点,但是在耐低温冲击、易老化、成型收缩率、易燃烧、染色等方面有着本质上的弱点,所以在作为结构材料和工程塑料材料上受到很大限制,为此必须对 PP 进行各种各样的改性,才能拓宽其应用范围,使改性 PP 从通用塑料跨入到工程塑料行列中去。

PP 改性包括两大类:一类是化学改性,一类是物理改性。

化学改性是指通过接枝、嵌段共聚,在 PP 大分子链中引入其他组分;或是通过交联剂等进行交联;或是通过成核剂、发泡剂进行改性,由此赋予 PP 较高的抗冲击性能,优良的耐热性和抗老化性等。

(1)共聚改性

采用乙烯、苯乙烯单体和丙烯单体进行交替共聚,或在 PP 主链上进行嵌段共聚、无规共聚,这样可提高 PP 的性能。如在 PP 主链上,嵌段共聚 2% ~ 3% 的乙烯单体,可制得乙丙嵌段共聚物,属于一种热塑性弹性体,同时具有 PE 和 PP 两者的优点,可耐 – 30℃ 的低温冲击。

还有利用活性 PP,采用分段聚合法、活性种转换聚合法、活性末端结合偶联法等方法合成出许多功能性 PP 嵌段聚合物。

(2)交联改性

一般 PP 交联的目的是为了调节其熔融粘弹性,以适应发泡的要求,从而提高制品性能,如耐蠕变、耐气候、耐腐蚀、耐应力开裂等。PP 交联的方法可采用有机过氧化物交联、氮化物交联、辐射交联、热交联等。

也有人研究用硅烷的水交联技术进行交联 PP。它是用有机硅过氧化物和交联促进剂进行干混合,然后在成型设备中制得产品,最后在热水蒸气环境下,交联成最终产品。

(3)接枝改性

PP 树脂中加入接枝单体,在引发剂作用下,加热熔融混炼而进行接枝反应。例如 PP 树脂选用熔融指数为 1 ~ 3.27g/10min,接枝单体选用不饱和羧酸或酸酐;引发剂选用过氧化物。

除此以外,还有添加一种或多种成核剂,使聚丙烯的晶型结构发生变化,从而开拓 PP 新用途。如添加 1% 的处理聚甲醛,作为 PP 的异相成核剂,这样可以加快 PP 的结晶速度,减小球晶的尺寸。

物理改性是在 PP 基体中加入其他的无机材料、有机材料、其他塑料、橡胶、热塑性弹性体,或一些具有特殊功能的添加助剂,经过混合、混炼而制得具有优异性能的 PP 复合材料。物理改性大致分为：填充改性、增强改性、共混改性、功能性改性等。物理改性工艺路线简单易行，一般不需要复杂或特殊的设备，利用塑料成型加工工厂原来设备即可。但在要求特殊性能的改性制品时，则需要添加专用设备，如制作磁性塑料时，需要在挤出机机头添加强化磁场设备等。

(1)填充改性

在 PP 树脂中加入一定量的无机填料、有机填料来提高制品的某些性能，并能降低材料成本。填充 PP 的无机填料常用：云母粉、碳酸钙、滑石粉、硅灰石、炭黑、石膏、赤泥、立德粉、硫酸钡等，常用的有机填料有：木粉、稻壳粉、花生壳粉等。

目前填充改性中填料日益趋向超细化，已出现了超细碳酸钙、超细滑石粉，粒径为1 250目、2 500 目，直至更细的纳米级材料等。

另外，填充改性的发展趋势是不断完善填料表面改性技术，开发了不少表面处理剂，不仅起到偶联剂作用，还具有分散剂、增湿剂、降粘剂、成型加工助剂、增加韧性等作用，这样可加大填充用量，可达到 60% 以上的填充量。

(2)增强改性

增强改性 PP 可以取代工程塑料，所选用的增强材料有玻璃纤维、石棉纤维、单晶纤维和铍、硼、碳化硅等。另外，填料改性中的云母、滑石粉处理好时，也能作为增强材料用。增强改性中选择适当的偶联剂并使增强剂均匀分散是十分重要的。

(3)共混改性

共混改性是指用其他塑料、橡胶，或热塑性弹性体与 PP 共混，填入 PP 中较大的晶球内，以此改善 PP 的韧性和低温脆性。为此加入玻璃化温度相对 PP 来说较低的一种塑料如 LDPE、HDPE，这样 PP 晶相和无定形 LDPE 组成两相连续贯穿结构，这种贯穿结构用作韧性网络传递和分散冲击能量。例如 PP/HDPE 共混，一般希望这两种原料的熔融指数相接近为好；HDPE 的添加量一般在 25% 以下为好；从共混物的流动曲线看，HDPE 起一种"增塑作用"。

(4)其他改性

阻燃改性：PP 为可燃材料，分解温度为 320～400℃，起燃温度 350℃，水平燃烧速度37mm/min，氧指数 18.5。PP 的阻燃方法有两种：一是大量添加具有阻燃作用的无机填料如氢氧化铝、氢氧化镁，但必须添加到 70%～80% 时才能使制品具有阻燃性，势必影响加工性及制品的其他性能。第二种方法是用阻燃剂，如含有磷、卤、锑等的化合物，此法添加量少，为 10% 左右，只是阻燃持久性差，而且对成型设备有腐蚀。目前又发展了一种膨胀型阻燃体系，它是由炭化剂、炭化促进剂、发泡剂三部分组成，其阻燃效果优于上述两种方法。如用聚磷酸铵和三聚氰铵，按 3:1 使用，对 PP 的阻燃效果有明显作用。

抗静电改性：在 PP 中添加炭黑等导电填料或抗静电剂，可使制品的表面电阻降到$10^6\Omega$ 以下。

9.1.4 聚苯乙烯类树脂

1.ABS

ABS 是丙烯腈、丁二烯、苯乙烯三种单体共聚而成的高聚物，也可看作是改性的聚苯乙烯，是一种性能优异的工程塑料，也有把 ABS 划为通用塑料的。一般 ABS 中 A,B,S 三种成分所占的比例为：25%～30%，25%～30%，40%～50%。其平均相对分子质量在1～10万之间。ABS树脂是在树脂的连续相中，分散着橡胶相的聚合物，A和S具有耐化学腐蚀、硬度、刚性和流动性的塑料方面性质，而B具有弹性和耐冲击强度的橡胶方面性质。

ABS为无毒，无味，粉状或粒状，密度为1.08～1.2g/cm³，吸湿性小于1%，收缩率为0.4%～0.9%，布氏硬度HB9.7，洛氏硬度R_c62～118，拉伸强度35～50MPa，缺口冲击强度10～40kJ/m²，低温时缺口冲击强度7～20kJ/m³，抗弯强度28～70MPa，抗蠕变性、耐磨性良好。

ABS热变形温度为93℃，耐热级可达115℃，脆化温度为－27℃，若提高丁二烯含量，则脆化温度可降为～70℃，ABS制品使用温度范围：－40～100℃。ABS的热稳定性差，在250℃时易产生有毒性挥发性物质，所以加工过后应清理料筒。ABS易燃，无自熄性。

化学性能良好，易溶于酮、醛、酯、氯化烃类，如甲苯、醋酸乙酯等，染色性及电镀性能好，电绝缘性能好。耐气候性差，这是由于丁二烯中含有双键，在紫外线作用下，易被氧化降解，如在室外暴露半年，其冲击强度下降45%。

ABS的成型加工性能良好。在成型前，ABS料应在80℃下，干燥4小时。一般注射级ABS，物料温度可控制在200～240℃，模具温度为60～80℃，而一般挤出级ABS，料温可为160～195℃。ABS熔体粘度较高，采用渐变型螺杆较好，流道中浇口应大一些。ABS大量用于家用电器、箱包、卫生洁具、装饰板材等。

2.改性ABS

尽管ABS性能比较优良，但目前开发高性能、高功能的ABS仍是研究热点。开发方向主要朝着以下几方面。

阻燃方面：如用PVC与之共混，提高耐燃性。

耐候性方面：如将ABS中的丁二烯橡胶换成乙丙胶或三元乙丙胶，来提高耐气候性。

超高耐热性方面：目标是耐热120℃以上的品级。

超高光泽性或消光性方面：如开发像喷涂制品那样外观品级的ABS，即超高光泽性。也有为避免刺激操作人员的眼睛，对某些微型计算机采用消光性ABS。

高刚性方面：如用不同的玻璃纤维增强ABS，来提高制品的刚性。

ABS的改性方法主要有两种，一是用化学改性法，即通过共聚或接枝，引入第四组分，或置换某一组分。另用物理改性法，即通过填充、共混、增强改性的方法。再者是添加功能性助剂，来赋予ABS某一指定性能。

（1）化学改性

为提高ABS的耐气候性，去掉丁二烯橡胶组分，换成其他不带双键的树脂，如AES树脂，是用乙烯－丙烯－二烯烃三元共聚物（即三元乙丙胶）替代丁二烯，其耐候性可提高4～8倍，其他性能也很优越。

有时为制备透明级ABS，在聚合时加进甲基丙烯酸甲酯单体，这样可降低树脂相的折光率，使透明度提高，达到88%，而雾度降为5%左右。

有时为制备耐热级ABS，采用α甲基苯乙烯替代ABS中部分苯乙烯单体，其耐热性可以提高。目前又有用N－苯基马来酰亚胺作为第四组分与ABS中三组分共聚，其热变形温度可达125℃以上。

（2）物理改性

填充改性:用超细碳酸钙填充 ABS,提高硬度、降低材料成本。有时添加填料则是为了消光。

　　增强改性:用玻璃纤维进行增强,玻纤含量 10% 或 20%,增强后 ABS 的拉伸、弯曲强度、挠曲强度可增加 2~3 倍,热变形温度能提高 10~15℃,性能接近金属,还可在其表面涂覆各种金属。

　　共混改性:如与 PVC 共混,可提高阻燃性,同时降低材料成本;与聚对苯二甲酸丁二醇酯(PBT)共混,利用 PBT 的结晶性和 ABS 的非结晶性可提高尺寸稳定性、耐药品性、成型加工性等;与尼龙共混,也是一种结晶和非结晶的共混物,其冲击强度显著提高;与聚碳酸酯共混,各项性能指标改善较大,用途广泛;与热塑性聚氨酯共混,可提高其耐磨性、韧性和低温柔顺性;与有机玻璃共混,可提高其透明性和表面硬度;与聚砜共混,可提高流动性、冲击强度,并有自熄性;与特定交联结构的某些共聚物共混,可制成消光级 ABS;还有与 EVA 共混;与 EVA/PP 三元共混等。

3.聚苯乙烯

　　聚苯乙烯(PS)的世界产量仅次于 PE、PVC、PP,在通用塑料中居第四位,通用级 PS 投入生产后,即着手解决 PS 的质硬而脆、冲击性能差的缺点,紧接着高抗冲级的 PS(HIPS)就产生了,拓宽了 PS 的用途范围。ABS 也可以看作是 PS 的又一改性大品种。

　　PS 为无定形、非极性线性高聚物。由于在分子链上有苯环取代基,分子的不对称性增加,内旋转受到限制,为此 PS 呈现刚性,性脆。玻璃化温度较高,为 80~100℃,相对分子质量一般在 5~20 万之间。PS 的密度为 1.054g/cm³,为无色透明粒状热塑性树脂。

　　PS 的热性能与分子质量大小、单体低聚物及杂质含量有关,例如含单体 5%,软化点下降 30℃。PS 热变形温度为 70~90℃,脆化温度 -30℃,软化点 90℃,导热系数低,制品的最高使用温度 60~80℃。化学稳定性良好,它能溶解于苯、四氯化碳、甲苯、氯仿、除丙酮以外的酮类、酯类等,能耐一般酸、碱、盐的腐蚀。透光率很好,达 88%~92%,透光性仅次于有机玻璃,折光率为 1.59~1.60。电绝缘性能优良,一般不受温度、湿度的影响。力学性能除冲击强度较低外,其他拉伸强度、弯曲强度等都较好。PS 与合成橡胶类,如丁苯胶、顺丁胶、异戊胶、丁腈胶及醋酸纤维素都有较好的相容性。PS 耐气候性较差,易产生交联降解。PS 的吸水率很低 0.02%~0.06%,所以在加工前,可以不干燥。又其比热容较 PE 低,所以塑化效率高,在模具中固化快,成型周期短。PS 收缩率低,0.4%~0.7%,对模制品影响不大。PS 在加工中,最大的问题是在制品中存在着一定的内应力,在成型中一定注意这个问题,清除内应力除调节工艺参数、模具结构等,还可将制品进行后处理以消除内应力,如将其置于 60~80℃热水浴中或烘箱中,"退火"处理 1~3 小时。

　　PS 主要应用于制作光学玻璃及仪器、灯罩、包装材料、电气零件,其发泡塑料可用做绝热材料、快餐盒等。

4.改性聚苯乙烯

　　化学改性是合成更高分子质量 PS 或采用共聚方法合成新的改性树脂。物理改性则包括填充改性、增强改性、共混改性。如

　　AAS:是苯乙烯与丙烯腈、丙烯酸酯进行三元共聚而成。

　　AS:是苯乙烯与丙烯腈共聚而成,其中丙烯腈含量为 20%-35%,也有写作 SAN 的。

该共聚物提高了软化点,改善了化学性和耐应力开裂性,仍基本保持了透明度。

MBS:是苯乙烯与甲基丙烯酸酯、丁二烯三元共聚物。它可以单独作一种树脂使用,也可作为 PVC 的增韧剂。

9.1.5 聚酰胺

聚酰胺(PA)是在主链上含有酰胺基团(– NHCO –)的高分子化合物。PA 的商品名叫尼龙,是由二元胺和二元酸通过缩聚反应制得,也可由内酰胺通过自聚制得。尼龙 6 是己内酰胺的聚合物,是工程塑料中发展最早的品种,目前在产量上居工程塑料之首。常用的尼龙品种还有尼龙 66,11,12,610,612,1010,46 等。

尼龙有较高的结晶度(40% ~ 60%),线型分子结构为半透明白色粉末或颗粒。密度为 $1.0 ~ 1.01 g/cm^3$。因有酰胺基团,易吸水,吸水率为 1% ~ 2.5%,相对分子质量为 2 ~ 7 万。

尼龙的最大特点是耐磨和自润滑性能好,其无油润滑的摩擦系数为 0.1 ~ 0.3,约为巴氏合金的 1/3,为酚醛树脂的 1/4,可广泛用于工业齿轮等。尼龙的拉伸强度很大,为 70 ~ 210MPa,弯曲强度 110 ~ 280MPa,缺口冲击强度 4 – 20kJ/m³,抗蠕变性能较差,不适于制作精密零件。

尼龙的热变形温度为 66 ~ 104℃,熔点 215 ~ 260℃,使用温度范围为 – 40 ~ + 105℃,长期使用温度可达 30℃,短时间内可达 105℃。热膨胀系数大。

尼龙含有极性基团,有不同程度的吸水性,严格来说,不太适于作电气绝缘材料。体积电阻为 $10^{13} ~ 10^{15}\Omega \cdot cm$,电阻值随温度升高而降低。在低温和低温度条件下,可作电气绝缘体。耐化学性能好,对酸、碱、盐稳定;耐溶剂性能也好,但强极性的溶剂如苯酚、甲酚可溶解尼龙。尼龙的耐油性很好。

尼龙的成型加工性质如下:

(1)容易吸潮,在成型加工前必须进行干燥处理,使含水量不超过 0.1%。

(2)均聚物熔融粘度低,容易产生"流涎现象",在注射成型时,应采用自锁式喷嘴。

(3)熔体冷却速度很重要,如尼龙 6,快速冷却时,制品的韧性好,冲击强度高;缓慢冷却时,制品不透明,刚性大,耐磨性好,拉伸强度等。

(4)尼龙成型收缩率大,一般为 1.5% ~ 2.5%,设计模具时应注意这点。

尼龙成型主要是注射法,约占 2/3,挤出法只占 1/3,成型温度 190 ~ 290℃,浇铸法也占一定比例。

近年来,尼龙塑料的发展重点是对现有品种通过多组分的共聚、共混、加入不同添加剂等方法来改进尼龙的耐冲击性、热变形性、耐燃性和成型加工性。化学改性用接枝共聚、嵌段共聚法,物理改性包括填充改性、增强改性、共混改性等。目前市场上出现的众多改性尼龙品种,大部分是用化学或物理改性的方法制作的。其中透明尼龙是用三甲基己二胺和对苯二甲酸为原料缩聚制得,其透光率高达 90 ~ 92%,热变形温度 125 ~ 160℃。透明尼龙可作为视镜、透镜、仪表盘罩、流量计窗玻璃、氧气面罩等。阻燃尼龙是在尼龙树脂中加入含卤素、磷酸酯和含氮环状化合物等阻燃剂,如三胍胺、氢尿酸、聚二溴苯醚、氯环戊癸烷或阻燃填料等,均能达到阻燃要求。阻燃尼龙广泛用于电子、交通、建筑、航空、汽车等行业。增韧尼龙及超韧化尼龙是通过与橡胶弹性体共混获得的,如 EPDM/MAH – g – EPDM/PA6 等,广泛用于汽车、冷冻库部件等。

9.1.6 聚酯树脂

聚酯树脂是在分子的主链上都含有酯基(—C—O— 上方有O双键)的聚合物。其中又分为两大类,一类是不饱和聚酯,另一类是饱和聚酯。饱和聚酯又称为线型聚酯,可分为两种,一是聚对苯二甲酸乙二醇酯品种,二是聚对苯二甲酸丁二醇酯品种。

1.不饱和聚酯

不饱和聚酯(UP)是一种热固性材料,其主要原料有二元酸(饱和与不饱和二元酸)、二元醇、乙烯基单体。二元酸包括饱和二元酸及酸酐,如邻苯二甲酸酐、间苯二甲酸、对苯二甲酸、四氢苯二甲酸酐等;不饱和二元酸及酸酐有:马来酸酐、富马酸、衣康酸等。二元醇有:乙二醇、丙二醇、一缩乙二醇。乙烯基单体主要是苯乙烯。

不饱和聚酯的合成工艺路线是:先由二元酸与二元醇发生酯化反应制成含有碳碳双键的线型聚酯,然后再与一定量苯乙烯等混合得到不饱和聚酯树脂。使用时使苯乙烯与线型聚酯发生反应,进行交联固化。依催化剂不同可分为室温型和加热型。UP 主要在玻璃纤维增强制品上,约占整个树脂用量的 80%。余下 20% 的 UP 常用在制作:涂料、装饰板、树脂混凝土、钮扣、人造大理石、人造玛瑙等方面。

UP 的成型加工方法可分两大类。一类是手工成型方法;另一类是机械成型方法。手工成型法:在处理过的模具上,用手工把玻璃纤维织物和树脂交替叠加,浸透抹平,在一定温度下固化,然后再进行整理、脱模、修整即得成品,适用于玻璃纤维增强 UP 的许多产品,如化学工程反应容器、罐、管道、板材、游艇、电器绝缘材料等,缺点是产品精度低、劳动强度大、效率低,但对于大型及形状复杂设备,机械成型很难时,仍用手糊方法成型。

机械成型法:模压法最为常用,适用板格或整体模块成型,生产效率高,作业环境好,质量优良。缠绕法:除手工缠绕外,目前已实现了机械自动化和程序化控制,其缠绕角度、宽度、长度和直径均有很好的重现性,常用于管、罐受压容器。喷射法:是直接用喷枪把UP 通过高压气体喷涂在制品表面,也有同时再喷上玻璃短纤维进行增强的。连续法:是在连续的玻璃毯上浸渍树脂,一定压力下定型,然后进入 80~130℃的热固化区,最后裁断获得产品。定型压力一般为 0.02~0.2MPa,成型速度为 2~5m/min。

2.聚对苯二甲酸乙二醇酯

(1)概述

聚对苯二甲酸乙二醇酯(PET)是一种热塑性饱和聚酯,目前已成为发展迅速的一种工程塑料。

PET 的合成工艺路线为:对苯二甲酸或对苯二甲酸二甲酯与过量的乙二醇在 200~250℃或 180~190℃温度及催化剂存在下,通过直接酯化法或酯交换法制得中间产物,然后升温至 260~280℃,加压缩聚而成 PET。

PET 的结晶速度太慢,加工困难,为此要添加成核剂或结晶促进剂,来加快结晶速率,其中成核剂选用较多的有:乙烯/甲基丙烯酸共聚物、环氧化合物、硬脂酸钠、聚己内酯、滑石粉等。

PET 除大量用于涤纶纤维外,还大量用于汽车、机械设备的零部件,如阀门、仪表罩、车灯支架、齿轮等;还用于电子电气零部件,如继电器、开关、电容等;还用于音像磁带膜、复合包装膜等;还用于中空包装容器,尤其是双轴拉伸吹塑成型技术发展以后,PET瓶得到了迅速发展,PET瓶用于饮料、药品、化妆品等液体、油状、膏状物品的包装。

PET工程塑料的主要品种有以下几个方面,如添加35%玻纤增强的强韧性PET;添加30%玻纤的增强阻燃性PET;添加15%玻纤增强薄壁制品PET;添加46%玻纤增强的优异尺寸稳定性PET;还有耐冲击型的适于作汽车前板PET;也有用矿物填料增强的PET;也有用橡胶等增韧的PET等。

(2)基本性质

密度$1.69g/cm^3$(未增强PET密度为$1.35g/cm^3$),拉伸强度190MPa,伸长率2%,拉伸模量14 800MPa,弯曲强度280MPa,弯曲模量14 000MPa,制品冲击强度$13kJ/m^2$,相对分子质量2~3万。抗蠕变性、耐疲劳性、耐摩擦性也很好。

增强PET的热变形温度220℃,其制品可在120~150℃下长期使用。而未增强的PET热变形温度只有85℃;熔点260℃,玻璃化温度69℃。

PET适宜作电气绝缘材料,其电性能在较宽的温度范围内变化较小,但耐电晕性差。PET耐化学腐蚀性较差,不适宜在高温水蒸气及浓酸、碱环境中工作。PET耐光、热、气候老化性能较好。

PET物成型加工性质如下:

在成型加工之前,树脂必须进行干燥处理,130℃下干燥8小时。PET熔体粘度受温度影响不大,主要受剪切速率影响大,为此可调节螺杆转速、设计模具浇口等来控制粘度,以利于成型加工。未增强PET制品成型收缩率较大,一般为1.5%~2%,因此在设计模具时应注意这点。增强PET制品的收缩率小,约为1%以下,但在纵横方向上收缩差异较大。注射PET的加工条件举例如下:

注射料筒三段温度280~290℃,200~300℃,290~300℃,喷嘴温度290~300℃,模具温度85~120℃。未增强PET注射料筒温度比上述温度稍低些,控制在270~290℃,喷嘴处也要低些,为240~250℃,根据制品壁厚大小模具温度可选在60~100℃。PET制品在成型后,有时需要进行后处理,消除内应力,一般条件为:温度130℃,时间2小时。

同样,PET塑料的改性主要通过化学改性和物理改性,如共聚、填充、增强、共混;或加入特殊添加剂等改善PET的加工性、结晶性和韧性差等缺点。

3.聚对苯二甲酸丁二醇酯

聚对苯二甲酸丁二醇酯(PBT)是1970年开始工业化生产的综合性能优良的新型工程塑料,目前它和增强PET一起成为继尼龙、聚碳酸酯、聚甲醛、改性聚苯醚之后的第五大工程塑料。PBT的工业合成工艺路线与PET生产相似,以对苯二甲酸二甲酯与丁二醇为原料进行酯交换法反应而制得,也有用对苯二甲酸与丁二醇为原料直接酯化反应制得。反应温度为150~170℃。

PBT树脂的特性粘度对产品性能有很大影响:树脂的特性粘度越大,其冲击强度和断裂伸长率也越大。特性粘度不同,产品用途也不同。特性粘度小于0.85的低粘度树脂主要用于纸板等耐热涂层及食品等包装。特性粘度在0.85~1.0之间的中粘度树脂可做高精密工程部件、凸轮、机壳、办公设备、汽车部件等。特性粘度大于1.0的高粘度树脂,常用于制作耐蚀泵、电熨斗、咖啡过滤器外壳等。

表 9-5　PET 与 PBT 性能对比

对比项目	无填料 PET	PET30% 玻纤增强	无填料 PBT	PBT30% 玻纤增强
密度(g/cm^3)	1.35	1.55	1.30	1.53
拉伸强度(MPa)	75	140	60	135
断裂伸长率(%)	50	3	200	3
缺口冲击强度(kJ/m^2)	4	6	4	9
硬度	M83	M90	R116	R118
热变形温度(℃)	85	220	67	215
熔点(℃)	250～255	250～255	225～235	225～235
介电常数	3.3	3.7	3.3	3.8
吸水率(%)	0.08	0.06	0.06－0.1	0.03－0.08
成型收缩率(%)	1.5～2.0	0.3～0.8	1.5～2.2	0.4～0.8
玻璃化温度(℃)	80		60	

9.1.7　聚甲醛和聚碳酸酯

1.聚甲醛

聚甲醛(POM)是继尼龙之后发展的优良工程塑料。它原料单一,来源丰富,具有良好的物理、机械和化学性能,尤其是优异的摩擦性能。广泛用于机床、化工、农机、电子行业,制造工业零件代替有色金属和合金等。

POM 是一种没有侧链、高密度、高结晶性的线型热塑性聚合物。按分子链化学结构不同,可分为共聚 POM 和均聚 POM 两类。均聚 POM 的分子链由许多相同单元组成,结合紧凑;共聚 POM 却在许多相同分子链单元中,无规则地插入不同的结构单元。

均聚 POM 由甲醛制得三聚甲醛,然后聚合而成。共聚 POM 是由三聚甲醛与少量的其他共聚单体,如二氧戊环在催化剂作用下,共聚而成。

POM 的耐化学药品性能较好,但不耐强酸和氧化剂。对酚类、有机卤化物抵抗性差。在 70℃时能溶于卤代酚。POM 耐气候性差,均聚 POM 耐热性差,耐辐射性也差。

表 9-6　均聚 POM 与共聚 POM 性质对照

项　　目	均聚 POM	共聚 POM
密度(g/cm^3)	1.43	1.41
拉伸强度(MPa)	70	60 ~ 62
伸长率(%)	15 ~ 20	60
弹性模量(MPa)	3 600	2 900
弯曲强度(MPa)	99	91
缺口冲击强度(kJ/m^2)	7.7	8 ~ 9
无缺口冲击强度(kJ/m^2)	75 ~ 90	150
熔点(℃)	175	165
热变形温度(℃)	165 ~ 170	158
分解温度(℃)	大于 260	大于 250
耐寒温度(℃)	小于 ~ 60	小于 ~ 60
连续工作温度(℃)	85 ~ 90	100 ~ 104
成型收缩率(%)	2.2	2
吸水率(%)	0.25	0.22
结晶度(%)	72 ~ 85	62 ~ 75
加工温度范围	较窄约 10℃	较宽约 50℃
190℃变色时间(min)	95 ~ 100	110 ~ 120
218℃变色时间(min)	20 ~ 30	35 ~ 45
体积电阻率($\Omega \cdot cm$)	1×10^{15}	1×10^{14}

2. 聚碳酸酯

聚碳酸酯(PC)于 1985 年开始工业化生产,具有优异的冲击韧性,良好的透明性及其他综合性能,广泛应用于纺织、电器、建筑、仪表、运输等领域。

PC 的合成有两种工艺,一种是光气法(溶液法),另一种是酯交换法(熔融缩聚法)。光气法是通过双酚 A 钠盐的水溶液与光气进行缩聚合成 PC。其制得的 PC 相对分子质量为 6 ~ 10 万。缺点是牵涉到溶剂回收及有毒问题。酯交换法是通过双酚 A 和碳酸二苯酯在催化剂存在下,于 200℃熔融状态下进行酯交换而成。其相对分子质量在 2 ~ 3 万之间。

POM 的吸湿性比尼龙小,一般情况不用干燥处理,但需要储存在干燥的地方,必要时仍需进行烘干处理。POM 的熔体粘度对温度依赖性小些,因此提高加工温度,不能大幅度增加树脂的流动性,而增加注射压力,有利于流动性提高。POM 的容积变化较大,挤出物表面易开裂变形,还有均聚 POM 热稳定性较差,超过一定温度时,分解速度加快,这些应引起注意。POM 的玻璃化温度较低,因此用骤冷法制取透明薄膜很难,可用冷压延提高透明度,有助于在表层内排除结晶结构。

表 9-7　国外聚甲醛部分型号主要性能

项　目	100# 最硬型	900# 高流动型	570# 高刚度型	500CL 润滑型	100AF 四氟乙烯 改性型
拉伸强度(MPa)	68.9	68.9	58.6	65.5	52.4
伸长率(%)	75	25	12	40	22
挠曲模量(MPa)	2 620	2 960	5 030	2 760	2 340
冲击强度(J/m)	123	69.4	42.7	74.7	64.1
熔点(℃)	175	175	175	175	175
体积电阻率 (Ω·cm)	10^{15}	10^{15}	5×10^{14}	5×10^{14}	3×10^{16}

PC 的分子结构有如下特点:

(1)分子具有对称结构,简单规整、可结晶,但结晶条件很严格,实际上不容易结晶,如 PC 在 190℃下,最快时 8 天才能看到晶球,因此在一般成型条件下,PC 为无定形结构。(2)PC 链节重复单元较长,且存在苯环,限制了分子柔顺性,因此玻璃化温度、熔融温度均较高,熔体粘度大。

(3)PC 链结构中,既有柔顺的碳酸酯链,又有刚性的苯环结构,因此使 PC 具有许多其他工程塑料所没有的优点,如机械特性韧而刚。

(4)PC 链中有羰基为极性基团,电性能稍差;链中有酯基,易吸湿,易水解。

表 9-8　聚碳酸酯的性能

项　目	普通 PC	玻纤增强 PC
密度(g/cm³)	1.2	1.24 ~ 1.52
拉伸强度(MPa)	66 ~ 72	98 ~ 148
弯曲强度(MPa)	95 ~ 113	119 ~ 212
压缩强度(MPa)	43 ~ 88	105 ~ 168
缺口冲击强度(kJ/m²)	65 ~ 80	9.8 ~ 16.3
伸长率(%)	80 ~ 100	0.5 ~ 0.9
玻璃化温度(℃)	149	—
热变形温度(℃)	132 ~ 138	43 ~ 149
热分解温度(℃)	大于 340	—
低温脆化温度(℃)	− 100 ~ − 130	− 50
最高使用温度(℃)	135 ~ 142	149
熔点(℃)	225 ~ 250	—
成型收缩率(%)	0.5 ~ 0.7	0.03 ~ 0.5
介电常数	3.17	3.31 ~ 3.8

PC 为无色或微黄色透明固体,在厚度为 3.75mm 时,PC 的透光率为 75% ~ 90%,接近有机玻璃。折光指数为 1.589。PC 的电绝缘性能良好,但低于 PE、PS、聚四氟乙烯。在室

温下能耐稀酸、油、脂肪烃、盐类、氧化剂等,但胺、酮、酯、芳香烃能使之溶胀,易导致应力开裂。能溶于二氯甲烷、氯苯、二氧六环中。PC 的吸湿性较大,线膨胀系数为 $6 \sim 7 \times 10^{-5}$。在成型加工时首先是 PC 料必须烘干,因在室温下 PC 的吸水性为 0.35%,熔体粘度大且成型温度高,所以烘干使之含水量降至 0.02%;挤出成型时应采用排气式挤出机,料斗存料量要少;料斗要预热并抽真空。一般在 120℃下烘干 8 ~ 24 小时。

PC 的熔体粘度对温度和剪切速率不太敏感,所以一般采用高温、高压、快速成型法。但压力过高易造成内应力。PC 的收缩率小为 $0.5\% \sim 0.7\%$,所以模具设计时应在制品外壁设计上 6 度的锥度,另外主流道应粗而短,以利于高粘度流动。模具温度应高些,以利于制品缓慢冷却消除内应力,注射模具温度为 90 ~ 120℃。PC 制品必须进行热处理,温度100 ~ 130℃,8 ~ 24 小时。制件厚时,热处理时间长些;热处理温度低时,时间长些。

对 PC 进行改性主要采用共混、增强等方法,以实现增韧、改进加工性能、减少残余形变等目的。如 PC/ABS 可提高弯曲模量、耐热性,电镀性能等。

9.1.8 酚醛树脂和环氧树脂

1.酚醛树脂

酚醛塑料(PF)是世界上最早实现工业化生产的塑料,至今已近有 90 年的历史。PF塑料在我国热固性塑料中占第一位,随着改性 PF 塑料的发展及成型加工工艺上的改革,PF 塑料已进入工程塑料的行列,扩大了应用领域。

酚醛塑料的品种有:日用、电器、绝缘、高频、高压、无氨、耐酸、耐湿热、耐磨级模塑料及注射级抗冲品种,无石棉、耐高温、速固化等品种,形成系列化。改性酚醛树脂仍是当今研究热点之一。

不同的反应条件,则生成的 PF 树脂性质也不相同。若苯酚和甲醛按 1:0.8 摩尔比,在盐酸或草酸溶液中反应,则生成线型大分子,相对分子质量约为 1 500 左右。这种高聚物分子中由于不含有可反应的羟甲基,故在加热中,不会交联固化,称之谓热塑性 PF 树脂。若过量的甲醛和苯酚进行缩聚反应,在氨或氢氧化钠碱性的催化作用下,则经历甲、乙、丙三阶段,最后生成热固性 PF 树脂。

PF 树脂一般采用单釜间歇法,在带有搅拌器、蒸气夹套的不锈钢衬里的反应釜中制备。PF 模塑粉的生产常用干法生产:即 PF 树脂与各种添加剂混合,然后塑炼成片,粉碎塑炼的片,并批混合成 PF 模塑粉。再在热压机上模压成制品。模压温度 140 ~ 160℃,压力 6 ~ 10MPa,后处理温度 100 ~ 120℃,24 ~ 48 小时。

2.环氧树脂

(1)概述

环氧树脂(EP)是一类在分子结构中含有环氧基的聚合物。其种类很多,大部分是由双酚 A 和环氧氯丙烷进行缩聚的产物。由于分子中含有一定数量的醚键、羟基、苯环等,因而具有良好的电绝缘性、粘结性,加工性能优异、固化产品化学稳定性好、收缩率低、强度高。广泛用于电子电器绝缘材料、涂料、粘接剂尤其是树脂基复合材料等方面。环氧树脂中,常用的添加剂种类有:

固化剂:其作用是把线型环氧树脂变成不熔不溶的体型结构。常用的种类有:多元胺、多元酸及多元酸酐等。种类不同,用量也不同,少则 10%,多则 40%。

稀释剂:作用是降低树脂的粘度,其中分活性和非活性两种。活性稀释剂有:环氧丙烷丁基醚、环氧丙烷苯基醚等,用量为树脂量的 5% ~ 20%;非活性稀释剂有:丙酮、甲苯、正丁醇、苯乙烯、环己酮等,用量为 5% ~ 15%。

填料:作用是降低材料成本及提高某些性能。有时添加量 25%,有时高达树脂量的 2 ~ 3 倍。如硅微粉、云母、高岭土、滑石粉、石膏粉、铜粉、铝粉、钛白粉等。

增强剂:作用是提高强度,如玻璃纤维、石棉纤维等。

阻燃剂:起阻燃作用,如溴的化合物:二溴苯基缩水甘油醚等。

增韧剂:作用是增加 EP 的韧性,如非活性增韧剂为增塑剂,一般用量为 5% ~ 20%;活性增韧剂主要是单官能团的环氧化植物油、多官能团的热塑性聚酰胺树脂、聚硫橡胶、丁腈橡胶等。

EP 常用的几个指标有:

环氧当量:含有 1 摩尔环氧基的树脂质量克数。环氧当量大,说明树脂的分子量大。环氧值每 100 克环氧树脂中,含有的环氧基当量。

环氧基含量:EP 每一分子中,环氧基的百分含量。

其他有:有机氯量、无机氯量、软化点等。

EP 的主要性质如下:

体积电阻系数大于 $10^{15}\Omega\cdot cm$,拉伸强度 46 ~ 70MPa,冲击强度 10 ~ 20kJ/m^2,杨氏模量 2 300 ~ 2 500MPa,马丁耐热温度超过 100℃,室温下的吸水率小于 0.5%。

EP 的型号组成分四部分:第一部分为组成物质名称,用字母表示;第二部分为改性物质的名称,也用字母表示,没有时划一横线;第三部分为环氧值的平均数;第四部分即基本名称。如 E - 0.51 环氧树脂,则表示主要组成物质为二酚基丙烷;没有改性物质;其环氧值指标的平均值为 0.51 当量/100 克;该树脂为环氧树脂。

(2)改性环氧树脂

环氧树脂改性的重点是,提高耐热性、耐燃性、延长使用期和储存期、树脂单组分化、低粘度、低温固化性树脂增韧等。常见的增韧环氧树脂方法有:

液体端羧基丁腈橡胶(CTBN)增韧。一般添加量为 10%,其中 CTBN 的丙烯腈含量在 18% ~ 30% 较好,其中还可并用 30% 的二氧化硅,以避免加入 CTBN 后的强度降低。

硅橡胶增韧。其添加量为 30 份,同时再添加 70 份酸酐、0.1 份催化剂、110 份填料、适量分散剂等。

聚丁二烯增韧。加入 30 份较好。其中端羧基的聚丁二烯效果较明显,等等。另外以环氧树脂为主体制备互穿网络聚合物(IPN)使 EP 树脂的增韧技术有新的发展。

如用 100 份环氧树脂、25 份聚丙烯酸正丁酯,同步法合成二者的互贯网络体系,同时再添加 30 份邻苯二甲酸酐,及适量的偶氮二异丁腈、邻苯二甲酸二烯丙酯,其冲击强度可提高 1.3 倍,拉伸强度稍有提高。

目前,硅氧烷、丙烯酸酯、含氟弹性体增韧 EP 正受到人们重视。

9.1.9 聚酰亚胺树脂

环氧树脂用作碳纤维复合材料基体时,其最高使用温度约在 200℃左右。对于目前已有的各类环氧树脂,使用温度再提高是困难的。宇航工业的发展,对使用温度提出了更高的要求。当使用温度高于300℃时,可分别采用碳基碳纤维复合材料,金属基复合材料和陶瓷基复合材料。若使用温度在300℃左右,仍可采用树脂基复合材料。这样的基体主要有聚酰亚胺及某些改性的二甲苯树脂等。

聚酰亚胺树脂是主链含有杂环结构和 $-\overset{\overset{\textstyle O}{\|}}{C}-N\diagdown$ 基团的聚合物,品种很多。目前已应用或有希望用作复合材料基体的聚酰亚胺聚合物,可分为两大类型,即热固性聚酰亚胺与热塑性聚酰亚胺。

1.热固性聚酰亚胺

聚酰亚胺树脂中有一类称为不熔性聚酰亚胺树脂,它并不是典型的热固性树脂。它一般是由四酸二酐(如均苯四甲酸二酐)和二元胺(如芳香族二胺)反应缩聚而成的聚合物。在这类聚合物分子结构中无碳链结构,而是由杂环、苯环和氧形成主链结构,基本无反应活性基团。因此,它具有很好的耐热性和机械性能。它属于线型大分子结构,应具有热塑性,但由于分子的刚性大,使其流动温度接近于分解温度,因此称为不熔性树脂。此种聚合物不能用通常热塑性聚合物的成型方法进行加工,只能用类似聚四氟乙烯的冷压烧结方法,即低温压制高温烧结成型。典型的热固性聚酰亚胺其端基具有可反应的基团,因此可以进行交联反应,使聚酰亚胺通过交联转变成不熔不溶的固化物,是作为碳纤维复合材料耐热基体的主要树脂。本节也主要介绍这类聚酰亚胺。

聚酰亚胺树脂基碳纤维复合材料一般用作在300℃下使用的耐高温材料。该树脂的价格很高,在国外其价格要超过碳纤维。此外,从工艺上看,它需要高温固化,且要较高的压力和较长的时间,从而增加了聚酰亚胺树脂使用时的困难。然而,在现有耐高温树脂中,能经受长期高温氧化,使复合材料具有稳定的高温物理性能者,只有聚酰亚胺。

聚酰亚胺合成的典型反应是芳香族四羧酸二酸酐与芳香二胺间的反应。初始反应形成高分子质量的聚酰胺酸。它是溶解在二甲基乙酰胺溶剂中的。预聚体在高温固化,挥发掉溶剂和水,形成芳香族线型树脂。聚酰亚胺的玻璃化转变温度很高,使得它在300℃仍保持很高的强度。

采用不同的单体、不同的合成路线,可以得到不同结构的聚酰亚胺树脂,各种树脂的热物理性能也不同。Gillham指出,由均苯四酸二酐(PMDA)与3,4,3',4'苯酰酮四羧酸二酸酐(BTDA)可合成各种结构的聚酰亚胺树脂。用扭辫分析法研究其热行为,得出了聚酰亚胺树脂的结构和 T_g 的关系。他指出PMDA聚酰亚胺有较高的 T_g,而BTDA聚酰亚胺的 T_g 较低且易溶。

制造聚酰亚胺树脂复合材料比制造一般环氧树脂复合材料要困难得多。为获得满意的复合材料,需使树脂在高温下固化反应进行得充分;要细心地排出挥发物,以减少复合材料中空隙的含量;要避免由于固化反应放热集中而造成树脂过热或树脂损失引起的贫胶;在树脂固化过程中要逐渐加压等。典型的聚酰亚胺树脂石墨纤维复合材料的制造程序如下

(1)控制压机升温,使模具预热到204±2.8℃。

(2)预浸料的下料、铺层与装入模腔。

(3)施加接触压力。

(4)以 2.8℃/min 的速度,从 204℃升温到 274℃。

(5)在 274℃保持 1min 后,加压到 14kg/cm²。

(6)在 274℃,14kg/cm² 压力下保持 1min。

(7)压力降至零,15s 后再次升压到 14kg/cm²。

(8)再以 2.8℃/min 升温到 316 ± 2.8℃。

(9)在 316℃下保持 2h(小时)。

(10)在保持压力的条件下,冷却至室温。

表 9-9 聚酰亚胺 HT-S 纤维复合材料拉伸强度

测试条件	拉伸强度,kg/cm²
在 23.9℃	1.22×10^4
在 260℃	1.13×10^4
在 316℃(0h)	1.14×10^4
在 316℃(200h)	1.08×10^4
在 316℃(400h)	1.05×10^4
在 371℃(0h)	1.02×10^4

通过热重分析可知,聚酰亚胺的热和热氧化稳定性随着聚合物中亚胺基含量增加而提高。聚酰亚胺在空气中的热降解速率要比在真空中快。从红外分析得知,树脂在空气中的热失重,是由于亚胺键的破坏造成的。

当前在航空和宇航上应用的聚酰亚胺树脂主要是 PMR 树脂,它是以甲醇或乙醇为溶剂的低分子单体反应物。其 CF/PMR-15 复合材料孔隙率很低,且层间剪切强度可达 10^5MPa。PMR 树脂是低粘度树脂,对浸渍纤维十分有利。溶剂可在 50~120℃排除,制造复合材料的固化温度为 205℃时,形成热稳定的高分子质量聚酰亚胺,固化温度为 275℃到 350℃时,聚合物的末端基团进行反应相互交联,形成网状结构。

PMR 系树脂主要是 PMR-15 树脂与 PMR-11 树脂,区别在于单体组分与相对含量不同。PMR-15 由 5-降冰片烯-2,3-二羧酸甲基酯(NE),3,3'-4,4'-苯酰苯四羧酸二甲基酯(BTDE)和 4,4'-甲基二苯胺(MDA)组成;PMR-11 由 NE,4,4'-六氟异丙叉-双邻苯二甲酸二甲酯(HFDE)和对苯二胺(PPDA)组成。这二种体系的化学计算量如下:

PMR-15:2NE/3.087MDA/2.087BTDE

PMR-11:2NE/2.67PPDA/1.67HFDE

PMR-11 的耐高温性能优于 PMR-15,但 PMR-11 的生存期在室温下只有两天,而 PMR-15 可达两个星期。PMR-15 相对分子质量较高,一般为 1 500,而 PMR-11 相对分子质量较低,且固化过程无挥发物产生。

PMR 体系复合材料的耐热性与纯 PMR 体系的耐热性还有所不同,复合材料的耐热性还要受纤维的类型和界面性能的影响。

在聚酰亚胺树脂体系中,PMR - 15 已经得到实际应用,但也存在一些问题,如工艺复杂等。因此,近年来为了适应耐高温飞行器的需要,聚酰亚胺树脂体系的新品种正在不断地研究和发展。乙炔端基聚酰亚胺聚合物,可以用加成聚合反应进行固化。这种热固性聚酰亚胺的固化反应是利用乙炔端基进行链的扩展和交联,形成聚合物的单体是 1,3 - 双 - (3 - 氨基苯酚)苯、二苯甲酮四羧酸二酐(BTDA)和间 - 氨

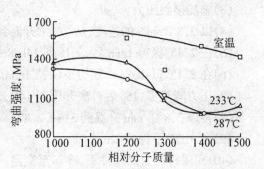

图 9-1 聚酰亚胺分子质量大小与其复合材料弯曲强度的关系

基苯乙炔。三者在溶液中进行反应,溶剂是二甲基甲酰胺或 n - 甲基吡咯酮。用上述的预聚体溶液浸渍碳纤维,制成预浸料。用预浸料制造复合材料的工艺程序是:在 250℃、141kg/cm² 压力下保持 2 小时,在 316℃ 的空气中后处理 16 小时,纯聚合物(HR - 600)在 200℃ 以上发生链的扩展与固化反应,所得固化浇注体的性能如下:拉伸强度为 984kg/cm²,拉伸弹性模量为 38 700kg/cm²,弯曲强度为 1 270kg/cm²,弯曲弹性模量为 45 700kg/cm²,压缩强度为 4 640kg/cm²。

2.热塑性聚酰亚胺

与不熔性聚酰亚胺相比,如用酮酐、醚酐和二醚酐来代替均苯二酐与二元胺反应,可生成如下结构的聚合物

此种结构的聚合物是可熔的线型非晶态物质,一般可用热塑性塑料的成型方法(如模压、注射、挤出等)来成型,且可以制造薄膜及形状复杂的制品。

用于制造碳纤维复合材料的热塑性聚酰亚胺中,最重要的品种是具有如下结构的 NR - 150 系聚合物

其中 B 为与二元胺有关的结构。NR - 150 系树脂虽与 PMR - 15 的结构类似,在制造复合材料的方法上也类似,但不存在交联反应,其 T_g 可达到 280 ~ 371℃。

9.1.10 其他塑料原料

1.氟塑料

氟塑料是分子链中含有氟原子的高聚物的总称。由于分子链中有氟原子和稳定的碳

氟键,使得这种氟塑料具有独特的性质,如耐热、耐寒、耐化学腐蚀、低摩擦系数等,其中聚四氟乙烯被称为塑料王。

当前氟塑料的种类很多,其中应用最广泛的有:聚四氟乙烯(PTFE)、聚三氟氯乙烯(PCTFE)、聚全氟乙丙烯(FEP)、四氟乙烯和全氟烷基乙烯基醚共聚物(PFA)、聚偏氟乙烯(PVDF)、聚氟乙烯(PVF)、四氟乙烯和乙烯共聚物(E/TFE)、三氟氯乙烯和乙烯共聚物(E/CTFE)等。其中聚四氟乙烯(PTFE)产量最大,约占整个氟塑料的80%左右。下面重点介绍 PTFE 的性质及加工。

PTFE 是非极性、线型结晶聚合物,一般结晶度为 55% ~ 75%,有时高达 94%;相对分子质量一般为 40 ~ 100 万之间,有时高达 400 万,密度为 2.1 ~ 2.3g/cm³。

PTFE 的热性能很好,熔融温度 324℃,分解温度 415℃,最高使用温度 250℃,脆化温度 – 190℃,热变形温度(0.46MPa 条件下)120℃。

PTFE 的力学性能良好,其拉伸强度 21 ~ 28MPa,弯曲强度 11 ~ 14MPa,伸长率 250% ~ 300%,对钢的动、静摩擦系数均为 0.04,比尼龙、聚甲醛、聚酯塑料的摩擦系数都小。PTFE 的耐化学稳定性能最好,能耐强酸、强碱、强氧化剂及“王水”的腐蚀。

PTFE 的电绝缘性能很好,体积电阻率大于 $10^{17}\Omega \cdot cm$。耐电弧性好,能在 250℃下长期工作。

PTFE 的工艺合成路线,多数采用由氟石开始制取氯二氟甲烷,然后于高温下转变成四氟乙烯,最后聚合而成。

根据性能划分,氟树脂可分为一般性和功能性两种。一般性氟树脂品种有:耐热型、难燃型、耐药品型、耐候型、绝缘型和高频型。功能性氟树脂品种有:自润滑型、非粘结型、疏水型、憎油型、压电型、低折射率型、放射线感应型、选择透过型等,针对不同的性能,则在不同的方面得到应用。

2.聚甲基丙烯酸甲酯

聚甲基丙烯酸甲酯(PMMA)俗称有机玻璃,是一系列丙烯酸酯聚合物中最重要的一种,其透明性在现有高聚物中为最好,广泛用于航空、医疗、仪器等领域。

工业生产方法有:本体聚合、溶液聚合、悬浮聚合、乳液聚合四种方法。常用是前二种。溶液聚合目前已发展为新型的溶液聚合。

PMMA 的密度为 1.19 ~ 1.22g/cm³,相对分子质量 50 ~ 100 万,分三种构型:无规立构、间规立构、等规立构。PMMA 的玻璃化温度 105℃,熔融温度 160 ~ 200℃,维卡软化点 113℃,最高使用温度 65 ~ 95℃,脆化温度 9.2℃,马丁耐热温度 80℃,热变形温度 115℃(1.85MPa),126℃(0.46MPa),容易燃烧。PMMA 的透光率可达 90% ~ 92%。耐磨性差,其静摩擦系数为 0.8,对钢的动摩擦系数为 0.45 ~ 0.5,易被擦伤磨毛。PMMA 的电性能,机械性能、耐化学腐蚀性均良好。PMMA 具有优良的耐气候性。

PMMA 的缺点是耐热性,耐磨性较差,硬度较低,易溶于有机溶剂等,故 PMMA 的改性品种发展较快,例如:

甲基丙烯酸甲酯和丁二烯共聚:抗冲击性能很好,表面硬度较高。

甲基丙烯酸甲酯和苯乙烯共聚:耐热性能提高 20℃,表面硬度得到提高。折射率比 PMMA 大些。

聚甲基丙烯酸甲酯和聚碳酸酯共混,可得到具有珠光色泽的塑料,作珠光玻璃用,而且无毒,可用于食品或化妆品的容器。

甲基丙烯酸甲酯与甲基丙烯酸乙酯共聚,可提高机械强度。

用氰基或卤素离子取代单体中的甲基,然后聚合,其耐热性能提高不少。

用聚硅氧烷预聚物喷涂于 PMMA 表面,可大大提高表面抗擦刮性,其结构类似于有机基团嵌入无定形石英玻璃。

3.有机硅

有机硅是指含有硅元素的高分子化合物,一般指硅氧烷而言,它是集无机硅氧烷和有机高分子材料两者优点而合并在一起的新型材料,它是以—Si—O—Si—为主链,其他有机基团为侧链的特殊结构,因而具有优异的防潮、憎水、电气绝缘、耐高低温、化学稳定、消泡、脱模及生理惰性等特性,广泛用于工农业各个方面。

在机硅可以选择不同的固化方法;可改变结合在硅原子上的有机基团;可以改变硅氧烷的分子结构、交联密度;可以进行共聚改性、共混改性、填充改性;可选用不同的二次加工技术,形成系列不同用途的有机硅材料,如油状液体硅油、有机硅橡胶、具有柔性的树脂涂层、具有刚性的硅塑料、硅乳剂等。

硅油作外润滑剂用:用普通硬脂酸作润滑剂,易腐蚀模具,阻塞材料,此时可将硅油溶解在多氯乙烷、二甲苯或甲苯溶剂中,配成 1% ~ 2% 的浓度,喷涂在模具上,脱模效果较好。硅油作内润滑剂用:把硅油均匀加入树脂中,可使熔体的流动性增加,并不妨碍制品表面的喷涂或电镀处理。一般制件在脱模时,硅油的添加量为 0.2% ~ 0.3%;对有假木纹表面或凹槽制件脱模时,硅油添加量为 1%;为改进制品的耐磨性能,硅油浓度要为 2% ~ 3%。

硅油改性的塑料品种有:PS,HIPS,PP,ABS,PA6,PA66,PC,玻纤增强尼龙 66,PU,PET 等。

如 PS 和 ABS 原来的摩擦系数分别为 0.50 和 0.60,但是添加 2% 硅油后,其摩擦系数分别下降到 0.14 和 0.33。

4.聚砜

聚砜(简写 PSF)是以苯环为主链,通过醚、砜、异丙基等基团作为"铰链"联接而成。呈透明而微带琥珀色,也有的是象牙色不透明体。大致可分为以下四种:普通双酚 A 型 PSF;改性双酚 A 型 PSF;非双酚 A 型的聚芳砜(聚苯醚砜);聚芳醚(聚醚砜)。聚芳砜的刚性和耐热性很好,而聚芳醚的柔性非常好。

(1)双酚 A 聚砜

PSF 的密度为 $1.24g/cm^3$,吸水率 0.22%,摩擦系数 0.4,拉伸强度 72 ~ 82MPa,弯曲强度 108 ~ 120MPa,缺口冲击强度 8 ~ 15kJ/m^2,伸长率 50% ~ 100%。

热性能为:马丁耐热温度 150℃,维卡耐热温度 170 ~ 180℃,玻璃化温度 190℃,熔点 250 ~ 280℃,连续使用温度 150℃,热变形温度(1.86MPa)174 ~ 185℃,比热容 1.5J/g,线膨胀系数 $3.1 ~ 3.5 × 10^{-4}$/℃,脆化温度 – 100℃。

PSF 耐日光性良好,体积电阻率 $5 × 10^{14}Ω·cm$,耐化学稳定性良好,属自熄性树脂,能溶解于某些芳香烃类。

改性 PSF 的类型主要有:填充型、增强型、润滑型、阻燃型、共混型等。其中可与之共混的聚合物有:ABS、聚碳酸酯、酚醛、聚甲基丙烯酸甲酯等。

PSF 的注射成型工艺条件如下:

注射机螺杆应采用渐变型为好,压缩比为 2.5～3.5:1;喷嘴采用直通式且带有加热装置;金属嵌件必须预热,温度为 100～130℃。PSF 物料控制水分在 0.12% 以下,干燥温度为 110～135℃,8～24h。注射机料筒温度为 210℃,220℃,230℃(温度差范围 ±20℃),喷嘴温度 210℃,模具温度 110℃。PSF 注射时间 10～35s,保压时间 5～10s,冷却时间 30～90s。注射压力 80～140MPa。

PSF 可用于制造耐热性能、耐化学性能好的零件,如汽车零件、凸轮、转向柱轴环等;制造耐热性好、精度高、电绝缘优异的电气、电子零件,如示波器、整流器、电视元件、开关等;还可做耐热、耐蠕变的粘接剂等。

(2)聚醚砜

聚醚砜(PES)的分子结构是由醚基,砜基和次苯基组成。醚基使之熔融体流动性能好,而砜基赋予其耐热性,其综合性能非常优异。

PES 连续使用温度为 180℃;在室温 20MPa 负荷下,三年后的蠕变只有 1%;成型收缩率为 0.6%,而且没有各向异性问题;阻燃性能好;易成型加工,可注射、挤出、模压、溶液涂覆、粉末烧结、真空成型等。

PES 密度为 1.37g/cm³,折光率 1.65,吸水率 0.43%,拉伸强度 86MPa,弯曲强度 132MPa,伸长率 5%～6%。PES 的玻璃化温度 225℃,脆化温度 –100℃,热变形温度 203℃(1.86MPa 下),400℃分解,在 200℃高温下,其体积电阻率仍具有 $10^{13}\Omega\cdot cm$ 这样高的数值。

PES 成型前必须进行干燥,160℃、3h,注射时料筒温度为:300～330℃,330～360℃,喷嘴温度 330～360℃,模具温度 110～130℃,注射压力 100～140MPa,螺杆背压 5～10MPa,螺杆转速 50～60r/min,成型时间 20～40s。PES 挤出成型时料筒温度为 180,330,350℃。

玻璃纤维增强 PES,其热变形温度升到 216℃,长期使用温度可达 200℃,成型收缩率由原来的 0.6% 降到 0.3%,玻纤添加量为 30%。

在其中添加 10%～20% 的聚四氟乙烯或添加固体润滑剂则可得到耐磨擦、磨耗 PES。PES 可用于汽车、航空、电子、医疗、机械等行业,做工业配件、器械等,另外还可做防腐涂料、超滤膜、反渗透膜等。

5.聚苯醚和聚苯硫醚

聚苯醚(简称 PPO)是二甲基苯酚的聚合物,全称应为聚二甲苯醚,也有叫聚苯撑氧的。PPO 为线型结构,相对分子质量为 2.5～6 万,玻璃化温度高达 210℃,熔点为 257℃,脆化点 –170℃,马丁耐热温度 160℃,分解温度为 350℃,密度为 1.06g/cm³,其他耐化学性能,电性能良好。但加工性能差及材料成本较高,限制了其应用发展。

改性聚苯醚(MPPO)是由 PPO 和 PS 共混改性而成,改善了成型加工性,材料成本有所降低,只是耐热性稍有下降。

MPPO 的性质为:密度 1.05 ~ 1.25g/cm³,吸水率 0.7%,热变形温度(1.86MPa)85 ~ 125℃,拉伸强度 40 ~ 90MPa,弯曲强度 70 ~ 120MPa,缺口冲击强度 14 ~ 35kJ/M²,体积电阻系数 1 × 10¹⁶Ω·cm,成型收缩率 0.5% ~ 0.7%。

MPPO 品种有:普通型、阻燃型、增强型、高抗冲型、高耐热型、耐煮纱管专用型等。

MPPO 成型加工条件为:

预干燥温度 110 ~ 120℃,2 ~ 3h,料厚 2 ~ 3cm,注射料筒温度 260,280℃,喷嘴温度 275℃,注射压力 120MPa,螺杆转速 50r/min,模具温度 70 ~ 100℃,模塑周期 40s,可加进 20% ~ 30% 的回头料。

MPPO 可用于汽车、办公设备,电子电器配件、家用电器等方面。

聚苯硫醚(PPS)是一种热塑性耐高温塑料。长期使用温度为 200 ~ 240℃,短期使用温度为 260℃。

PPS 密度 1.64 ~ 1.98g/cm³,吸水率 0.05%,成型收缩率 0.3% ~ 0.5%,热变形温度(1.86MPa)大于 260℃,拉伸强度 130MPa,弯曲强度 180MPa,热分解温度 370℃,熔点 282℃,阻燃性能良好,电绝缘性能优异、耐化学腐蚀性能好。

PPS 还可用 40% 量的玻纤进行增强,其注射成型温度为:280 ~ 290,310 ~ 320,300 ~ 310℃,喷嘴温度 290 ~ 300℃,注射油泵压力 4MPa,模具温度室温,注射周期 40s。玻纤增强 PPS 的缺口冲击强度为 12kJ/m²,热变形温度 264℃,体积电阻率 1.5 × 10¹⁶Ω·cm。

PPS 应用于国防军工、电子电器、汽车、精密机械等行业。

6. 聚芳醚酮

聚芳醚酮具有优异的高温机械性能、电绝缘性、热氧稳定性及耐辐射、耐化学药品侵蚀性,是一种热塑性工程塑料。

聚芳醚酮包括聚醚酮(PEK)、聚醚酮酮(PEKK)、聚醚醚酮(PEEK)等。如 PEEK 熔点为 384℃,玻璃化温度 154℃,挤出温度 117℃,370℃,396℃,模头温度 372 ~ 385℃,薄膜挤出后,即和金属辊筒接触,急剧冷却,得到厚度 0.05 ~ 0.1mm 密度 1.27 的无定形薄膜,该膜还可以在 177℃同时双向拉伸 2.5 × 2.5 倍。

PEEK 注射成型时,料筒温度为 380℃,380℃,380℃,机头温度 390℃,模具温度 150℃,注射压力 14MPa,注射时间 10s,冷却时间 40s。

聚芳醚酮可用于军事、宇航、原子能、矿山、油田、化工等方面,用作电绝缘材料、机架、原子能工程部件、防腐涂料、阀门等。

9.2 橡 胶

9.2.1 橡胶的分类

实用橡胶的种类达 20 余种,其分类法也有好几种。例如,有按照是否属于双烯类而从化学结构上加以分类的。但在此列举的则是容易为专家以外的技术人员所熟识的实用分类法。

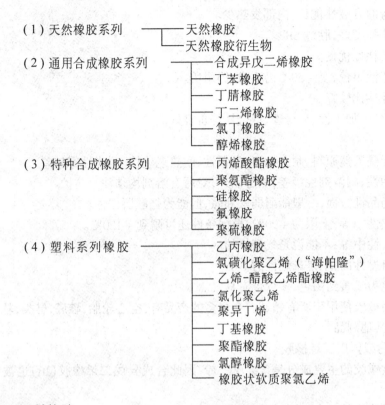

（1）天然橡胶系列 —— 天然橡胶
　　　　　　　　　　—— 天然橡胶衍生物
（2）通用合成橡胶系列 —— 合成异戊二烯橡胶
　　　　　　　　　　　—— 丁苯橡胶
　　　　　　　　　　　—— 丁腈橡胶
　　　　　　　　　　　—— 丁二烯橡胶
　　　　　　　　　　　—— 氯丁橡胶
　　　　　　　　　　　—— 醇烯橡胶
（3）特种合成橡胶系列 —— 丙烯酸酯橡胶
　　　　　　　　　　　—— 聚氨酯橡胶
　　　　　　　　　　　—— 硅橡胶
　　　　　　　　　　　—— 氟橡胶
　　　　　　　　　　　—— 聚硫橡胶
（4）塑料系列橡胶 —— 乙丙橡胶
　　　　　　　　　—— 氯磺化聚乙烯（"海帕隆"）
　　　　　　　　　—— 乙烯-醋酸乙烯酯橡胶
　　　　　　　　　—— 氯化聚乙烯
　　　　　　　　　—— 聚异丁烯
　　　　　　　　　—— 丁基橡胶
　　　　　　　　　—— 聚酯橡胶
　　　　　　　　　—— 氯醇橡胶
　　　　　　　　　—— 橡胶状软质聚氯乙烯

9.2.2 天然橡胶

虽然合成橡胶不断地发展,但是天然橡胶仍在综合性能、价格、生产能力等方面继续发挥着它的长处。不仅数量方面,而且在像飞机轮胎那样的苛刻使用条件和要求高度可靠性的用途中,仍占有重要地位。

天然橡胶(NR)种类主要有以下六种:

皱纹烟片:大约占天然胶总量的 80%,是工业级产品,外观的好坏顺序分为 RSSIX, 1~5号六种。

苍皱片:仅次于皱纹烟胶片,被广泛应用于工业上,价格比 RSS 高。

白皱片:是白色的,要求严格的制备工序管理,分薄 IX 和 1 号两种。

风干片:比 RSS 颜色浅,比苍皱片便宜。

SP 橡胶:被用来与其他橡胶混合使用。

平黑皱片:是将天然橡胶的碎屑用辊轧机压成的皱片,质量等不均匀,价格低廉。

由于原料是天然产物,即使制备工艺控制得很严格,质量还会有波动,但综合性能优良,各种性能相当均衡,有些性能如强度和弹性等是合成橡胶不能相比的。耐候性、耐臭氧性、耐油性、耐溶剂性、耐燃烧性等比较差。加工性、粘合性、混合性等良好。无论从价格便宜和今后发展来看,都是很有实用价值的品种。

(1)优点

（Ⅰ）强度大,除了聚氨酯以外,纯胶在所有橡胶中强度是最高的。

（Ⅱ）橡胶弹性最好。

（Ⅲ）耐弯曲开裂性优良，内部发热少。

（Ⅳ）抗撕强度好，胜过 SBR。

（Ⅴ）耐磨耗性优良。

（Ⅵ）耐寒性出色，至 – 50℃仍不脆，仍耐用。

（Ⅶ）绝缘性比较好。

（Ⅷ）硫化性、加工性、粘合性、混合性等也良好。

(2)缺点

（Ⅰ）由于是天然原料，耐久性、耐臭氧性、耐热老化性、耐光性等较差。

（Ⅱ）耐油性、耐溶剂性极差，除醇以外，对所有溶剂均须注意防护。

（Ⅲ）耐药品性方面，一般能耐弱酸和碱，但能为强酸所侵蚀。

（Ⅳ）耐热性中等，上限为 + 90℃，根据条件还可耐到 + 120℃。

（Ⅴ）透气性中等，不能说是气密性的。

（Ⅵ）是自燃性的，不是难燃性的。

（Ⅶ）颜色为浅黄到褐色，多少带有臭气。

作为通用橡胶使用于所有领域。产量多的产品有：空心轮胎，鞋底，鞋类，软管，带子，轧辊，胶布和其他制品。

9.2.3 合成异戊二烯橡胶

由于天然橡胶的主要成分是聚异戊二烯，因此合成异戊二烯橡胶(IR)也被叫做合成天然橡胶。

物性与天然橡胶基本相同，但纯度高，质量均一，灰分和凝胶成分少，容易素炼，充模流动性良好，过早硫化的危险小。

物理性能方面，耐弯曲开裂性、电性能、内发热性、吸水性、耐老化性等性能均优于天然橡胶。相反，强度、刚性、硬度则要比天然橡胶差一些，冷流和延伸量也大些，价格高于天然橡胶。

用途：适合于作浅色制品，凡能使用天然橡胶的领域均适用。

9.2.4 丁苯橡胶

苯乙烯丁二烯橡胶(SBR)是典型的通用合成橡胶。SBR 是含 3/4 丁二烯、1/4 苯乙烯的共聚物，属双烯类橡胶，非结晶性的，但溶液聚合法得到的产物则是立构规整性的。

SBR 有三种分类方法。按聚合温度分：高温共聚丁苯橡胶，是老法聚合的产物，现在只占总产量的 20%左右，而且有逐渐减少的趋势。低温共聚丁苯橡胶，是新法聚合的产物，一般物性都比高温共聚橡胶好。按品种分：# 1500，# 1507，# 1700（充油 SBR）。按聚合方法分：乳液聚合 SBR 和溶液聚合 SBR，由于 SBR 是人工合成的，容易控制物理性能，能够按用途选用相应等级。容易硫化，通过加填料也可达到较大的补强效果。但是，化学稳定性低，耐久性一般都差，价格便宜。由于能得到比较均衡的综合性能，因而在通用合成橡胶中占据首位。

(1)优点(列举与天然橡胶 NR 相比的优点)

（Ⅰ）由于是合成材料，所以质量均一，无异物混入。

（Ⅱ）硫化速度与天然橡胶一样快，而且生产工艺控制容易，不需素炼。

（Ⅲ）耐候性、耐臭氧性、耐热性、耐氧化老化性、耐油性等都在某种程度上胜过 NR。

（Ⅳ）通过调节苯乙烯含量等，就能控制物理性能，而且与 NR、BR 等其他橡胶的掺和性良好，能进行改性。

（Ⅴ）在原料价格和供应情况等方面，不会像天然橡胶那样有大的变动。

(2)缺点

（Ⅰ）硫化速度比较慢，对促进剂的依赖性大。

（Ⅱ）粘附性差，收缩大，因而加工有困难。

（Ⅲ）纯橡胶硫化后的抗张强度相当小，所以需要配合大量补强剂。

（Ⅳ）回弹性、耐寒性、动态特性、电性能等不如 NR，特别是动态发热大。

（Ⅴ）抗撕强度相当小。

SBR 可代替天然橡胶或者与天然橡胶掺和，有着和天然橡胶相同的用途。主要用于制作空心轮胎以及鞋底、软管、带子、轧辊、胶布、模型等工业用品。

9.2.5　丁二烯橡胶

丁二烯橡胶(BR)，也叫聚丁二烯橡胶，是通用橡胶，消费量仅次于 SBR 和天然橡胶，应用广泛。BR 一般可分为：

高顺 1.4 型：立构规整的橡胶，一般品种。

低顺 1.4 型：立构规整的橡胶。

乳液聚合型：非立构规整的橡胶，难产生碎屑。

(1)优点

（Ⅰ）回弹性非常高，受震动时内部发热少，耐磨耗性优良。

（Ⅱ）就加工性而言，不需素炼，挤出成型性良好，也适合注射成型。掺和性能良好，能添加大量填料。

（Ⅲ）耐热温度是 120℃，和 NR 相同，低温物理性能良好，耐寒温度可达 –55℃ 以下。

（Ⅳ）耐老化性比 NR，SBR 要好。

（Ⅴ）价格与 SBR 差不多，属廉价橡胶。

(2)缺点

（Ⅰ）强度(特别是纯橡胶)很低，需要碳黑等配合。

（Ⅱ）抗撕性差。

（Ⅲ）冷流严重，储藏有问题。

（Ⅳ）加工性方面，混炼性比 NR 或 SBR 差。

（Ⅴ）能耐醇，但不耐油类和有机溶剂，耐酸性也不强。

（Ⅵ）虽比较耐氯气，但不耐水蒸气，也不耐臭氧和辐射。

BR 单独使用的场合不多，大多是与 SBR 或者 NR 掺和使用。大约 60% 以上用于制造轮胎，特别是小汽车的轮胎。

9.2.6　丁腈橡胶

丁腈橡胶(NBR)消费量在各胶种中占第七位，是主要的耐油品种。NBR 一般可分为极高丙烯腈型、高丙烯腈型、中高丙烯腈型、中丙烯腈型、低丙烯腈型。

(1)优点

首推耐油性,能耐汽油、轻油。耐磨耗性、耐老化性、耐水性优良,强度和耐热性(最高使用温度为139℃)比 SBR 稍好。在各种橡胶中,丁腈橡胶是比较能耐有机溶剂的一种橡胶。

(2)缺点

容易弯曲开裂,动态性能差,对臭氧无抵御能力,对此必须与 NR、SBR 一样加以注意。不是难燃性的,燃烧时会产生有毒气体。耐寒温度为 −10 ~ −20℃,是橡胶中在低温下易脆化的一个胶种。对于水蒸气、氯气不稳定,电绝缘性也并不好,价格比 CR 高,属于高价橡胶。NBR 主要用于制作油封、垫圈、密封填料等工业用品和制作耐油橡皮管、传送带、轧辊,此外还以乳胶形式作为粘合剂用。

9.2.7 氯丁橡胶

氯丁橡胶(CR)生产量次于 EPR 和 IIR(丁基橡胶),物性上处于通用橡胶和特种橡胶之间,作为具有均衡综合性能的比较高级的橡胶材料使用。

(1)优点

耐候性和耐臭氧性在通用橡胶中属于最高的级别,耐热老化性也优良。耐油性仅次于 NBR,是难以燃烧而且具有自熄性的橡胶。气体透过率低,次于 IIR 和"海帕隆"。作为橡胶类粘合剂时,粘合力很大,富于回弹性,压缩变形小。难于冷流,抗弯曲疲劳性强,耐磨耗性亦优良。

(2)缺点

电绝缘性虽胜过 NBR,但比通用橡胶都差。可耐一般的酸、碱,但易受氧化性试剂和芳香族溶剂、含氯溶剂的侵蚀。加工性比较好,但储藏稳定性差。颜色稳定性差,妨碍配成鲜明的色彩。属于高价产品。

CR 主要用于制作汽车零件(约占总量一半),其余的用作工业用品、粘合剂、电线包皮和其他一些制品。主要在有油的环境里和室外使用,也用于要求有高度功能的场合。

9.2.8 丙烯酸类橡胶

丙烯酸类橡(AR)也叫做丙烯酸酯橡胶,产量不多,但作为耐热、耐油橡胶而占据特殊的地位。主要有 ACM、ANM 和新型丙烯酸橡胶。

(1)优点

首推耐热性,连续使用温度为 150 ~ 170℃,断续使用可耐到 200℃,第二个优点是耐油性,对于油一般是稳定的,耐臭氧性、耐候性等也好。

(2)缺点

耐寒性不好,就是改良了的新型丙烯酸橡胶在 −20 ~ −30℃下也脆化,易燃。最近加工性得到了相当的改进。耐水性、耐水蒸气性差,不耐酸、碱。回弹性、耐磨耗性差,蠕变性强,电性能差,价格高。

AR 类几乎都用在制备汽车的耐热垫圈等在高温和有油的环境里使用的零件上,用挤出成型法还能制高温油封和海绵状制品。

9.2.9 聚氨酯橡胶

聚氨酯橡胶 UR 是最近发展的合成橡胶,强度性能优越。硬度高时仍有橡胶弹性,被用作防震材料。UR 主要有以下几种。

浇铸型:可用浇铸法成型。物理性能极佳,能制得硬度从低到高的各种产品,适合于制备大型制品、衬垫、衬里等。操作有效期短,只有几分钟。

浇铸型以外的液体系列:发泡浇铸型弹性体,现场发泡,用喷雾等方法制的涂层、粘合剂皆属这一类型。

混炼型:可应用一般橡胶加工装置成型。在消费量方面的市场占有率约为 15%,这一品种从设备利用上看是有利的。

热塑型:能用注射成型和挤出成型等成型法。硬度在邵氏硬度 A75～D75 范围内的产品均有售,作为塑料属于软质产品。

(1)优点

即使不加补强剂也很强韧,富于刚性,介于橡胶与塑料之间。硬度与弹性模量可在较广的范围内变化。橡胶弹性并不大,然而即使是硬质制品也还具有橡胶弹性,这是它的特点。耐磨耗性是出类拔萃的,在橡胶、塑料、铁之中是最高的。抗撕强度也大,具有缓冲效能。耐油性优良,低温性能好,直到 –50℃～–70℃仍不发脆。耐热老化性优良,连续耐热温度在空气中为 80℃,油中则为 110℃。以 IIR 作标准,它的透气性是小的。

(2)缺点

滞后损耗比较大,容易内部发热,遇水有可能发生水解。受紫外线作用,易变成褐色,电性能并不特别好。摩擦系数比较大,若有水存在则降低。

UR 用途以发泡体为主,也广泛用作车轮(实心车胎)、轧辊、轴瓦、传动带、研磨板、泵螺旋桨、水中轴承等和作密封垫圈、O 型环、密封填料、齿形带(同步皮带)等,还作防震橡胶、弹性联接器、汽车用缓冲器等等。

9.2.10 硅酮橡胶

硅酮橡胶(SI)具有介于有机物和无机物之间的性质。大致分为油、橡胶、塑料三种,市售硅橡胶可分为配合好了的混合物,生胶(纯橡胶),基本橡胶(只加了增强剂的)三种类型。混合物一般为成型型、低压缩形变型、高抗撕强度型、超低温型、超耐热型、高强度型、电线型、难燃型、玻璃表面涂层型、粘合型、海绵型、自熔带、通用 2 液型(RTV 型,室温固化型)、1 液型(RTV)。

(1)优点

耐热性和耐寒性特别出色,在 –60℃～+250℃这样宽的温度范围内,物理性能变化极小,耐用。最高可耐到 300℃,也有到 90℃还不失弹性的等级。耐候性、耐臭氧性也相当好,还具有叫做非粘附性的特性。电性能也优良。

(2)缺点

一般都是软质的,机械强度小,特别是抗撕强度差,耐油性、耐溶剂性也一般。对强酸、强碱不稳定。耐磨耗性差,气体透过率大。

现在强度和耐磨耗性等弱点已得到相当的改进,但是价格极高成了最大的难题。SI 用在要求耐热、耐寒的电气绝缘材料、密封填料、耐热滚筒、密封材料、医疗器械等特殊领域,室温固化的 RTV 型产品装在管中出售。

9.2.11 聚硫橡胶(TR)

聚硫橡胶(TR)也叫多硫橡胶,主要分为橡胶状、液态、胶乳状。

TR 的耐油性是出类拔萃的,比 NBR 和 CR 更好,耐臭氧性、耐候性也优越。另外,透气性小,约为天然橡胶的 1/30。电性能相当好,耐寒性也优良,纯胶在 −45℃ 下还有柔软性,可在 110～120℃ 下连续使用。缺点是加工性差,制品有强烈的臭气,机械性能不够好,不适合用在要求强度高的地方,耐磨耗性相当差。

TR 代表性的用途是制作耐油、耐溶剂性的软管、密封填料、垫圈、隔膜、滚筒、永久性油灰等,液态橡胶可作敛缝材料、密封材料和封装材料、粘合剂等。

9.2.12 乙丙橡胶

乙丙橡胶是指 EPM 和 EPDM,统称 EPM。EPM 由于不含不饱和组分,故耐热性、耐候性、耐臭氧性等优越,但是,不能用硫黄硫化。

EPDM 可以用硫黄硫化,对热、光、臭氧等的稳定性比一般的双烯类橡胶优越。

(1)优点

除耐臭氧性(比 IIR、CR 优良)、耐候性、耐热老化性优良外,使用温度范围也宽广(−40℃ ～ +150℃),耐药品性良好。在橡胶中它是最轻的,回弹性好,压缩变形量小,可自由着色,而且色泽稳定性良好。电性能也优良。

(2)缺点

虽然易硫化,但粘附性、轧辊操作性、粘合性均差。强度不大,耐油性、耐溶剂性、耐燃性均差。

EPM 除制作传动带、滚筒、软管之外,今后还期望其发展成为通用橡胶。

9.2.13 各种胶乳

橡胶通常都以固体状态使用,也有像液态聚氨酯那样的液态橡胶,适合于浇铸和作粘合剂、衬里材料,还有不少以乳液状态使用。

所谓胶乳,就是指天然橡胶或者合成橡胶(或者某种塑料)的水乳浊液。

(1)天然橡胶胶乳

是从橡胶树树皮上采集的乳浊液,约含 30%～40% 橡胶成分。皮膜形成能力和储藏稳定性都好,所得皮膜强度、延伸度均大,弹性高,但质量波动性大。除作泡沫橡胶外,还与 SBR 一样,大量地用于各种领域。

(2)SBR 胶乳

是合成橡胶胶乳的代表性例子,就是用乳液聚合法制得的 SBR 乳液,用作涂料、粘合剂、胶乳水泥灰浆、纸张涂料和泡沫橡胶等。

(3)其他合成橡胶胶乳

已知的有 CR(耐药品性能优良,适用于除粘合剂以外的场合)、NBR(耐油性优良,用作粘合剂、涂敷材料)、氯丁二烯 – 丙烯腈共聚物(介于 CR 和 NBR 之间)、丙烯腈 – 异戊二烯共聚物、IIR、IR、TR 等的胶乳。

9.3 纤 维

9.3.1 纤维的分类

（1）按长度分类

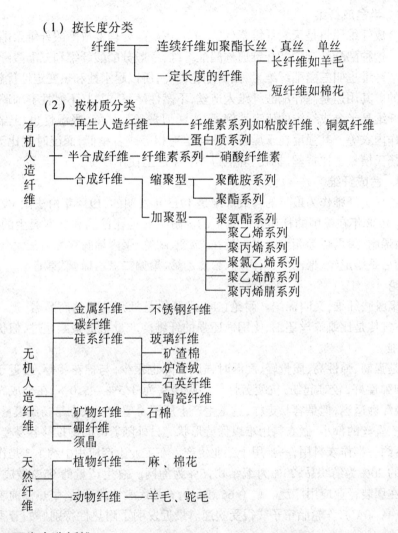

（2）按材质分类

9.3.2 再生人造纤维

再生人造纤维几乎都是将木材(纸浆)中得到的纤维素作为原料进行化学处理后,再进行纺丝的人造纤维。而将牛奶、大豆的蛋白质作为原料的再生纤维,现在几乎都未为工业所利用。人造纤维是人造丝和人造棉的通称,现已相当普及了。人造纤维从制造方法来分,大致可分为硝酸纤维素法、铜氨法(铜氨纤维)、粘胶法(粘胶纤维)三种。除铜氨纤维少量生产着外,几乎都是粘胶纤维。

铜氨纤维以"铜氨丝(Bemberg)"等商品名闻名,制造成本比粘胶纤维高些,但强度胜过粘胶,在节能和环保方面是有利的。

粘胶人造丝是用纸浆或棉绒(残留在棉籽上的短纤维)作为原料,用烧碱和二硫化碳处理,再行纺丝得到的。干燥时的强度胜过羊毛,为棉花或蚕丝的1/2以上,但是润湿时的强度低,不到棉的1/3,蚕丝的1/2。吸湿性大,染色也容易,但有易皱易收缩的缺点,作为衣料用,大多要进行树脂加工。

用途:大多用于室内装饰、服装和产业上。

9.3.3 半合成纤维

半合合成纤维原料是天然纤维素(纸粕等),用醋酸处理变成醋酸纤维素酯后,再进行纺丝而成。这种醋酸纤维素酯纤维通称醋酸纤维,一般分醋酸纤维和三醋酸纤维。

三醋酸纤维也叫三醋酯纤维素,因为酯化度高,所以耐水性和热变定性优越,熔点高,是难燃性的。其用途是制作醋酸纤维人造丝,不燃性薄膜、塑料(不燃性赛璐璐)等。

醋酸纤维是半合成纤维的代表性例子,光泽似蚕丝那样好,吸湿性也相当好,所以普遍用来制作内衣等。其强度在干燥时大致与羊毛相等或者稍低,润湿时就比天然纤维素差很多。杨氏模量也比蚕丝、棉花、麻低得多。生产上使用较少。

9.3.4 合成纤维

聚氯乙烯类纤维作为最早的合成纤维是1913年发明的,1934年由法国IG公司生产。耐纶66是1938年在美国的杜邦公司诞生的。耐纶6是在德国和日本诞生的。接着,是聚酯、聚丙烯腈、聚丙烯等相继问世。现在,聚酯、耐纶、聚丙烯腈被称为三大合成纤维,产量最大,随后是维尼纶、聚乙烯、聚丙烯、聚氯乙烯、聚偏二氯乙烯、聚氨酯等。

1. 耐纶

就是聚酰胺纤维,又叫锦纶。耐纶(Nylon)开始是杜邦公司的商品名,现在已成为通用名称,被宣传是比蜘蛛丝还细、比钢铁还强的纤维。产量虽被聚酯超过,但仍为代表性的合成纤维。

特点是强韧、弹性高、质量轻、润湿时强度下降也很少,与棉花相等,接近于麻。染色性好,拉伸弹性好,较难起皱,抗疲劳性好。吸湿率为3.5%~5.0%,在合成纤维中是特别大的,吸汗性适当,但是容易走样,这是生产上所不希望的。缺点是杨氏模量小,比人造纤维、棉花、蚕丝的都小,做衣料用难以保持形状。另外随着时间的推移容易变成黄褐色。

用途:约一半作衣料用,一半用于工业生产。在工业生产应用中约1/3是作轮胎帘子线。总量的20%为纺织品,20%为编结物,5%为渔网。总生产量的95%做成长丝使用,其高弹丝在服装行业应用广泛。耐纶66和耐纶6是代表性的产品,耐热性前者比后者高许多(熔点高40℃),作轮胎帘子线很受欢迎。最近发明了耐热性特别好的芳香族聚酰胺(Kevlar)纤维。

2. 聚酯纤维

聚酯纤维又叫涤纶,是大家熟识的纤维品种,是生产量最大的合成纤维。以短纤维和长丝供应市场,广泛与其他纤维进行混纺。

特征是疏水性,润湿时强度完全不降低,干燥时强度大致与耐纶相等。杨氏模量大,比蚕丝和棉稍高。热变定性特别好,即使被水濡湿也不走样,经洗耐穿,可与其他纤维混纺。年久也不会变黄。缺点是因为疏水性,不吸汗,与皮肤不亲合,而且需高温染色。

用途:大约90%作为衣料用,纺织品为75%,编结物为15%。用于工业生产的只占总量的 6%左右,正向制作轮胎帘子线(高级轮胎用)使用方面发展。

3.聚丙烯腈纤维

聚丙烯腈纤维包括丙烯腈均聚物及其共聚物纤维,前者缩写为 PAN,杜邦公司 1950 年工业化的"奥纶(orlon)"是其代表性产品。后者是与氯乙烯或者偏二氯乙烯的共聚产品,几乎都是短纤维。特征:具有与羊毛相似的特性,质轻,保温性和体积膨大性优良。强韧(与棉花相同)而富有弹性,软化温度高。吸水率低(1% ~ 2%),所以不适合作贴身内衣。缺点是强度不如耐纶和涤纶。为改善染色性等,采取与乙烯系单体进行共聚,与氯乙烯的共聚物具有耐焰性和自熄性。

用途:大约 70%作衣料用,编织物占 60%左右,用于工业生产上的只占 5%左右。氯乙烯或者偏二氯乙烯含量高的共聚物作为难燃性纤维正向室内装饰用品等方面发展。

4.维尼纶

维尼纶的学名是聚乙烯醇(PVA)纤维,和耐纶一样,商品名"维尼纶"已成为通用名。在日本诞生。具有与天然纤维棉花相似的特性,几乎都是短纤维。

最大特点是亲水性,吸湿率达 5%,和耐纶相等,与棉花(7%)相近,强度与聚酯或耐纶不相上下,拉伸弹性比羊毛差,但比棉花好。可热变定,但热变定性比聚酯差,耐候性良好。

用途:70%用于工业生产上,其中以布和绳索居多。可代替棉花作衣料用。虽然大多制作成纺织品,但在适用性上还存在一些问题。

还试制了维尼纶和其他聚合物的混合纤维,与氯乙烯的混合纤维叫做"泡利库拉尔纤维",难燃性和热变定性等都提高了,接近于羊毛。

5.聚乙烯纤维

这是用聚乙烯熔融纺丝得到的纤维,具有和人造纤维相等的强度,弹性模量高,熔点低,仅 110℃,染色性不好,由于是完全疏水性的,所以几乎不作衣料用,60%左右作绳索,25%作渔网,其余用作网类物品等,几乎都用在工业生产上。强度大,成本低,现在只生产单丝。

6.聚丙烯纤维

聚丙烯纤维又名丙纶,是意大利发明的。不怎么向作衣料方面发展。特征:是纤维中最轻的(相对密度 0.91),强度好,润湿时一点不下降。吸湿率为 0%,耐热性虽胜过聚乙烯,但仍属于耐热性低的纤维。

聚丙烯纤维的用途:30%左右作室内装饰用,30%左右作被褥用棉,医疗用不到 10%,除这些用途之外剩余的约一半用于工业生产上。而工业生产上用的大约一半是作绳索用,和聚乙烯相反,生产的大部分是短纤维,耐候性比聚乙烯更差,室外使用必须添加光稳定剂。

7.聚氯乙烯纤维

它的抗张强度与蚕丝、棉花相等,润湿时也完全不变,拉伸弹性也高。缺点是耐热性低,不少产品在 60℃就软化,染色性不好。优点是具有难燃性和自熄性。

长丝和短丝纤维大约各占一半,几乎都不作衣料用,作过滤网等工业产品用约占 50%,室内装饰用占 40%。

8.聚偏二氯乙烯纤维

聚偏二氯二烯通过与氯乙烯共聚而使得容易进行熔融纺丝。耐药品性、耐候性优良，但相对密度大而强度低，耐热性和难燃性比聚氯乙烯好。

它几乎都为长丝(大多是单丝)，大多用作渔网、防虫网、绳索、刷子的毛、遮帘等工业生产用品和家庭用品，几乎不作衣料用。

9.聚氨酯纤维

该纤维是弹性纤维的代表，富有弹性和收缩性。与衣料用纤维混合使用。相对密度为 1.0~1.3，吸湿率为 1%，熔点为 150~230℃，强度为 0.6~1.2g/d，伸长率为 450%~800%。

10.氟纤维

聚四氟乙烯("特氟纶"等)无论进行熔融纺丝还是溶液纺丝都是困难的，只有用特殊的湿式纺丝法才能纤维化，干燥及润湿时的强度均为 1~2.5g/d，耐热性、耐药品性、低摩擦性、电性能等都优良。

(本章的小节、常用术语、习题略)

第十章　高分子材料添加剂

10.1　概　述

高分子材料用途的多样化和成型加工技术的日益发展、提高,对其质量的要求也在日益提高。因而把各种各样的添加剂添加到原料中,使之形成能满足实用要求的材料,已成为高分子材料应用中的一大特征。使用添加剂的目的大致包含两大方面:①使制品尽量达到所要求的性能;②改善加工条件或降低生产成本。

添加剂的品种很多,仅塑料添加剂就达数百种。在高分子材料中的组合数目更是多得难于计数。若按它们主要功能划分,目前工业常用添加剂有十几类,有普通增塑剂和反应性增塑剂,热、光稳定剂,无机、有机填充剂,增强剂,偶联剂,交联剂,阻燃剂,抗氧剂,着色剂,润滑剂,抗静电剂,增粘剂,脱模剂,赋香剂,防霉剂,抗粘剂,表面处理剂等等。添加剂的效率和性能主要取决于其在聚合物中的分散程度和分布均匀程度。分散程度通常以混合物中分散的添加剂组分粒子之间的距离来衡量。距离越短,分散程度越高。同样质量或体积的添加剂,在混合过程中,分散粒子的体积变得越小,分散程度就越高;在随机取样的单位体积中,添加剂的含量越一致,添加剂分布的均匀程度越高。

表 10-1　添加剂与聚合物的常用混合方法

聚合物的物理形态	添加剂的物理形态	预混合方法	后混合方法	实　例
粉　状	液体或粉状 液体或粉状	高速旋涡掺合 高速旋涡掺合	捏和及挤出 不需要	PVC 成型用粒料 PVC 管材挤出用配合料
粒　状	母粒 粉末(低浓度) 粉末(高浓度)	翻滚混合 翻滚混合 浆式搅拌	不需要 不需要 密炼或辊炼及挤出	用色母粒进行着色 用颜料进行着色 填充母料
块状(片状)	母料或粉状或液体	开放式辊炼或密炼机密炼	挤出	橡胶加工中的混炼工序
液体	粉末	球磨混合或开放式混合	不需要	糊状 PVC 配合料

10.2 增 塑 剂

10.2.1 增塑目的

增塑的基本目的就是改善聚合物的加工性,增加、改善、提高其制品性能,扩大其使用范围。可简要地归纳成如下几点

(1)降低聚合物材料在给定应力下流动(塑性变形)的温度或给定温度下的有效粘度,从而改善其加工性能。分子链刚性大和分子间相互作用强的聚合物,一般则软化温度和流动温度高,可能接近或超过分解温度,例如 PVC。加入增塑剂后使各种转变温度都下降,其中包括流动及软化温度。

(2)把聚合物在使用温度范围内由玻璃态转变为高弹态,极大地提高其可逆形变能力。例如 PVC 中加入大约 20% ~ 30%(体积分数)的增塑剂,玻璃化温度就降至 20℃以下。

(3)提高加工温度下的塑性形变能力,也提高增塑聚合物在使用温度下的可逆形变能力。需增塑的聚合物主要有 PVC、乙酸纤维素、硝酸纤维素、聚芳酯、聚酰胺等。它们主要是用作制造片材、薄膜、薄壁制件以及油漆、涂料等。这类制品由于经常受到静力场或动力场作用,因而提高它们的柔顺性,使其具有高度的可逆形变能力以防止脆性破裂就显得特别重要。

(4)降低聚合物的松弛转变能力以减少形变时所产生的应力,从而达到防止脆性破坏的目的。

(5)提高玻璃态聚合物的冲击强度;降低弹性体的玻璃化温度以提高耐寒性。

10.2.2 增塑机理

聚合物增塑并不存在单一机理。一般可分为分子增塑和结构增塑两类。

(1)分子增塑:是指增塑剂可与聚合物达到分子水平的混溶程度来改变聚合物的力学性能。其增塑作用的基本原理是:由于增塑剂分子与聚合物之间的相互作用削弱了大分子之间的相互作用力,有利于大分子链段在外力作用下的重排,使聚合物的柔顺性提高。此外,对聚合物的"稀释"作用增加了体系的自由体积。这种分子水平上混溶的聚合物－增塑剂体系应视为聚合物真溶液,可应用聚合物溶液的一切规律。聚合物浓度 20% ~ 30%者,主要用于制取薄膜、纤维、油漆、涂料、胶粘剂、增稠剂等。增塑聚合物的浓度 > 50%的为超浓溶液,这时已可把聚合物视为溶剂,增塑剂视为溶质,它具有与稀、中、高浓度(1% ~ 30%)的溶液截然不同的性质。

此外,还有改变聚合物本身化学组成使大分子之间的相互作用减弱以实现增塑目的的所谓内增塑方法。例如将 12%左右的乙酸乙烯酯与氯乙烯单体共聚得到的氯乙烯－乙酸乙烯酯共聚物可以不用加增塑剂,直接用于成型。这是由于乙酸乙烯酯链段本身起着增塑作用。

(2)结构增塑:是指加入少量实际上与聚合物不相容的低分子化合物,从而使聚合物力学性能显著改变。这种物质以分子尺寸厚度的薄层分布于聚合物的聚集态结构单元之间,从而起一种特殊的"润滑"作用。这种物质或以建立多相结构的机制,在玻璃态聚合物基体中嵌入高弹态聚合物形成微区,起到增塑的效果。

应该指出,在某些配方中,上述(1)和(2)两种增塑作用是并存的。这时,增塑剂不单使聚合物本身刚性下降,还会促进聚合物聚集态结构单元之间的相对移动。例如,实际配方中,常常使用两种或多种增塑剂。其中,以分子水平起作用的能与聚合物相容的称为主增塑剂。其衡量指标是增塑剂与聚合物的比率能达到1:1而不发生析出。若相容性比例在1:3以下,则属于次增塑剂。它只能与主增塑剂并用,不能单独使用,其目的是考虑某种改性的需要或为了降低成本。

增塑效率是以使增塑聚合物达到某一物理性能指标所需加入增塑剂的量来定义的。根据加入增塑剂的目的不同,增塑效率这一个概念就有不同的涵义。增塑效率是一个相对量。两种增塑剂中所需加入量少者为增塑效率较高。增塑效率是选择增塑剂的主要依据。

10.2.3 增塑剂的选择及常用工业增塑剂

工业上使用的增塑剂大多数是小分子物质。因此,使用增塑剂时,除了考虑其效率外,还要考虑其挥发性、迁移、萃出和渗出等对制品性能的影响。此外还要考虑增塑剂的毒性及环境保护问题。迁移是指增塑剂从增塑聚合物中向与它接触的另一种聚合物(或增塑聚合物)迁移的现象。增塑剂在自身增塑的聚合物中的扩散速率及在所接触的聚合物中的扩散速率越大,迁移速率就越大。为防止迁移,首要的是选择与被增塑聚合物相互作用力大的增塑剂。在抗迁移方面,大分子增塑剂因其扩散速率极小,既不挥发,又不迁移,可制成非迁移型的增塑聚合物。萃出是指制品中的增塑剂与液体介质接触而被洗去的现象,它主要取决于增塑剂对所接触液体的溶解度。渗出是指聚合物中所加增塑剂的量超过了聚合物和增塑剂可相容的最大值,增塑剂从聚合物中游离出来的现象。它与迁移不同,后者存在接触界面。渗出同增塑剂与聚合物的相容性及用量有关。另外,也与加工工艺有关,若熔融混合操作不够充分,增塑剂分散不够好,制品在放置、使用过程中也会出现渗出现象。综上所述,选择增塑剂原则上要从增塑剂效率、对增塑聚合物性能的影响以及经济上等多方面进行综合考虑。实际上一般都选用多种增塑剂并用才能达到理想效果。

工业上聚氯乙烯增塑剂的用量大、品种多。若按化学结构,大致可分为如下几类。

(1)苯二甲酸酯类:这类增塑剂仍然是目前使用量最大的增塑剂。这是因为这类增塑剂增塑效率高,相容性好,具有良好的综合性能。邻苯二甲酸二辛酯和邻苯二甲酸二异辛酯(DIOP)是其中的优秀代表,它们既可以单独使用,又可以作为主增塑剂与其他增塑剂复合使用,能满足大多数制品的要求。

(2)脂肪族二元酸酯类:如癸二酸、壬二酸、己二酸的二辛酯。这是一类直链型的增塑剂,具有良好的低温工作性能,但与PVC的相容性差,故常作为次增塑剂用以改善制品的耐寒性。

(3)磷酸酯类:其突出的特点是具有抗燃性,而且耐热,挥发性低,在阻燃塑料配方中常用,如磷酸三甲酚酯(TCP)、磷酸二甲酚酯(TXP)等。值得一提的是,磷酸三氯乙酯是磷酸酯类增塑剂中抗燃性最强的增塑剂。因为分子组成中的磷和氯均为阻燃元素,且含量高,非常适合于做乙酸纤维素、硝酸纤维素、聚烯烃类、聚苯乙烯类、聚丙烯酸类树脂的增塑剂。

(4)环氧化合物:由于其分子中的环氧基能与氯化氢反应,因而可抑制氯化氢对聚氯乙烯催化降解作用,使这类增塑剂兼有增塑作用和稳定作用的双重性能。如环氧大豆油、环氧硬脂酸辛酯、丁酯、环氧乙酰蓖麻油酸甲酯等,常用于改善制品的热光稳定性。

(5)其他种类的增塑剂:除了上述四大类常用的增塑剂外,尚有具备某种特性的几类增塑剂。如偏苯三酸三烷基酯类耐高温特性好,适用于制造耐高温电缆料;由脂肪二元酸与二元醇合成的相对分子质量为 2 000～8 000 左右的聚酯型增塑剂,常用于改善制品的萃出性、迁移性、耐油性;季戊四醇酯类增塑剂耐老化性、耐热性较好,也适用于耐高温电线电缆;柠檬酸酯类是无毒的增塑剂,适用于食品包装材料的增塑;N－乙基邻对甲基苯磺酰胺、磺酰胺甲醛树脂是聚酰胺的增塑剂。

10.3 稳 定 剂

高分子材料老化本质上是高分子物理结构或化学结构改变使高分子材料、制品在储存、使用过程中性能变劣的现象。因此,为了稳定材料的性能,延长制品的使用寿命,尤其是对那些老化速率较快的聚合物性能必须进行稳定化处理。

工业上消除、减小物理老化的方法一般是通过采用适合的成型加工工艺,使聚合物材料形成适宜的微观、亚微观结构,从而抑制分子链的运动来实现的。防止化学老化则需添加一些能抑制聚合物因光、热、氧等因素引起的高分子反应的物质。这些物质称为稳定剂,依其功能可分为热稳定剂、光稳定剂及抗氧剂等。

10.3.1 热稳定剂的作用机理及常用品种

聚合物在加工成型过程中或在高温使用条件下,会发生热分解(如 PVC 脱 HCl)、降解和交联等化学反应,影响制品性能和使用寿命。为了防止这些反应的发生,通常需要针对聚合物类型、性质和实际情况加入各种热稳定剂。

这类稳定剂主要用于聚氯乙烯和其他含氯聚合物。聚氯乙烯的塑化温度为 130～150℃,但在空气中 100℃时便开始分解出氯化氢,并同时形成共轭多烯结构,开始变色,150℃时这种分解反应加剧,颜色加深。分解产生的氯化氢,会形成自动催化分解过程;分解脱出氯化氢时生成的共轭多烯结构不但使制品变脆,而且易被氧化,导致进一步的降解反应,使制品性能进一步劣化。因此聚氯乙烯及其他含氯聚合物加工时必须加入热稳定剂。这是一类能有效地防止聚氯乙烯及其他含氯聚合物因受热引起降解的物质。一般认为热稳定剂有下述作用机理中的一种或多种。

(1)能吸收并中和聚氯乙烯在成型加工过程中分解出的氯化氢,从而消除其自动催化作用。

(2)能取代不稳定氯原子(如叔碳氯原子和烯丙基氯原子),提高脱氯化氢的起始温度;抑制脱氯化氢反应。

(3)能与脱氯化氢后形成的共轭键进行加成、还原、氧化或捕捉自由基等反应,中止链锁脱氯化氢反应,同时破坏共轭结构,减轻着色。

(4)能将聚氯乙烯树脂合成中的残留物(如残留引发剂、乳化剂、重金属氯化物等)中和或使之惰性化。

(5)能防止聚氯乙烯中多烯结构的氧化降解反应。

作为对热稳定剂性能的基本要求,尚要求能抗硫化物的污染,与树脂相容性良好,迁移性小,具有一定的光稳定作用,成本低廉等。

热稳定剂按其化学组成可分为盐基性铅盐、金属皂类、有机锡、复合稳定剂等主稳定剂和环氧化合物、亚磷酸酯等次稳定剂。主稳定剂与次稳定剂适当配合使用能收到协同效果。

(1)盐基性铅盐:指含有 PbO 盐基的无机和有机铅盐,代表性品种有三盐基硫酸铅($3PbO \cdot PbSO_4 \cdot H_2O$)、二盐基亚磷酸铅($2PbO.PbHPO_3 \cdot 1/2H_2O$)和二盐基硬脂酸铅($2PbO \cdot Pb(C_{17}H_{35}COO)_2$)。因它们能吸收 HCl,对 PVC 起稳定作用,被广泛用于硬质和软质聚氯乙烯制品中。

(2)金属皂类:主要是 $C_8 \sim C_{18}$脂肪酸的钡、镁、钙、镉、锌盐。主要品种有硬脂酸钡、镉、钙、锌、镁。钡皂和镉皂相互配合,广泛用于软质聚氯乙烯制品,特别是软质透明制品。钙皂和锌皂主要用于软质无毒制品。

(3)有机锡:主要品种有二月桂酸二丁基锡、双(马来酸单丁酯)二丁基锡等。

(4)复合稳定剂:其中产量最大应用最广的是以金属皂类或盐类为基础的复合物,如液体有机钡镉复合物和液体有机钙锌复合物。

10.3.2 抗氧剂

聚乙烯、聚丙烯等饱和链状高分子在成型加工和使用过程中,受热、光、氧等作用会发生氧化降解反应而引起老化。其反应机理与低分子烃类化合物相似,按自由基链式反应进行。抗氧剂的功能即在于防止或抑制这种反应。因此按作用不同,抗氧剂可分为自由基受体型和自由基分解型两大类。

受体型抗氧剂是一类具有活泼氢原子的化合物。它能使由热、光和氧作用生成的高分子自由基 $\sim\sim\sim\overset{\mid}{\underset{\mid}{C}}\cdot \sim$ 和过氧自由基 $\overset{\mid}{\underset{\mid}{C}}-OO\cdot$ 稳定化,自身变为活性低、不能继续链式反应的自由基,从而使氧化降解链式反应停止。工业上常用的有阻位酚类和芳族胺类。现以 2,4,6 - 三叔丁基苯酚(抗氧剂 246)和 N,N - 二苯基对苯二胺为例,把上述作用反应式表示如下

$$\tag{10-1}$$

$$\tag{10-2}$$

2,4,6 - 三叔丁基苯酚主要用作 PP、PE 和高抗冲聚苯乙烯的抗氧剂,用量通常为0.1%。

自由基分解型抗氧剂是一类能把氧化老化过程中自由基链式反应中生成的过氧化合物转变为稳定的羟基化合物,从而使链反应终止的化合物。这一类抗氧剂主要有含硫有机化合物如硫醇 RSH,硫醚 R - - S - - R 等和含磷化合物如亚磷酸酯类等。可用如下反应式说明其稳定作用机理。

$$\sim\!\!\overset{|}{\underset{|}{C}}\!\!-\!OOH + 2RSH \longrightarrow \sim\!\!\overset{|}{\underset{|}{C}}\!\!-\!OH + R\!-\!S\!-\!S\!-\!R + H_2O \qquad (10\text{-}3)$$

$$\sim\!\!\overset{|}{\underset{|}{C}}\!\!-\!OOH + (RO)_3P \longrightarrow \sim\!\!\overset{|}{\underset{|}{C}}\!\!-\!OH + (RO)_3PO \qquad (10\text{-}4)$$

表 10-2　常用抗氧剂

抗氧剂名称（代号）	结　构　式
抗氧剂246	（酚类结构）$(CH_3)_3C$、$C(CH_3)_3$、$C(CH_3)_3$ 取代的苯酚，含 OH
抗氧剂2246	双酚结构：$(CH_3)_3C$ 取代，中间 CH_2 桥连，含两个 OH，CH_3 取代
抗氧剂1076	HO—（$C(CH_3)_3$ 双取代苯环）—CH_2CH_2—$\overset{O}{\overset{\|}{C}}$—$OC_{18}H_{37}$
抗氧剂1010	$\left[HO—(C(CH_3)_3 双取代苯环)—CH_2CH_2—\overset{O}{\overset{\|}{C}}—OCH_2— \right]\!-\!C$
抗氧剂DLTP	$S[CH_2—CH_2—\overset{O}{\overset{\|}{C}}—OC_{12}H_{25}]_2$
抗氧剂DSTP	$S[CH_2—CH_2—COOC_{18}H_{37}]_2$
亚磷酸三（壬基苯基）酯	$\left[C_9H_{19}—(苯环)—O \right]_3\!-\!P$

塑料用抗氧剂主要特点是：①因塑料的成型加工温度比橡胶的高，而且多在高温下使用，所以不宜使用挥发性大的抗氧剂；②自由基受体型抗氧剂酚类化合物虽然可以单独使用，但通常与自由基分解型抗氧剂（又称助抗氧剂）硫化物、磷化物并用，并且常有协同效

应。此外,某些金属化合物的存在会对聚合物的氧化降解和 PVC 的脱 HCl 起催化作用,影响耐老化性能,这种情况下,常需添加某种金属钝化剂消除其不良影响。金属钝化剂实际上是一些螯合剂,与金属离子生成络合物,使之失去催化活性。例如水杨醛肟螯合剂对铜离子有钝化作用。

10.3.3 光稳定剂

聚合物材料在阳光、灯光、高能辐射照射下,会程度不同地发生光氧老化,出现泛黄、变脆、龟裂,失去光泽,机械性能大幅度降低等现象,以致最终丧失使用性能。许多在户外或灯光下使用的聚合物材料制品中,光稳定剂都是必需的添加组分。通常仅需聚合物质量的 0.01% ~ 0.5%。

光稳定剂是一类能提高聚合物材料耐光老化性能的物质。光老化是多因素作用下发生的复杂过程及综合结果。

目前常用的光稳定剂按其作用机理大致可分为五类。

(1)屏蔽剂:能屏蔽或减少紫外光透射作用,主要有炭黑、二氧化钛、氧化锌和颜料等。

(2)紫外光吸收剂:能有效地吸收紫外线(波长 290 ~ 410nm),并变为热能或无害波长的光耗散掉。

(3)淬灭剂:能迅速将已吸收紫外光而形成激发态的高分子淬灭并使之回到基态,主要是镍螯合物类。

(4)自由基捕捉剂:能有效地捕捉已产生的高分子自由基。

(5)潜性紫外光吸收剂:虽自身不吸收紫外光,但光照后会发生重排反应转变为紫外光吸收剂。主要有苯甲酸酯类。

这里主要谈谈紫外光吸收剂。首先,不同种类的树脂,最易使其光老化的紫外光波长不同。例如最敏感波长:聚乙烯 300nm,聚氯乙烯 310nm,聚苯乙烯 318nm,聚酯 325nm,乙烯 – 乙酸乙烯酯共聚物 320 ~ 360nm,聚丙烯 370nm。应选用能有效地吸收各种树脂相应敏感波长的紫外光吸收剂。市售紫外光吸收剂的最大吸收波长可在有关手册中查到。

其次,有价值的紫外光吸收剂应具备如下条件:①能有效地吸收波长为 290 ~ 410nm 的(能到达地面的波段)紫外线;②具有良好的光、热稳定性,即在长期曝晒下,在加工或使用受热时,吸收能力不降低,不变化;③化学稳定性好,即不与聚合物材料中的其他组分发生不利反应;④与聚合物相容性好,在加工、使用过程中不渗出;⑤挥发性低,无毒或低毒,不污染制品;⑥耐水解,抗水抽出性良好;⑦价廉。因此,尽管能吸收紫外线的有机化合物很多,但满足上述要求,可作工业应用的却极有限。目前市售紫外光吸收剂,按化学结构分类,主要有水杨酸酯类(1),二苯甲酮系列(2),苯并三唑系列(3)和苯甲酸间苯二酚酯(4)。

10.4 填充剂、增强剂和偶联剂

10.4.1 填充剂和增强剂

一般所说的填充剂,多数是指添加于塑料中的增容(量)剂,目的在于增大塑料体积,降低成本,因此密度越小越便宜越好。但它对于高分子材料还可以改善多方面的性能。

(1)

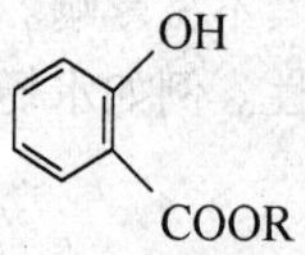

OH / COOR 结构   R=C$_6$H$_5$,   (CH$_3$)$_3$C—⟨苯环⟩等

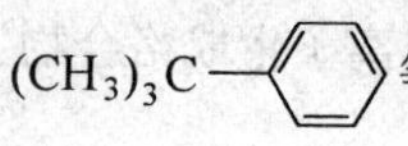

(2)

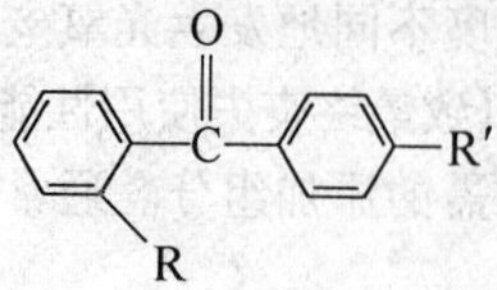

R=H, OH, CO$_2$H等; R′=OCH$_3$, OC$_8$H$_{17}$等

(3)

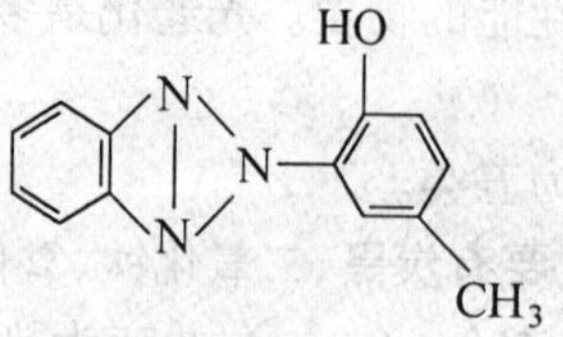

等

(4)

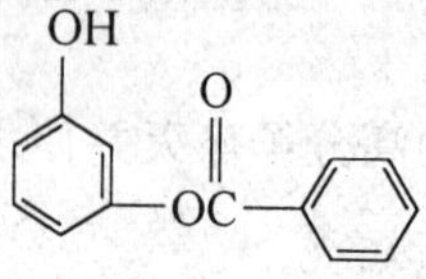

例如:提高弹性模量、压缩强度、硬度、热变形温度,改进表面质量,降低成型收缩率等。对填充剂的基本要求有几个方面:①在树脂中分散性好,填充量较大,相对密度小,价格低廉;②具有广泛的改性效果,又不损害成型加工性能;③耐水性、耐溶剂性、耐热性、耐光性和耐化学腐蚀性符合要求;④不与配方中其他添加剂发生有害的化学反应,也不影响它们的效能;⑤不会使制品出现析出白化现象。判断所选用的填料的合理性原则是:与基体树脂相比,力学性能明显提高,或能达到其他方法不能达到的综合性能,成本有所下降。

增强剂主要是玻璃纤维等纤维状物质,它可改善高分子材料如下性能:提高拉伸屈服强度、拉伸断裂强度、压缩强度和剪切强度,提高复合材料的弹性模量,改进蠕变行为,提高弯曲模量等。对增强剂的基本要求除与填充剂大体相同之外,还特别要求具有与基体树脂有良好的粘附性,并有一定长度。因为在增强塑料中都存在两相:连续相基体树脂和分散相增强剂。后者应该比前者具有较高的抗张强度和弹性模量;前者应比后者具有较高的断裂伸长率。当增强塑料承受拉伸负荷时,局部拉伸应力就可以通过剪切力传递到基体–增强剂界面,并分散在增强剂表面上。如果增强剂与基体粘附不好,这时就会从基体树脂中滑出,影响增强作用。为了提高增强剂与基体的粘附性,一般要使用偶联剂。

同一种物质可能有时是作为填充剂,而有时则是作为增强剂来使用,因而分类上一般以其主导作用为依据。填充剂和增强剂的种类很多,性能也极为复杂。现将具有代表性的一些品种概述如下。

(1)天然碳酸钙

天然碳酸钙大致有白垩、石灰石和大理石三类,均来源于海洋的沉积岩。它们的成分

主要是 $CaCO_3$（含 98.5% ~ 99.5%），并含有少量 $MgCO_3$，Fe_2O_3 和硅酸盐等。研磨碳酸钙（比表面 1 ~ 15m^2/g）常称惰性碳酸钙，是热塑性塑料的最重要的填充剂。研磨碳酸钙通过适当的表面涂覆处理赋以亲油性后，在热塑性塑料中的应用得到进一步扩大。

(2)高岭土（$Al_2O_3 \cdot 2SiO_2 \cdot 2H_2O$）

它是花岗石和长石风化的最终产物。其中主要成分是含水硅酸铝，但其组成方式很多。高岭土作为填充剂在橡胶工业中仅次于炭黑。在热固性塑料及低档热塑性塑料中高岭土的应用也十分普遍。一般来说，高岭土起增量作用的同时有助于改善耐化学性能和电性能，降低制品的开裂倾向，提高表面质量。

高岭土也可以采用各种硅烷偶联剂进行涂覆，促进其在塑料中的分散。

(3)玻璃纤维

作为热塑性塑料的增强剂，在高强度复合材料的制造上，玻璃纤维十分重要。直径 10 ~ 20nm 的玻璃纤维主要是由玻璃熔体生产的。工业用玻璃是由硅、硼或铝氧化物为骨架构成的物质。玻璃纤维强度高（单丝强度 2 500 ~ 5 000MPa），弹性模量高（4 500 ~ 130 000MPa）。玻璃纤维用于塑料时，可按不同目的选用，从不同玻璃品级的玻璃纤维和粗细、长度不同的短纤维直到双向结构产物玻纤毡、织物等。玻璃表面本身对塑料不具有亲和力，或亲和力极小，为了充分发挥其增强作用，需要涂覆偶联剂如硅烷偶联剂。

玻璃纤维的增强作用很大，加入量达 30%，一般使抗张强度提高一倍，弹性模量提高两倍。玻纤增强塑料具有塑料和玻璃的优良综合性能，力学性能可接近金属水平。为了提高其增强作用，一般要注意：①使用长径比大的玻璃纤维，并采用良好的掺混工艺，避免掺混过程中，使玻纤长径比降低，尽可能使玻纤在作用力方向上取向；②应用适当的浸润剂、偶联剂。

(4)玻璃珠

它是比较新型的填充剂，其直径一般 4 ~ 44μm，密度 2.5g/cm^3。由于玻璃珠为圆球形，作塑料填充剂时，可像滚珠轴承中的钢珠那样起作用，提高流动性，改善应力分布。其填充的模塑料，可以挤出和注塑成型。由于在同样体积下，球的表面积最小，所以填充剂与基体树脂之间的剪切力低。作为填充剂，玻璃珠的可润湿性对其作用有决定性的影响。为此，通常需要使用硅烷偶联剂。

(5)石棉

石棉在化学成分上与玻璃一样属硅酸盐，是许多种纤维状水解硅酸镁、钠矿物的总称。已经知道的石棉品种有六种，其中一种称为温石棉的纤维蛇纹石石棉（白色）最常用，其用量超过石棉总用量的 90%。

石棉可作为热塑性塑料的填充剂或增强剂。当作增强剂（纤维）时，优点是弹性模量、抗张强度较高。缺点是模塑料的熔体粘度增高，对加工不利。当用作填充剂时，优点是成本较低，挠曲强度较高。与玻璃纤维相比，石棉纤维由于比表面极大，能使施加于复合材料上的负荷大部分从基体树脂传递到纤维上。

填充剂和增强剂对塑料性能的影响是多方面的，而且差别很大。一般用纤维状、薄片状填充剂和增强剂会影响塑料的流动性，对加工不利，但可显著提高机械强度；球状材料相反，加工性能好，但对机械强度会带来不利。玻璃纤维和石棉作填料时，抗张强度、弹性模量大幅度提高,表现出增强剂的作用;玻璃珠作填料时,提高较小,没有明显的增强作用。塑料的热性能、电性能及耐化学介质性能则主要受填料化学成分的影响,而与填料的形状关系不大。例如玻璃纤维和玻璃珠对塑料上述性能的影响相同。但玻璃珠和白垩($CaCO_3$)的影响却明显不同,白垩的耐候性比玻璃珠差。

表 10-3　不同填充剂和增强剂对尼龙－6和低密度聚乙烯性能的影响

	填料含量 %	抗张强度 MPa	伸长率 %	弹性模量 MPa	缺口冲击强度 $kJ \cdot m^{-2}$	熔体指数 $g \cdot (10min)^{-2}$	热变形温度 ℃	球压入硬度
尼龙－6	0	64	220	1 200	25	/	80	/
玻璃纤维	30	148	3.5	5 500	16	/	208	/
玻璃珠	30	65	20	3 000	14	/	/	/
石棉	30	123	3.0	8 000	3	/	193	/
白垩	30	50	30	3 000	6	/	60	/
低密度聚乙烯	0	10	500	210	/	1.7	35	16
短玻璃纤维	30	24	65	1 200	/	1.6		33
玻璃珠 ($< 50 \mu m$)	30	10	73	290	/	2.6		19
石棉	30	20	40	670	/	2.3		22
白垩	40	16	220	900	/	0.2		1

为了使增强剂充分发挥增强效果,使基体的应力负荷很好地到达增强剂是关键。为此,基体与增强剂必须充分粘附。最理想的是采用能与基体树脂形成化学键结合的活性增强剂,或借助适当的偶联剂。例如玻璃纤维增强材料常用硅烷类偶联剂进行表面处理;碳纤维常用表面氧化、表面晶须化及冷等离子体处理;尼龙帘子布则常常需要经过浸渍专门配制的胶粘剂胶乳处理等,目的均是增大增强剂与基体树脂的粘附力。

10.4.2　偶联剂

偶联剂是指一类能够增强填料与树脂间粘结力的物质,它有利于在多相体系中形成良好的界面,从而使材料具有优异的整体性能。一般用量为填料的0.5%。

(1)硅烷

这类偶联剂的通式为 RSiX。R 是与聚合物分子有亲和力或反应能力的活性官能团,如氰基、氨基、疏基、乙烯基、环氧基、甲基丙烯酰氧基等。R 对聚合物的反应有选择性。如含氨基的硅烷偶联剂可与环氧树脂、聚酰胺、酚醛树脂、乙烯基聚合物或一些热固性弹性体反应。含乙烯基及甲基丙烯酰氧基的可与聚酯反应。X 为烷氧基或氯,是与填料表面反应的基团。一般首先水解形成硅醇,然后再与填料表面上的羟基反应,以硅氧键结合。因而硅烷偶联剂对硅酸成分多的玻璃纤维、石英粉及二氧化硅效果最好,对陶土和水合氧化铝次之,但对不含游离水的碳酸钙效果欠佳。

(2)钛酸酯

这类偶联剂是 70 年代中开始发展起来的。其特点是适合于不含游离水、只含化学键合水或物理吸附水的干燥填料体系,如碳酸钙、水合氧化铝等。它对热塑性聚合物与干燥填料体系有良好的偶联效果。典型的钛酸酯偶联剂如三异硬脂酰基钛酸异丙酯(TTS),是通过酯基与填料表面的羟基反应生成醇而键合到填料表面的。

(3)锆类偶联剂

这是80年代初期出现的一类新型偶联剂。该类偶联剂分子结构的特点是含有铝酸锆的低分子质量无机聚合物,在其分子主链上络合着两种配位基。它们适用于聚烯烃、聚酯、环氧树脂、聚酰胺、丙烯酸树脂、聚氨酯以及合成橡胶等不同的聚合物。适用的填料有:碳酸钙、二氧化硅、陶土、三水合氧化铝、氧化钛等。

10.5 阻 燃 剂

由于聚合物基本上属于含有碳和氢的有机化合物,因而大部分是可燃的。赋予此类聚合物以阻燃性的物质称为阻燃剂。随着高分子材料用途的日益发展,开发具有阻燃性质的高分子材料的研究也日益发展,目前已有各种阻燃剂供不同高分子材料使用。阻燃剂的消耗量已在高分子材料助剂中占第二位,仅次于增塑剂。

对阻燃剂和阻燃材料的要求是多方面的:(1)要高效,即在用量较少的情况下具有持久的阻燃作用;(2)使用方便,例如掺入操作简易,对加工设备无腐蚀作用,或不产生积垢现象;(3)热稳定性好,在加工温度下不发生分解,不与基体树脂发生不良反应,遇火不蒸发;(4)毒性小,本身无毒或低毒,也不会增加塑料燃烧时释放气体的毒性,低烟尘;(5)不影响基体树脂的力学性能,也不影响制品的外观和老化性能;(6)价格低廉。

10.5.1 阻燃剂的作用机理

由于辐射、火焰接触或对流供热,当高分子材料被加热到高于它的分解温度时,可导致着火燃烧。燃烧包括一系列的物理和化学过程,阻燃剂正是针对这些过程而起作用。

(1)中和燃烧的链式反应过程

塑料燃烧时发生热裂解产生自由基,自由基与氧反应,产生大量热,又使塑料进一步热裂解加剧链式反应。如果把热裂解生成的自由基截留并消失,燃烧就会减慢或中断。含卤化合物阻燃剂的阻燃机理主要属于这种类型。对塑料而言,这也是最主要的类型。据研究结果,含有有机溴化物阻燃剂的塑料材料发生燃烧时,存在如下链增长、链支化、链转移和链终止反应

链增长 $$HO \cdot + CO \longrightarrow CO_2 + \cdot H(强放热反应) \qquad (10\text{-}5)$$

链支化 $$\cdot H + O_2 \longrightarrow HO \cdot + O \cdot \qquad (10\text{-}6)$$

链转移 $$\cdot O + HBr \longrightarrow HO \cdot + Br \cdot \qquad (10\text{-}7)$$

链终止 $$HO \cdot + HBr \longrightarrow H_2O + Br \cdot \qquad (10\text{-}8)$$

卤化物中溴化物有明显优越性,阻燃效果十分显著。例如在正庚烷-空气混合物的燃烧场合,为熄灭火焰所需最低阻燃剂的添加量如下:溴乙烷6.2%,四氯化碳11.5%,三氯甲烷17.5%。

(2)屏蔽聚合物表面(表面层结焦)

例如含磷-含氮化合物阻燃剂,一般认为燃烧时磷化合物可加速基体聚合物的分解,并与生成的磷酸反应,在塑料表面形成碳化层,并生成水和不可燃气体,从而起隔热和阻

碍给燃烧供氧作用,以屏蔽作用达到阻燃效果。

(3)抑制热解(降温作用)

例如用三水合氧化铝作阻燃剂,由于它在热分解脱水的过程大量吸热,使燃烧区域温度降低,燃烧速度减缓。生成的水蒸气使可燃性气体稀释,也使燃烧速度减慢。若阻燃剂具有受热时发生吸热相变的功能,也会有类似的结果。

要注意的是,虽然通过使用阻燃剂能基本解决塑料与火焰接触的燃烧问题,但阻燃剂的有效性取决于与火焰接触的时间和火焰强度。一种塑料哪怕含有最有效的阻燃剂,也无法抵御长时间的特强烈火。

10.5.2　主要的塑料阻燃剂

通常将阻燃剂分为添加型和反应型两大类。

(1)添加型

主要有磷酸酯、卤代烃和金属盐。

磷酸酯类:磷酸三苯酯、磷酸三甲苯酯、磷酸三丁酯、磷酸三(氯乙基)酯、磷酸三[二氯(溴)丙基]酯和卤化多膦酸酯等。

卤代烃:氯化石蜡、四溴乙烷、六溴环十二烷、六溴苯、八溴联苯、氯化联苯、十溴苯醚、氯桥酸二甲酯、四溴双酚 A 等。

金属盐:氧化锑、氢氧化铝、硼酸锌和偏硼酸钡等。

表 10-4　一些常用阻燃剂

类　别	名　称	应用范围
磷酸酯	磷酸三甲苯酯、磷酸三苯酯	PVC,ABS
卤代烃	三(β-氯乙基)磷酸酯,卤化多膦酸酯	PVC,PET,PU
	十二氯戊环己烷	PA,PP
	十溴苯醚	PS,PP,PE,PBT,PA,PET
	四溴双酚 A	PET,PC,EP
	三(二溴丙基)异氰酸酯	PP,PS
	六溴环十二烷	PS,PP,PE
金属盐	三氧化二锑,五氧化二锑	PVC,与卤素阻燃剂并用
	硼酸锌	PVC,含卤树脂

添加型阻燃剂在使用时掺和进塑料中便可,简单方便,适应面广。缺点是会使塑料制品的力学性能有不同程度的下降。下面仅列举几例,介绍其特性。

(Ⅰ)十溴苯醚:白色至淡黄色粉末,熔点 309℃,无毒,热稳定和耐溶剂抽出性良好,广泛用途聚烯烃、ABS、聚酯等的阻燃处理,并常与 Sb_2O_3 并用,有良好的协同效应。

(Ⅱ)四溴双酚 A:淡黄色粉末,熔点 179~181℃,不溶于水,但溶于醇、冰醋酸、苯等有机溶剂,也溶于烧碱水溶液。主要用于聚丙烯、聚乙烯、环氧树脂和聚碳酸酯等。与 Sb_2O_3 并用有良好协同效应。

(Ⅲ)三氧化二锑:白色粉末,有毒,不溶于水、硝酸和有机溶剂,溶于浓盐酸、硫酸、氢氧化钠和酒石酸溶液。主要用于 PVC、聚氨酯、环氧树脂和酚醛树脂等。常与氯化石蜡、多氯磷苯、卤化磷酸酯等配合使用。

(2)反应型

这类阻燃剂在聚合物合成过程(或固化过程)中作为单体之一,通过化学反应使其成为聚合物分子链的组成部分,因此对制品的使用性能影响较小,阻燃性持久。这类阻燃剂主要有卤代酸酐和含磷多元醇等。例如四溴邻苯二甲酸酐为淡黄色粉末,它既可作添加型阻燃剂,又可作反应型阻燃剂。作为反应型阻燃剂广泛用于不饱和聚酯、环氧树脂、聚碳酸酯等。

除以上介绍的五种高分子材料添加剂外,尚有着色剂、润滑剂、发泡剂、抗静电剂、加工助剂等等,对高分子材料的加工、使用都很重要,其中不乏当今研究的热点,鉴于本书宗旨和篇幅,不再做一一讨论。

随着高分子材料的发展,新的聚合物添加剂也不断出现。值得一提的是,近年来用于共混型高分子合金材料的添加剂——相容剂的研究和应用十分活跃。所谓相容剂,是一类能改善共混两组分相容性的接枝型或嵌段型共聚物。其作用原理非常类似于油 – 水分散液中表面活性剂的作用。当共混体系(由聚合物 A 和 B 组成)不相容时,由于表面能高,存在分明的界面,形成材料的薄弱环节,从而不能获得有实用价值的材料。如果在共混物中加入少量的由 A 链段和 B 链段组成的接枝型或嵌段型共聚物,则 A 嵌段和 B 嵌段主要分别处于 A,B 相,这样,A 相和 B 相之间存在一定的化学键联结。结果,共聚物的存在使两相的界面能减少,两相间的粘结力提高,而且,使 A 和 B 聚合物混合得更均匀,相区的尺寸更小,同时对微区起稳定作用,在加工和使用过程不发生相的聚集。例如,PS 和 LDPE 共混时,由于相容性差,PE 达不到增韧的效果(使 PS 在不显著损失模量的前提下)。若在体系中加入占分散相 5% 的含 PE 和 PS 链段的接枝共聚物后,当 PE 的含量为 10% ~ 15% 时,就使冲击强度增加至 PS 的 3 ~ 4 倍,成为有用的材料。

在某些场合,相容剂可在均聚物共混过程中"就地"产生。例如,PE 和 PA 共混时,先用自由基引发剂在 PE 上接枝马来酸酐(MAH),使 PE 分子链含有活性酸酐侧基,再将其加入 PE 和 PA 的共混物中。在共混过程,酸酐与 PA 的端氨基作用而形成了聚烯烃与聚酰胺的接枝共聚物——相容剂。

由于需要进行共混改性的品种是多种多样的,因而,不是所有的共混物都有其相应的共聚物用来作相容剂(因为合成上有困难)。但对均聚物 A 和均聚物 B 的共混体系来说,为了达到增容效果,也可选用 A – C 型共聚物,其前提是 C 和 B 是相容的。这样,可扩大相容剂的选用范围。

小　结

1.添加非挥发性的相容液体或添加能让聚合物分子链相互滑移的固体,可使硬性聚合物(如聚氯乙烯)变柔顺,可降低聚合物的 T_g 和模量。用共聚的方法使聚合物无规化可以达到类似的效果。

2.聚合物的降解速度可通过添加链转移剂加以阻止,链转移剂又称抗氧剂,它们能产生无活性的自由基。

3.添加热稳定剂可使聚合物(如聚氯乙烯)在高温下的分解速度降低,这些热稳定剂能与有催化作用的分解产物(如 HCl)反应。可溶的有机金属化合物、亚磷酸盐和环氧化物能起热稳定剂或 HCl 的消除剂的作用。

4.紫外线能使聚合物发生高能光解,添加 α-羟基二苯甲酮之类的化合物可减弱这种降解效应,因为这类化合物能起能量转移剂的作用,即它们能吸收短波的射线,然后以低能的长波射线将能量反射出去。

5.因为燃料、氧和高温是聚合物燃烧的三要素,因此除去其中任何一个要素,就能阻止燃烧。所以加热时能产生水或二氧化碳的添加剂一般是有效的阻燃剂。

6.添加能终止自由基燃烧反应的阻燃剂也可阻碍高温下有机聚合物的快速燃烧。

7.许多粉碎的材料,例如,木粉、果壳粉、α-纤维素、淀粉、合成聚合物、炭黑、玻璃球和片状玻璃粉、金属粉、金属氧化物、碳酸钙、氧化硅、云母、滑石、粘土和石棉等都已用作聚合物的填料。

8.对增加聚合物强度来说,添加纤维状增强材料,比添加球形填料的效果好得多。最广泛使用的增强纤维是玻璃纤维。玻璃纤维和其他增强纤维的增强效果,依赖于纤维的长度和纤维与连续的树脂基体之间的界面。

9.许多基于石墨纤维、芳香族聚酰胺纤维、镀硼钨和单晶(如钛酸钾和蓝宝石,Al_2O_3)等高级增强材料,已用作高性能复合材料的不连续相。

10.树脂与玻璃纤维以及其他固体添加剂间的界面,可以通过使用表面活性剂(如硅烷和钛酸酯)处理表面来增强。这些偶联剂不仅能改善复合材料的物理性能,还能有效地降低加工所需要的能量。

常 用 术 语

各向异性:性质随方向而变化。

石棉:纤维状硅酸镁。

长径比:颗粒的长度与直径之比。

粘连:塑料薄膜料卷接触层间的相互粘连。

BMC:预制整体成型料;树脂浸渍的短纤维束。

促进剂:橡胶硫化或树脂固化的催化剂。

抗氧剂:阻止聚合物氧化降解的添加剂。

反增塑作用:聚合物(如聚氯乙烯)中添加少量增塑剂时出现的硬化效应。

抗静电剂:可减少高分子材料表面静电积累的添加剂。

杀菌剂:防止微生物破坏的添加剂。

着色剂:染料或颜料。

固化剂:导致交联的添加剂。

能量转移剂:吸收高能射线,又以低能的射线将能量反射出去的物质。

阻燃剂:增加聚合物耐燃性的添加剂。

发泡剂:加热或通过反应能产生发泡气体的物质。

自由体积:没被聚合物分子链占据的空穴。

胶化理论:假设聚氯乙烯中存在假三维结构和分子间力因增塑剂的存在而减弱的理论。

热稳定剂:阻碍聚合物高温分解的添加剂。

内增塑作用:通过共聚在聚合物中引入大侧基而导致柔化的作用。

润滑理论:以增加聚合物分子链相互滑移的能力为基础来解释增塑作用的理论。

脱模剂:一种润滑剂,它可防止聚合物粘连在模腔内。

增塑剂:能增加硬塑料柔性的、相容的非挥发性液体或固体。

侧链结晶:当聚合物主链上存在有规则排列的长和大的侧基时,所呈现的僵化效应。

协同效应:混合添加剂间的增效作用。

紫外线稳定剂:阻止紫外线降解的添加剂。

偶联剂:可增强填料等与树脂间界面的物质,如硅烷或有机钛酸酯。

纤维状填料:长径比至少为 150:1 的填料。

填料:用作树脂复合材料的不连续相,通常是比较惰性的材料。

石墨纤维及碳纤维:由丙烯腈纤维热解制得的高强纤维。

层压塑料:由树脂粘结的多层材料组成的复合材料。

习　题

1.高分子材料中为什么要加入添加剂? 按其作用可分为哪几种?

2.试解释分散程度和均匀程度的含义。如何使添加剂在聚合物中达到所要求的分散程度和均匀程度?

3.什么叫做增塑剂? 它是如何起增塑作用的?

4.何谓增塑剂效率? 试说明其用途及局限性。

5.请以聚氯乙烯为例,说明热稳定剂的作用机理。

6.抗氧剂主要有哪些类型? 试举例说明其稳定作用机理。

7.光稳定剂如何能起到防老化作用?

8.填充剂及增强剂的作用有何差别? 如何使增强剂发挥应有的增强作用?

9.偶联剂的作用原理是什么? 目前主要有哪几类? 请简要叙述各类偶联剂的特点和用途。

10.阻燃剂是怎样起阻燃作用的?

第十一章　高分子材料成型工艺

塑料、橡胶和纤维是在 20 世纪崛起并得到飞速发展的三大高分子合成材料。目前,从原料树脂制成种类繁多、用途各异的最终产品,已形成了规模庞大、先进的加工工业体系,而且三大合成材料各具特点,又形成各自的加工技术体系。本章以塑料成型工艺为主,分别对三大合成材料的成型加工作简要介绍。

11.1　塑料成型加工

塑料成型加工是将各种形态的成型用物料加工为具有固定形状制品的各种工艺技术。热塑性和热固性塑料的加工性质不同,采用的加工技术也不同。塑料的成型加工工艺包括成型和加工两部分,本章主要讨论成型部分。目前热塑性塑料的成型方法主要有挤出成型、注射成型、压延成型、吹塑成型等;热固性塑料的成型方法主要有模压成型、传递成型、层压成型等。其中传递成型、层压成型、注射成型等既可以用于热塑性塑料又可用于热固性塑料。加工主要由机械加工、修饰和装配三个环节组成。机械加工主要有车削、铣削、钻削、冲切等方法;装饰方法主要有锉、磨、抛光、涂饰、印刷、表面金属化等;装配方法主要有焊接、粘接、机械连接等。

11.1.1　挤出成型

挤出成型简称挤塑,是借助螺杆的挤压作用使受热熔融的物料在压力推动下强制通过口模而成为具有恒定截面积连续型材的成型方法。能生产管、棒、丝、板、薄膜、电线电缆和涂层制品等。这种方法的特点是生产效率高,适应性强,几乎可用于所有热塑性塑料及某些热固性塑料。

1.挤出设备

挤出设备目前大量使用的是单螺杆挤出机和双螺杆挤出机,后者特别适用于硬聚氯乙烯粉料或其他多组分体系塑料的成型加工。但通用的是单螺杆挤出机,见图 11-1 和图 11-2。

螺杆是挤出机的关键部件,通过它的转动,使机筒里的物料移动,得到增压,达到均匀塑化。同时还可以产生摩擦热,加速温升。根据螺杆各部分的不同功能,可分为进料段、压缩段和计量段。进料段是指自物料入口至前方一定长度的部分,其作用是让料斗中的塑料不断地补充进来并使之受热前移。进料段的塑料一般仍保持固体状态。压缩段是螺杆中部的一段,其作用是压实塑料,使塑料由固体逐渐转化为熔融体,并将夹带的空气向进料段排出。为此,该段的螺槽深度是逐渐缩小的,以利于塑料的升温和熔化。计量段(也称均化段)是螺杆的最后一段,其作用是使熔体进一步塑化均匀并定量定压地由机头流道均匀挤出。随着科技进步,各种新型螺杆不断涌现,以使螺杆的塑化效果和塑化效率

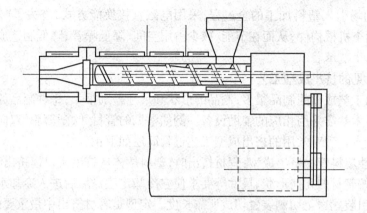

图 11-1　单螺杆挤出机基本结构示意图

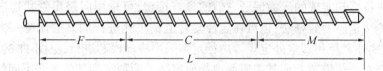

图 11-2　等距渐变式单螺杆基本结构

更高,如屏障型螺杆、组合型螺杆、排气式螺杆等。同时各种新型双螺杆挤出机的应用有了相当大的扩展。

2.挤出过程

挤出过程一般包括熔融、成型和定型三个阶段。第一是熔融阶段,固态塑料通过螺杆转动向前输送,在外部加热和内部摩擦热的作用下,逐渐熔化,最后完全转变成熔体,并在压力下压实。在这个阶段中,塑料的状态变化和流动行为很复杂。塑料在进料段仍以固体存在,在压缩段逐渐熔化而最后完全转变为熔体。其中有一个固体与熔体共存的区域即熔化区。在该区,塑料的熔化是从与料筒表面接触的部分开始的,在料筒表面形成一层熔膜。随着螺杆与料筒的相对运动,熔膜厚度逐渐增大,当其厚度超过螺翅与料筒的间隙时,就会被旋转的螺翅刮下并将其强制积存在螺翅前侧形成熔体池,而在螺翅后侧则充满着受热软化和部分熔融后粘结在一起的固体粒子以及尚未熔化的固体粒子,统称为固体床。这样,塑料在沿螺槽向前移动的过程中,固体床的宽度就会逐渐减小,直到全部消失即完全熔化而进入均化段。在均化段中,螺槽全部为熔体充满。由旋转螺杆的挤压作用以及由机头、分流板、过滤网等对熔体的反压作用,熔体的流动有正流、逆流、横流以及漏流等不同形式。其中横流对熔体的混合、热交换、塑化影响很大。漏流是在螺翅和料筒之间的间隙中沿螺杆向料斗方向的流动,逆流的流动方向与主流相反。这两者均由机头、分流板、过滤网等对熔体的反压引起。挤出量随这两者的流量增大而减少。挤出过程的第二阶段是成型,熔体通过塑模(口模)在压力下成为形状与塑模相似的一个连续体。第三阶段是定型,在外部冷却下,连续体被凝固定型。

在挤出技术方面,我国于 1993 年首创塑料电磁动态挤出机。这种新式挤出机在理论上将电磁振动场引入塑料加工的全过程,采用电磁直接换能方式,省去了"外源加热"和"螺杆挤送"两个机械构件,从而在节能、减少占用空间、降低噪音、降低制造成本等方面产生了重大的技术变革。

3.几种常见的挤出成型工艺

采用挤出工艺成型的制品很多,制品的形状和尺寸差别很大,每种制品的生产都有特定的工艺和技术并需采用相应的辅助设备。例如常见的管材、吹塑薄膜、双向拉伸薄膜的成型便各有特点。现对常用的挤出成型工艺过程简述如下:

(1)热塑性塑料管材挤出成型:管材挤出时,塑料熔体从挤出机口模挤出管状物,先通过定型装置,按管材的几何形状、尺寸等要求使它冷却定型。然后进入冷却水槽进一步冷却,最后经牵引装置送至切割装置切成所需长度。定型是管材挤出中最重要的步骤,它关系到管材的尺寸、形状是否正确以及表面光泽度等产品质量问题。定型方法一般有外径定型和内径定型两种。外径定型是靠挤出管状物在定径套内通过时,其表面与定径套内壁紧密接触进行冷却实现的。为保证它们的良好接触,可采用向挤出管状物内充压缩空气使管内保持恒定压力的办法,也可在定径套管上钻小孔进行抽真空保持一恒定负压的办法,即内压式外定径和真空外定径。内径定型采用冷却模芯进行,见图11-3。管状物从机头出来就套在冷却模芯上使其内表面冷却而定型。两种定型其效果是不同的。

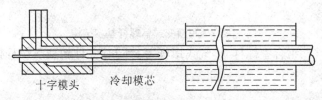

十字模头　　　冷却模芯

图 11-3　典型的管材用模头和内径定型方法

适用于挤出管材的热塑性塑料有 PVC,PP,PE,ABS,PA,PC,PTFE 等。塑料管材广泛用于输液、输油、输气等生产和生活的各个方面。

(2)薄膜挤出吹塑成型:薄膜可采用片材挤出或压延成型工艺生产,更多的是采用挤出吹塑成型方法。这是一种将塑料熔体经机头口模间隙呈圆筒形膜挤出,并从机头中心吹入压缩空气,把膜管吹胀成直径较大的泡管状薄膜的工艺。冷却后卷取的管膜宽即为薄膜折径。采用挤出吹塑成型方法可以生产厚度为 0.008 ~ 0.30mm,折径约为 10 ~ 10 000mm的薄膜,这种薄膜称为吹塑薄膜。

薄膜的挤出吹塑成型工艺,按牵引方向可分为上引法、平引法和下引法三种。平引法一般适用于生产折径 300mm 以下薄膜。下引法适用于那些熔融粘度较低或需急剧冷却的塑料,如 PA、PP 薄膜。这是因为熔融粘度较低时,挤出泡管有向下流淌的趋向,而需急剧冷却、降低结晶度时需要水冷。上引法的优点是:整个泡管在不同牵引速度下均能处于稳定状态,可生产厚度尺寸范围较大的薄膜,且占地面积少,生产效率高,是吹塑薄膜最常用的方法。

图 11-4 是上引法生产吹塑薄膜装置流程示意图。塑料熔体从环形口膜挤出成为管坯,从芯模孔道向管坯吹入压缩空气,使管坯吹胀变薄,直至所要求的直径为止。在上牵引作用下经风环冷却定型,由人字形夹板逐渐叠成双层薄膜,继而卷取成卷。该法的缺点

是:热空气向上、冷空气向下,使泡管各段温度分布不够均匀而导致薄膜厚度不均;而且当用于流动性较大的塑料时,易产生溢流现象,导致薄膜有疵点甚至发生破裂。

(3)双向拉伸薄膜:扁平机头挤出工艺通称平挤。薄膜的双向拉伸工艺是将由狭缝机头平挤出来的厚片经纵横两方向拉伸,使分子链或结晶进行取向,并且在拉伸的情况下进行热定型处理的方法。该薄膜由于分子链段定向、结晶度提高,各向异性程度降低,所以可使拉伸强度、冲击强度、撕裂强度、拉伸弹性模量等显著提高,并改进耐热性、透明性、光泽等。这种成型方法的流程大致如下。

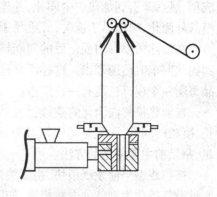

图 11-4 典型吹塑薄膜装置

塑料熔体由扁平机头挤成厚片后,送至具有不同转速的一组拉伸辊上进行纵向拉伸。拉伸辊温度通常控制在 $T_g < T < T_f$ 范围内,拉伸比一般控制在 4:1 至 10:1 之间。经过纵向拉抻的薄膜再送至拉幅机上作横向拉伸(如图 11-5 所示)。拉幅机分为预热段、拉伸段、热定型段和冷却段。在预热段把纵向拉伸后的厚膜重新加热至 T_g 以上,拉伸段由夹具夹住薄膜沿着一定张角的导轨运行作强制横向拉伸,拉伸比一般在 2.5:1 至 4:1 之间。经横向拉伸后的薄膜,必须进行热定型处理,使取向结构稳定下来,否则制品在其后的使用过程中会发生收缩和变形而影响质量。热定型温度太高,解取向作用将过大;温度太低,又不能足以消除内应力,所以热定型温度的选择很重要。实践证明,一般选择温度比聚合物最大结晶速率时高 10℃ 比较合适。热

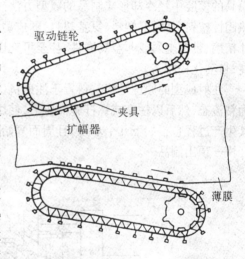

图 11-5 拉幅机工作示意图

定型后的薄膜冷却至室温后,经切边,最后卷取成成品。

(4)挤拉成型:纤维增强热固性树脂基复合材料常用的成型方法主要有缠绕成型、叠层铺层成型、真空浸胶法、对模模压法、手糊法、喷射法、注射法、挤拉法等。一些长的棒材、管材、工字材、T 型材和各种型材主要采用挤拉成型方法。此法成型的产品可保证纤维排列整齐、含胶量均匀,能充分发挥纤维的力学性能。制品具有高的比强度和比刚度、低的膨胀系数和优良的疲劳性能,同时根据需要还可以改变制品的纤维含量或使用混杂纤维。此方法质量好、效率高,适于大量生产。

成型原理是使浸渍树脂基体的增强纤维连续地通过模具,挤出多余的树脂,在牵伸的条件下进行固化。该方法有以下几种类型。

通过模具成型在固化炉中固化:此法是预浸料通过挤压辊除去多余的树脂,在模具中

成型,然后牵引到加热炉中固化,并连续引出。此法成型快,可同时成型多根型材,但因在模具外固化,树脂易于流失,纤维易于卷曲混乱,断面不规整,适合生产形状简单的制品。

在加热的模具内固化后的间断挤拉法:此法是将预浸料放入牵引加热的模具内待达到固化要求时迅速牵出。这样反复连续进行。此法较上法制品表面光泽,纤维规整,但制品每隔一个模具长度有一条痕迹。

在加热模具内固化的连续挤拉成型法:此法是上法的改进和发展,要求树脂适用期长、凝胶时间短,固化时间短以及对纤维浸润性好等。此法可以克服上述两种方法的不足,是目前主要使用的方法。

挤拉成型当前发展很快,主要关键是材料的工艺性与设备的适应性,即解决好原材料通过设备转化为制件的内在规律,如固化速度必须和产品的牵引速度相适应。高频预热与高频固化解决了速度一致的问题。

11.1.2 注射模塑成型

注射成型简称注塑,是指物料在注射机加热料筒中塑化后,由螺杆或注塞注射入闭合模具的模腔中经冷却形成制品的成型方法。它广泛用于热塑性塑料的成型,也用于某些热固性塑料(如酚醛塑料、氨基塑料)的成型。注射成型的优点是能一次成型外观复杂、尺寸精确、带有金属或非金属嵌件、甚至可充以气体形成空芯结构的塑料模制品;生产效率高,自动化程度高。

注射成型的原理是将粒料置于注射机(见图11-6)的料筒内加热并在剪切力作用下变为粘流态,然后以柱塞或螺杆施加压力,使熔体快速通过喷嘴进入并充满模腔,冷却固化。其生产过程包括如下几个步骤,且周而复始进行:→清理准备模具→合模→注射→冷却→开模→顶出制品→。

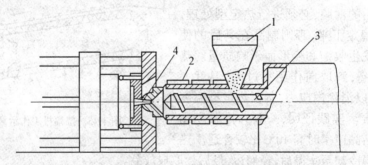

图 11-6　移动螺杆式注射机示意图
1—料斗;2—加热圈;3—螺杆;4—喷嘴

首先由合模装置把模具合上并施加锁模力;由注射油缸向螺杆施加压力使它前进把熔体经喷嘴注射入模具充满模腔;螺杆保持在注射的位置上,并保持压力一定时间,向模腔补充因冷却收缩所需的熔体,熔体进入模具即开始冷却直至脱模。其间,保压一结束,螺杆即开始转动,不断将料斗中的物料送入料筒中塑化成熔融状态并送至料筒顶端,同时物料的反作用力不断将螺杆顶向后方,直至顶部熔体达到定量时,螺杆停止转动。当冷却时间结束后,由开模装置将模具打开,并由顶出机构将制品顶出,然后进入下一个成型周期。

注射成型主要是通过注射机和模具来完成的。通常把塑料物料、注射机和模具称为注射成型三要素,而把成型温度、压力和成型周期称为三原则。温度是指料筒温度、喷嘴温度和模具温度。料筒一般分成三至四区段分别加热,温度逐段升高以防止熔体发生"流涎"现象。模温视制品的厚度和塑料品种情况或采取加热或采取冷却办法控制,目的是防止制品出现凹痕、内应力裂纹或控制结晶等。如 PC 的注射温度高达 300℃,为防止急速冷却造成内应力残留,需要控制模温在 110℃左右。注射压力取决于塑料的品种、模具的结构,特别是取决于浇注系统及浇口的尺寸以及注射温度等。对一般热塑性工程塑料,压力一般在 40~160MPa 范围,某些工程塑料如聚碳酸酯、聚砜等,由于其熔体粘度很大,需要更高的压力。在成型周期中,充模时间、保压时间和冷却时间的长短,对制品质量起着决定性作用。在注射加压阶段,充模时间一般为几秒钟,但保压时间可长达十几秒至几十秒(视制品的大小而定)。一般来说,充模时间短,塑料熔体保持较高的温度,分子定向程度可减少,制品的熔接强度也可提高。但充模时间过短,往往会影响嵌件后部的熔接而使嵌件制品质量变劣。保压时间是指从熔体充满模腔时起至螺杆开始后退为止的这段时间。保压时间越长,补充的熔体就越多,制品的收缩率就越小。此外,保压阶段模内塑料仍在流动,并且温度不断下降,定向分子易被冻结,因此,保压时间越长分子定向程度越大。冷却时间是指从保压结束到开模这段时间。冷却时间的长短,对于无定形聚合物一般要求制品冷却到 T_g 附近,以保证脱模时不会引起变形、挠曲为原则。冷却时间也受模温的制约。冷却速度对结晶聚合物成型制品的结晶度也有直接影响。冷却快,结晶度低,冷却慢,结晶度升高,晶体较为完善。另外,熔体冷却是从制品表面开始逐渐向中心进行的,它的表面附近生成的晶核较多而呈晶粒形态或小球晶,中心部位在较长时间内保持较热状态,则晶核少,因而呈较粗球晶形态。因此,有时将聚合物与适当的成核剂混合成型,以调控制品中球晶大小的均匀性,同时也可缩短成型周期。制品脱模的难易与保压时间、冷却时间也有关。脱模时的模内压力与外界压力之差称为残余压力,残余压力为正值时,脱模困难,为负值时,制品易有陷痕。只有残余压力接近零时,才能顺利脱模。残余压力与保压时间有关,因此要设定适宜的保压时间来满足脱模的要求。

11.1.3 压延成型

压延成型是将加热塑化的热塑性塑料通过三个以上相向转动辊筒的间隙使其成为连续片状材料的一种成型方法。压延成型产品有片材、薄膜、人造革及涂层等制品,适于软化温度较低的热塑性非晶态聚合物,如 PVC,ABS,改性聚苯乙烯以及 T_m 不很高的聚烯烃等,其中尤以 PVC 为最多。

按辊筒数目的不同,压延机可分为三辊、四辊、五辊和六辊等多种;按辊筒的排列方式又有 L 型、倒 L 型、Z 型、S 型等多种。压延成型目前以倒 L 型、Z 型四辊为主。

为了使物料受到更多的剪切作用并能更好地塑化,有利于使压延物取得一定的延伸和定向,压延机辊筒间应有一定适宜速比。速比过大会导致包辊,速比过小则因会吸辊不好,导致空气夹入或制品出现孔洞。适宜的速比要根据物料性质、制品厚度和辊速等确定。例如四辊压延机,当制品厚度为 0.1mm,主辊辊速为 45m/min 时,各辊速比范围应为: $Ⅱ/Ⅰ=1.19~1.20,Ⅲ/Ⅱ=1.18~1.19,Ⅳ/Ⅲ=1.20~1.22$。膜片由辊筒间压延、传送,最后被引离辊引离下来去后续工序。压延过程中物料受到剪切和拉伸作用,大部分分子链会顺着压延方向取向,导致制品的物理机械性能各向异性。这种现象称为压延效应,其程度随辊筒转速、辊间速比、辊筒余料及物料的表面粘度的增加而增加,随辊筒温度和辊间距的增加而减少。压延物料所需的热量,一部分由加热辊筒供给,一部分由物料与辊筒摩擦以及物料自身剪切作用而产生。产生摩擦热的大小除与速比有关外,也与物料的粘度有关。辊速越大,剪切力越大,摩擦热越大。辊温要视辊速、速比及物料的粘度的大小进行合理控制。

以 PVC 压延薄膜为例,生产过程可分为两个阶段,即供料阶段和压延阶段。其工序可表示如下:配料→混合→塑化(熔融混合均匀)→供料→压延→引离→(扩幅)→轧花→冷却→卷取

供料阶段是指从配料工序至供料工序这一过程。混合常用高速搅拌机,在一定温度下使树脂充分吸收增塑剂并与其他添加剂混合分散均匀。塑化可在密炼机、开炼机和挤出机中进行;供料可用开炼机或挤出机将塑化的物料以片状或圆柱状经传送带送至压延机第一辊隙处均布。压延阶段是指从压延工序至卷取工序。

11.1.4 中空吹塑成型

中空吹塑成型是把熔融状态的塑料管坯置于模具内,利用压缩空气吹胀、冷却制得具有一定形状的中空制品的方法。主要用于 PE、PVC、PP、PS、PET、PC等。中空吹塑成型可细分为三种:挤出吹塑、注射吹塑、拉伸吹塑。尽管方法不同,但原理是一样的,都是利用聚合物在粘流态下具有可塑性的特性,在冷却硬化前,用压缩空气的压力使熔融管坯发生形变,贴在模具内壁,再经冷却硬化,得到与模腔形状相同的制品。熔融管坯吹胀过程,对制品具有双向拉伸的作用,因而中空制品具有较好的韧性和抗挤压性。

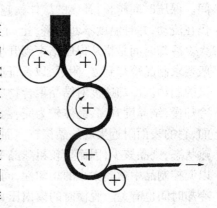

图 11-7　倒 L 型四辊压延机压延成型示意图

1. 挤出吹塑

这是最普通的吹塑成型法。塑料经挤出机塑化后挤出一定长度熔体进入敞开模具内,闭合模具,由吹气管吹进空气使之膨胀至压紧模具内壁,再经冷却,硬化,开模得到制品。

2. 注射吹塑成型

这种方法首先用注射的方法制造型坯部分(图 11-8),接着把型坯连同模芯从模具中取出,转移到成型的空芯模具中进行吹塑(AE)。此法的优点是制品壁厚均匀,质量公差小,瓶口精密,废边料少。

3. 拉伸吹塑

按型坯的制造方法不同可分为挤出拉伸吹塑和注射拉伸吹塑。

以挤出拉伸吹塑为例其成型过程分为以下几个步聚(图 11-9):管挤出→切断→口部修饰与装底→型坯加热→拉伸→吹塑→取出制品。拉伸的实施是使用拉伸棒将型坯向纵向挤长,进行纵向拉伸,然后吹入压缩空气吹胀型坯,起着横向拉伸作用。因而制品具有

典型的双向拉伸的特性,其透明度、冲击强度、表面硬度和刚性都有很大的提高。此法主要适用于 PVC,PE,PP 等塑料瓶的生产。

11.1.5 模压成型

模压成型又称压缩模塑,是塑料成型物料在闭合模腔内借助加热、加压,使其固化(凝固或交联)而形成制品的成型方法,是热塑性和热固性塑料成型的重要方法之一。模压成型工艺包括成型前的准备和模压过程及后处理等步骤。模压成型前的准备主要为预压和预热。预压就是采用压模和预压机把粉状、碎片或纤维状原料在室温或低于 90℃条件下压制具有一定质量和形状(圆片、圆角、扁球、空心体等)的锭料或片料。这样可减少塑料成型时模具的体积,有利于加料操作,提高传热速度,缩短模压时间。预热的目的是去除水分和给模压提供热料,使模压周期缩短,提高制品质量。模压过程大致可分为装料(A)、加压、加热(闭模)(B)和脱模(C)三步(图 11-10)。闭模后一般需将模具松动片刻,

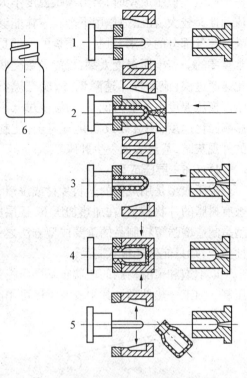

图 11-8 注坯吹塑原理图

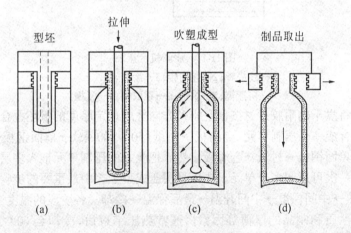

图 11-9 挤拉吹过程示意图

让其中气体排出,通常需 1～2 次,每次时间由几秒至十几秒不等,这对于热固性塑料尤为重要。气体可以是装料时夹带的,也可以是发生交联固化时伴生的水、氮或其他挥发性物质,排气不但可以缩短固化时间,而且有利于制品潜在性能和表观质量的提高。

热固性塑料在模压过程中,流动性与温度的关系比热塑性塑料复杂得多。随着温度的升高,由于固体塑料逐渐熔化,所以流动性随之由小变大;但是交联反应开始后,情况不同了,塑料熔体的流动性则随着温度的升高而逐渐变小。因此,其流动性–温度曲线出现

一个峰值。模压成型时,努力满足温度不太高流动性又较大、在压力作用下塑料熔体能够充满模腔各部分的要求,对制品质量的保证是非常重要的。若模压温度太高,可能导致交联固化速度过快,流动性迅速降低,造成充模不完全。模压温度也不能过低,因为温度过低不仅影响固化速度,还会导致固化不完全,使制品的外观灰暗,甚至表面发生肿胀。

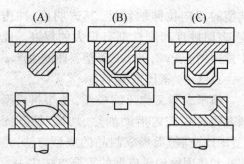

图 11-10 模压过程示意图
(A)装料;(B)加压、加热(闭模);(C)脱模

11.1.6　层压成型

层压成型是用成叠的塑料片材或浸渍、涂敷有树脂的片状基材,在加热加压下,逐层压成坚实均匀的制品的一种成型方法。层压成型是制造增强塑料制品的重要成型方法之一。制品质量稳定,性能优良。其缺点是间歇性生产,并只能生产板状制品。

以不饱和聚酯树脂的玻璃布基层压板为例,层压工艺过程如下:浸渍→干燥→叠料→压制→加工→热处理。其中浸渍工序可用图 11-11 表示。

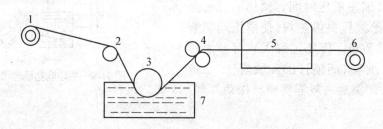

图 11-11　浸胶机示意图
1—卷绕辊;2—导向辊;3—涂胶辊;
4—挤液辊;5—烘炉;6—卷取辊;7—浸槽

叠料是指将烘干的附胶片材按预定排列方向叠成预定厚度的板坯叠合材。再由板坯按以下顺序组合成一个压制单元:金属板→衬纸(50～100 张)→单面钢板→板坯→双面钢板→板坯→单面钢板→衬纸→金属板。然后把叠好的压制单元推入多层热压机的热板中进行热压。一次可压制多个单元。热压是层压成型工艺中最重要的步骤。加热分几个阶段进行:预热→中间保温→中间升温→最后保温→冷却。各阶段的温度、压力和所需时间取决于物料性质和制品的厚薄等因素。通常热压结束后,冷却至 60℃ 左右时即可脱模。

脱模后的板材经切边后,需在一定温度下进行热处理,以使树脂充分硬化和制品的机械强度、耐热性、电性能等达到最佳值。

层压成型采用的增强基材通常是片状的纸、棉布、玻璃布、木板等。所用的热固性树脂多为酚醛树脂、环氧树脂和不饱和聚酯。有特殊电性能要求的,可用邻苯二甲酸二烯丙酯树脂。层压成型除了用于热固性树脂类板材外,也用于热塑性树脂板材的成型,如 PVC 层压板材。

11.1.7 发泡成型

发泡成型是通过机械、化学或物理等方法使塑料内部形成大量微孔,并固化形成固定微孔结构的泡沫塑料的成型方法。不论用什么方法发泡,其基本工艺过程都是:首先往液态或熔融态物料中引入气体,产生微孔,然后使微孔增大至一定体积,最后通过物理或化学方法把微孔结构固化,得制品。微孔结构有各微孔互相连通的"开孔"和互相分隔的"闭孔"两种。前者称为开孔泡沫结构,后者则称为闭孔泡沫结构。塑料发泡后的体积比发泡前的增大倍数,称为发泡倍率。据此可分为高发泡(倍率大于 5)和低发泡(倍率小于 5)两种工艺。采用不同的发泡成型工艺,可制得不同硬度的制品,并根据其弹性模量区分为软质(小于 70MPa,在 23℃,相对湿度为 50% 时)、硬质(大于 700MPa)和半硬质(70 ~ 700MPa)泡沫塑料。虽然几乎所有塑料均可通过发泡成型方法制得泡沫塑料,但实际上目前常用的是聚苯乙烯、聚氨酯、聚乙烯和聚氯乙烯等几种。

泡沫塑料的发泡方法可分为机械发泡法、物理发泡法、化学发泡法三种。

机械发泡是用鼓泡机以强烈的机械搅拌将空气卷入树脂的乳液、悬浮液或溶液中使其成为均匀的泡沫物,然后再经过物理变化或化学反应使之稳定,成为泡沫塑料制品。该成型方法利用了聚合物大分子的各种凝聚态或溶液都具有高粘度的特性,卷入其中的空气所形成的气泡逸出速度和汇集速度都极慢,以致泡沫体在成型过程中能够保持较稳定的状态。实际上为了使气泡更加稳定和均匀,通常还需加入一定浓度的表面活性剂,降低体系的气 – 液界面张力。

物理发泡法是指利用物理方法进行发泡,方法有多种,目前主要有两种

(1)在加压下先将惰性气体溶解于熔融状树脂或糊状复合成型物料中,然后再减压使被溶解的气体膨胀逸出而发泡,如用 CO_2 作 PVC 发泡剂。

(2)先将挥发性的液体均匀地混合于树脂中,然后加热使其在树脂中汽化发泡,如用正戊烷作发泡剂的 PS 发泡。

化学发泡法是混合物料的某些组分通过化学反应产生气体进行发泡的成型方法。其中又可区分为化学发泡剂法和利用生成树脂的聚合反应中的副产物的发泡法两种。化学发泡剂是指在加热时可产生惰性气体如氮气、二氧化碳等气体的物质,如碳酸氢铵、偶氮甲酰胺等,有关发泡剂的性质可在有关手册中查到。化学发泡法可以在移动的传送带上实施(如聚氨酯泡沫塑料),也可在挤出成型、注射成型中实施。

11.1.8 热成型

热成型是将塑料片材或板材加热至软化,再在外力(气体、液体压力或机械压力)作用下使之紧贴模具的型面,最后冷却脱模,得到形状与模具型腔相同的制品的成型方法。热成型因所用原材料是已经过成型的塑料片材或板材,故属于二次加工。热成型的特点是适应性强、设备投资少、模具制造简便,因此应用广泛。缺点是要使用片材,制品需要的后加工工序较多。热成型法要求板、片材在加工条件下具有较好的延展性。适合采用热成型方法的主要是热塑性塑料,如 ABS,PS,PMMA,PVC,HDPE,PP,PA,PC,PET 等。

真空成型是热成型最常用的方法之一。该方法之一是将片材夹在框架上,用加热器加热,利用真空作用把软化的片材吸入模具中紧贴在模具型面上成型;方法之二是使用阳模,成型时,把片材加热软化进行预拉伸,然后利用真空作用使片材紧密覆盖在阳模上,经

冷却而成型。这种方法称包模法,优点是制品厚度较阴模成型法的均匀。目前先进的真空成型机由电脑控制,采用成卷片材供料,实现生产过程自动化。

11.2 橡胶成型加工

橡胶的加工分为两大类。一类是干胶制品的加工生产,另一类是胶乳制品的生产。

11.2.1 干胶制品

干胶制品的原料是固态的弹性体,其生产过程包括素炼、混炼、成形、硫化四个步骤。

1.素炼

所谓素炼,就是不加入添加剂,仅将纯胶(生胶)在炼胶机上滚炼。目的是使生胶受机械、热、化学三种作用而使分子质量降低,达到适当的可塑度,使之易与添加剂混合均匀。素炼主要用于天然橡胶。具有适当可塑度的一些合成橡胶可以不进行素炼而直接与经过素炼的天然橡胶并用。

2.混炼

混炼是将已经素炼的胶(包括混用合成胶)与添加剂(配合剂)混合均匀的过程。混炼在开放式炼胶机或密炼机中进行。橡胶加工时所需添加剂种类较多,主要有:

硫化剂 它是使橡胶发生交联反应由线型结构变为适度的网状结构弹性体的物质。硫黄是最古老的硫化剂,也是目前最常用的硫化剂。此外,尚有过氧化物(用于饱和弹性体硫化等),二元胺及其衍生物(用于氟橡胶硫化等)等多种硫化剂,它们的交联作用"硫化",又称为非硫的硫化反应。

硫化促进剂 它是使硫化剂活化,加快硫化速度或提高硫化剂使用效率的物质。

以上两种是橡胶材料专用的添加剂。

增强剂 它是指能提高橡胶制品力学性能的物质,亦称活性填充剂,目前最常用的是炭黑。

此外,还有填充剂、防老剂、润滑剂等添加剂。

3.成型

成型是将混炼胶通过压延机、挤出机等制成一定截面的半成品,如胶管、胎面胶、内胎胶坯等。然后将半成品按制品的形状组合起来,或在成形机上定形,得到成型品。

4.硫化

硫化是将成型品置于硫化设备中,在一定温度、压力下,通过硫化剂使橡胶发生交联反应,形成一定的网状结构,获得符合实用强度和弹性的制品的过程,是橡胶加工的关键工序。不同的橡胶种类,所采用的硫化剂或硫化体系有所不同。

(1)二烯类橡胶的硫化:天然橡胶和以天然橡胶为主体的高不饱和性橡胶,主要使用硫黄和有机硫化合物作硫化剂。硫黄为单质时,为 S_8,呈八元环结构。它在受热或硫化促进剂的作用下会发生开环反应,生成双自由基

$$S_8(八元环) \longrightarrow \cdot S_8 \cdot \longrightarrow \cdot S_x \cdot + \cdot S_{8-x} \tag{11-1}$$

该双自由基与橡胶分子交联,即硫化,桥链由 S_x 构成,如图 11-12 所示。

由于硫黄不会完全离解成单硫双自由基($x=1$),所以用这种单质硫黄硫化时,桥链

主要为硫原子数两个以上的多硫链。这样的硫化不但速度慢，硫黄耗量大(6~10份)，而且产品质量较差。为解决这些问题，开发了硫化促进剂。硫化促进剂的功能在于促进单质硫黄 S_8 开环，并离解成较单一的含硫原子数少的硫双自由基。目前硫化促进剂已普遍采用，不但大大缩短了硫化时间，减少了硫黄用量(2份左右)，而且使橡胶制品质量提高。

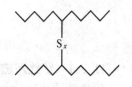

图 11-12　橡胶的硫黄交联示意图

硫化促进剂按结构可分为醛胺类、硫脲类、胍类、噻唑类、次磺酰胺类、秋兰姆类等。

不同的促进剂不但有慢速、中速和快速促进硫化作用之分，还有适用橡胶种类不同之分。有机含硫化合物硫化剂的硫化作用是靠其分解所产生的单硫双自由基进行的，因此桥链以单硫键合为主。这类硫化剂主要有：二硫化甲基秋兰姆、4,4－二硫代二吗啉和2－(4－吗啉基二硫代)苯并噻唑等。这些有机硫化剂，受热后会产生单硫黄双自由基。

(2)低不饱和性合成橡胶的硫化：这类橡胶(如硅橡胶、乙丙橡胶)的硫化，不能用硫黄硫化剂，通常要用过氧化物交联剂，例如过氧化二异丙苯。过氧化物交联剂通过自身的热分解生成过氧化自由基，从弹性体夺氢，使之生成聚合物自由基，然后这些自由基偶合，发生链间交联，与硫黄硫化剂不同，过氧化物硫化剂本身不参与形成桥链。

(3)其他硫化剂：如肟类硫化剂(对,对苯醌二肟等)，它与氧化铅一类的氧化剂并用，可使异戊橡胶那样的低不饱和性橡胶硫化。一般认为由该硫化剂被氧化生成的二亚硝基苯与橡胶反应而交联。还有酚醛树脂硫化剂也用于异戊橡胶硫化，一般认为它是以亚甲醌结构与橡胶硫化的。此外，尚有用于丙烯酸橡胶那样的特种橡胶的胺类硫化剂(如碳酸己二胺等)。

11.2.2　胶乳制品

胶乳制品是以胶乳为原料进行加工生产的。其生产工艺大致与塑料糊的成型相似。但胶乳一般要加入各种添加剂，先经半硫化制成硫化胶乳，然后再用浸渍、压出或注模等与塑料糊成型相似的方法获得半成品，最后进行硫化得制品。所需设备较简单，但要加入各种添加剂，胶乳必须形成悬浮体系，添加剂不能与胶乳发生导致胶乳沉淀的化学或物理作用。其中浸渍成型法多用于生产医用手套、劳保手套、气球等制品；压出(挤出)成型法可用于制造胶丝、胶管等制品；注模成型法可用于制造球胆、防毒面具、玩具等制品。

用机械发泡法可制造座垫、床垫、枕芯等海绵制品，这种场合所用胶乳不需进行半硫化。

11.2.3　热塑性弹性体

热塑性弹性体(TPE)是指常温下具有橡胶弹性、高温下又能像热塑性塑料那样熔融流动的一类材料。这类材料的特点是无需硫化即具有高强度和高弹性，可采用热塑性塑料的加工工艺和设备成型，如注塑、挤出、模压、压延等。这类弹性体是60年代中期发展起来的新型橡胶材料，如SBS等。

11.3 化学纤维成型加工

11.3.1 纺丝方法

化学纤维的纺丝方法主要有熔融纺丝和溶液纺丝两大类。

1.熔融纺丝

凡能加热熔融或转变为粘流态而不发生显著分解的成纤聚合物,例如聚酯、聚酰胺、聚丙烯等,均可采用熔融纺丝法进行纺丝。

图 11-13 是熔融纺丝示意图。聚合物粒料在螺杆挤出机 2 中熔融后,被压至纺丝部位,经纺丝泵定量地送入纺丝组件中(纺丝组件是密闭的、具有热媒循环保温的整体),在纺丝组件中熔体经过过滤,然后从喷丝板的喷丝孔中压出而形成细流,从喷丝孔离开时,熔体温度在 220～300℃之间,依聚合物种类而定,继而在纺丝甬道 3 中被空气冷却而形成丝,接着收集成卷(长丝)或装桶(短丝)。涤纶短纤用的一个喷丝板通常有 1 120 个孔,孔径为 0.28mm。从喷丝板的孔出来的丝到纺成初生丝大致被拉细了几十倍。丝的直径约为 0.001mm。这样的初生丝还要经过一套后处理工序才成为最终产品。

2.溶液纺丝

溶液纺丝是指将聚合物制成溶液,经过喷丝板或帽挤出形成纺丝液细流,然后该细流经凝固浴凝固以形成丝条的纺丝方法。按凝固浴不同又分为湿法纺丝和干法纺丝。

湿法纺丝是指所用的凝固浴为水、溶剂或溶液等介质,即纺丝液细流的凝固是在液体介质中完成,如腈纶、粘胶。图 11-14 是湿法纺丝示意图。以粘胶纤维为例,其生产过程是:粘胶→纺丝泵→烛形过滤器→鹅头管(曲形管)→喷丝头→凝固浴→导杆→导丝辊→卷筒。由于粘胶纺丝过程包括碱性介质中的纤维素磺酸酯再生为纤维素等的化学变化及凝固脱水等物理化学变化,所以纺丝所用的凝固浴,一般由水、硫酸、硫酸锌、硫酸钠和少量表面活性剂组成。

干法纺丝是指凝固浴为热空气,从喷丝头出来的原液细流进入起干燥作用的环境中,原液细流所含溶剂被热空气加热,迅速挥发并被带走而凝固成丝。腈纶、维纶和氯纶可采用干法纺丝。

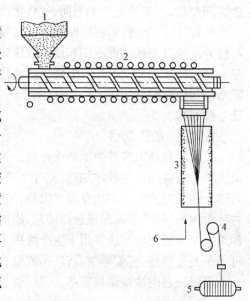

图 11-13 熔融纺丝示意图
1—料斗;2—螺杆挤出机;3—纺丝甬道;
4—导丝器;5—卷丝筒;6—空气入口

11.3.2 纺丝后加工

通过纺丝方法得到的初生纤维,分子排列不规整,纤维的结晶度低,取向度低,物理力学性能差,不能直接供纺织用,必须进行一系列的后加工,以提高性能,成为可用的产品。

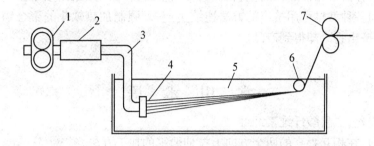

图 11-14　湿法纺丝示意图

1—纺丝泵;2—烛形过滤器;3—鹅颈管;4—喷丝头;

5—凝固浴;6—导杆;7—导丝辊

丝的品种、用途不同,后加工的工序也不同。

短纤维后加工包括:集束→拉伸→热定形→卷曲→切断→干燥→打包等工序。

长丝后加工包括:初捻→拉伸、加捻→后加捻→热定形→络丝等工序。

其他纤维像异形纤维、复合纤维、膨体纱、弹力丝等均有其相应的后加工方法。无论哪种纤维,在其后加工中拉伸和热定形是必不可少的。

拉伸的目的是使高分子链沿纤维轴取向排列,以增加分子链间作用力,从而提高纤维的强度。拉伸可以引发结晶,使结晶度增加,降低延伸度。拉伸要在 $T_g \sim T_m$ 的温度范围内进行,通过一组转动速度不同的牵伸辊施加牵伸力使纤维受到拉伸作用。

热定形的目的是消除纤维的内应力,提高纤维的尺寸稳定性,并进一步改善其物理力学性能,使拉伸和卷曲的效果固定下来。热定形的温度常在 $T_g \sim T_m$ 之间,并辅以适当的湿度、张力等。

小　结

1.合成纤维是通过迫使聚合物溶液或聚合物熔体通过喷丝头中的小孔而制成的。湿法纺丝是使挤出物从溶液中沉淀出来,而干法纺丝则是使溶剂蒸发而制得纤维。在熔体纺丝中,纤维是由熔融挤出物冷却而成的。对于成品纤维,必要的后加工是不可或缺的。

2.薄膜可以用聚合物溶液或熔融聚合物浇铸而成,也可以平挤的方法制得,但大多数薄膜是用空气吹塑的方法,将熔体管状挤出物吹胀,并经分切而成。

3.聚合物泡沫材料可用胶乳的机械起泡制得,也可利用气体发泡剂制备。对聚氨酯来讲,若用后一种方法,则可在现场进行生产,或在加工时加入发泡剂。

4.热固性塑料可以用模压的方法加工,即对模腔内的预聚物加热加压。注塑可适用于大多数塑性和热固性塑料,可成型结构复杂的单件制品。热塑性塑料通常采用快速自动的注塑工艺进行加工,即粒状聚合物在机筒内加热软化或塑炼,然后由往复式活塞或螺杆注入冷的闭合模中;模制品在模具开起时被脱出,然后重复进行这一过程。

5.空心制品(如塑料瓶)是在双接拼模具内用空气将加热软化的塑料管或型坯吹胀后冷却制成的。

6.像敞口容器或壳体那样的塑料制品,可用塑料板的热成型工艺制造。

7.管材和各种型材可用挤出的方法连续生产,即强制加热软化的聚合物经模头连续挤出,然后将挤出物冷却得到产品。

常 用 术 语

醋酸人造丝:二醋酸纤维素纤维。

双轴取向:在相互垂直的两个方向上拉伸薄膜的加工方法。

压延机:制造聚合物片材的机器,这种机器有两个以上相向转动辊子形成的辊隙。

浇铸:借助聚合物溶液蒸发来制造薄膜的方法。

共挤出薄膜:由二种和多种聚合物一同挤出制成的薄膜。

干法纺丝:强制聚合物溶液通过喷丝头的小孔,然后蒸发挤出物中的溶剂来生产合成纤维的方法。

电沉积:用电化学方法将高聚物薄膜或水分散体系沉积在金属表面的方法。

挤出:用螺杆强制热熔的聚合物连续地通过模头的加工方法。

原纤化作用:加热和拉伸经搓捻的薄膜带来生产纤维的方法。

长丝缠绕:一种加工方法。采用这种方法时,长丝被浸在预聚物中,然后缠绕在型芯上,接着固化。

浇口:模腔入口处流道的窄小部分。

熔体纺丝:生产纤维的一种方法,即强制聚合物熔体通过喷丝头小孔,然后空气冷却所产生的长丝而得到纤维。

模塑粉或模塑料:树脂和其他添加剂的预混物,用做模塑树脂。

无纺织物:用加热的热塑性塑料粘结纤维制成的片状材料。

塑溶胶:聚合物如聚氯乙烯在液体增塑剂中的分散体。

流道:注料口与模腔之间的通道。

过滤网组:一组金属网,用来防止外来杂质进入挤出机机头的组件。

比强度:以单位质量而不是以单位面积为基的强度。

喷丝头:具有许多大小均匀的微孔的金属板。

注料口:在注料嘴和流道之间的锥形孔。

结构泡沫塑料:具有臻密表面的泡沫聚合物制品。

单位细度的强力:纤维强度。

热成型:用热塑性塑料片材来制造壳体制品的成型方法。

粘胶法:通过纤维素黄原酸的钠盐在酸中沉淀来再生纤维素的一种方法。

湿法纺丝:用聚合物溶液细流在液体凝固浴中沉淀来生产纤维的方法。

习 题

1.概述挤出成型过程。

2.根据挤出机中塑料熔化过程,料筒温度的选择对物料的机械降解有何影响?

3.何为注射成型周期? 影响制品质量的因素有哪些?

4.概述挤 – 拉 – 吹工艺流程及其优点。

5.模压成型过程中热固性塑料温度对熔体粘度变化有何影响? 模压成型中预压和预热的作用是什么?

6.适合于层压成型的树脂及基材主要有哪些? 为什么在压制过程分阶段控温?

7.干胶制品及胶乳制品的生产工艺有哪些不同的特点? 简述橡胶硫化的原理。

8.合成纤维的纺丝方法主要有哪几种? 每种方法对成纤聚合物的适应性如何?

参 考 文 献

1　潘祖仁主编.高分子化学.北京:化学工业出版社,1998

2　林尚安等编著.高分子化学.北京:科学出版社,1984

3　潘祖仁,孙经武主编.高分子化学.北京:化学工业出版社,1980

4　大津隆行著.高分子合成化学.哈尔滨:黑龙江科学技术出版社,1982

5　何曼君等编著.高分子物理.上海:复旦大学出版社,1990

6　吴和融等编著.高分子物理学.上海:华东化工学院出版社,1990

7　塔德莫尔 Z,戈戈斯 GG.聚合物加工原理.耿孝正,闫琦,许澍华译.北京:化学工业出版社,1990

8　成都科技大学主编.塑料成型工艺学.北京:轻工业出版社,1983

9　段予忠编.常用塑料原料与加工助剂.北京:科技文献出版社,1991

10　宋焕成编.聚合物基复合材料.北京:国防工业出版社,1986

11　国家自然科学基金委员会编.高分子材料科学.北京:科学出版社,1994

12　大石不二夫著.高分子材料实用技术.顾雪蓉译.南京:江苏科学技术出版社,1985

13　张德庆.CF/PMR – 15 复合材料界面及性能研究.哈尔滨工业大学硕士研究生论文,1990

14　R·B·西摩著.聚合物化学导论.宋家琪译.北京:新时代出版社,1988

15　Piirma,Irja.Polym.Surfactants.NewYork:Marcel Dekker,1992

16　苏家齐编.塑料工业辞典.北京:化学工业出版社,1994

17　邓云祥等编著.高分子化学、物理和应用基础.北京:高等教育出版社,1997

18　李福绵,曾维孝.我国高分子合成化学的发展.高分子通报,1990(1):1～4 和(2):65～68

19　余学海,陆云编著.高分子化学.南京:南京大学出版社,1994

20　王善琦主编.高分子化学原理.北京:北京航天大学出版社,1993

21　冯新德.高分子化学进展——活性聚合.高分子通报,1990(2):76–80

22　施纳贝尔 W 著.聚合物降解原理及应用.陈用烈等译.北京:化学工业出版社,1988

23　李善君等编著.高分子光化学原理及应用.上海:复旦大学出版社,1993

24　刘凤岐等编著.高分子物理.北京:高等教育出版社,1995

25　高分子学会编.塑料加工原理及实用技术.吴培熙,夏巨敏译.北京:中国轻工业出版社,1991

26　张留成编著.高分子材料导论.北京:化学工业出版社,1993

附录一　常用高聚物英文缩写

根据 ISO/DR 1252；ASTM D1600 - 647

和 1418 - 67；DIN7723 和 7728；IUPAC；EEC

ABR	聚(丙烯酸酯/丁二烯)参见 AR	[ASTM]
ABS	聚(丙烯腈/丁二烯/苯乙烯)	[ASTM；DIN；ISO]
ACM	聚(丙烯酸酯/2 - 氯乙烯基醚)	[ASTM]
ACS	聚(丙烯腈/苯乙烯)与氯化聚乙烯共混物	
AFMU	聚(四氟乙烯/三氟亚硝基甲烷/亚硝基全氟丁酸)二亚硝基橡胶	[ASTM]
AMMA	聚(丙烯腈/甲基丙烯酸甲酯)	[DIN；ISO]
ANM	聚(丙烯腈/丙烯酸酯)	[ASTM]
AP	聚(乙烯/丙烯)参见 APK,EPM 和 EPR	
APK	聚(乙烯/丙烯)	
APT	聚(乙烯/丙烯/二烯烃)参见 EPDM,EPT 和 EPTR	
AR	丙烯酸酯弹性体,参见 ABR,ACM,ANM	
ASA	聚(丙烯腈/苯乙烯/丙烯酸酯)	[DIN]
ASE	烷基磺酸酯	[ISO]
AU	含聚酯段的聚氨酯弹性体	[ASTM]
BBP	苯二甲酸苄基丁基酯	[DIN；ISO]
BOA	己二酸苄基丁基酯	[ISO]
BR	聚丁二烯	[ASTM]
BT	聚 1 - 丁烯	
Butyl	聚(异丁烯/异戊二烯)	
CA	乙酸纤维素酯	[ASTM；DIN；ISO]
CAB	乙酸丁酸纤维素酯	[ASTM；DIN；ISO]
CAP	乙酰丙酸纤维素酯	[ASTM；DIN]
CAR	碳纤维	
CF	甲酚甲醛树脂	[DIN]
CFK	人造纤维增强塑料	
CFM	聚三氟氯乙烯,参见 PCTFE	[ASTM]
CHC	聚(环氧氯丙烷/环氧乙烷),参见 CHR,CO 和 ECO	
CHR	聚环氧氯丙烷,参见 CHC,CO 和 ECO	
CL	聚氯乙烯纤维	[EEC]
CM	氯化聚乙烯,参见 CPE	[ASTM]
CMC	羧甲基纤维素醚	[ASTM；DIN]
CN	硝酸纤维素酯,参见 NC	[ASTM；DIN]
CNR	羧基亚硝基橡胶,参见 AFMU	
CO	聚环氧氯丙烷＝聚氯甲基环氧乙烷,参见 CHC,CHR 和 ECO	[ASTM]
CP	丙酸纤维素酯	
CPE	氯化聚乙烯,参见 CM	

CPVC	氯化聚氯乙烯,见 PC,PeCe 和 PVCC	
CR	聚氯丁二烯	[ASTM;BS]
CS	蛋白质甲醛树脂	
CSM	氯磺化聚乙烯,见 CSPR,CSR	[ASTM]
CSPR	氯磺化聚乙烯,见 CSM,CSR	[BS]
CSR	氯磺化聚乙烯	
CTA	三乙酸纤维素酯	
DABCO	三亚乙基二胺	
DAP	苯二甲酸二烯丙酯,见 FDAP	[ASTM;DIN]
DBP	苯二甲酸二丁酯	[DIN;ISO;IUPAC]
DCP	苯二甲酸二辛酯	[DIN;ISO;IUPAC]
DDP	苯二甲酸二癸酯	
DEP	苯二甲酸二乙酯	[ISO]
DHP	苯二甲酸二庚酯	[ISO]
DHXP	苯二甲酸二己酯	[ISO]
DIBP	苯二甲酸二异丁酯	[DIN;ISO]
DIDA	己二酸二异癸酯	[DIN;ISO,IUPAC]
DIDP	苯二甲酸二异癸酯	[DIN;ISO;IUPAC]
DINA	己二酸二异壬酯	[DIN;ISO]
DIOA	己二酸二异辛酯	[DIN;ISO;IUPAC]
DIOP	苯二甲酸二异辛酯	[DIN;ISO;IUPAC]
DIFP	苯二甲酸二异戊酯	
DITDP	苯二甲酸二异十三烷基酯,参见 DITP	[DIN;ISO]
DITP	苯二甲酸二异十三烷基酯,见 DITDP	[DIN]
DMF	二甲基甲酰胺	
DMP	苯二甲酸二甲酯	[ISO]
DMT	对苯二甲酸二甲酯	
DNP	苯二甲酸二壬酯	
DOA	己二酸二辛酯,己二酸二(2-乙基己)酯	[DIN;ISO;IUPAC]
DODP	苯二甲酸二辛癸酯,见 ODP	[ISO]
DOP	苯二甲酸酯二辛酸,苯二甲酸二(2-乙基己)酯	[DIN;ISO;IUPAC]
DOS	癸二酸二辛酯,癸二酸二(2-乙基己)酯	[DIN;ISO;IUPAC]
DOTP	对苯二甲酸二辛酸,对苯二甲酸二(2-乙基己)酯	[DIN;ISO]
DOZ	壬二酸二辛酯,壬二酸二(2-乙基己)酯	[DIN;ISO;IUPAC]
DPCF	磷酸二苯基甲苯基酯	[ISO]
DPOF	磷酸二苯基辛酯	
DUP	苯二甲酸二(十一基)酯	
EA	聚氨酯纤维	
EC	乙基纤维素醚	[DIN]
ECB	乙烯共聚物和沥青共混物	
ECO	聚环氧氯丙烷,见 CHC,CHR 和 CO	[ASTM]

EEA	聚(乙烯/丙烯基乙酯)	[ISO]
ELO	环氧化亚麻仁油	
EP	环氧树脂	
EPDM	聚(乙烯/丙烯/二烯烃),参见 APT,EPT 和 EPTR	
EP－G－G	环氧树脂玻纤织物预浸料	
EP－K－L	环氧树脂碳纤织物预浸料	
EPM	聚(乙烯/丙烯),参见 AP,APK 和 EPR	[ASTM;ISO]
EPR	聚(乙烯/丙烯),见 AP,APK 和 EPM	[BS]
EPS	聚苯乙烯泡沫体	
EPT	聚(乙烯/丙烯/二烯烃),见 APT,EPDM 和 EPTR	
EPTR	聚(乙烯/丙烯/二烯烃),见 APT,EPDM 和 EPT	[BS]
E－PVC	乳液聚氯乙烯	
E－SRR	乳液丁苯胶乳	
ESO	环氧化大豆油	[DIN;ISO]
ETFE	聚(乙烯/四氟乙烯)	
EU	聚醚型聚氨酯弹性体	[ASTM]
EVA	聚(乙烯/乙酸乙烯)	[DIN;ISO]
EVAC	聚(乙烯/乙酸乙烯)弹性体	
FDAP	苯二甲酸二烯丙酯,见 DAP 含氟弹性体	
FEP	聚(四氟乙烯/六氟丙烯),见 PFEP	[DIN;ISO]
FPM	聚(偏氟乙烯/六氟丙烯)	[ASTM]
FSI	氟硅橡胶	[ASTM]
GEP	玻璃纤维增强环氧树脂	
GF	玻璃纤维增强塑料,参见 GFK,RP	
GF－EP	玻璃纤维增强环氧树脂	
GFK	玻璃纤维增强塑料	
GF－PF	玻璃纤维增强酚醛树脂	
GF－UP	玻璃纤维增强不饱和聚酯树脂	
GR－I	美国丁基橡胶旧名	
GR－N	美国丁腈橡胶旧名	
GR－S	美国丁苯橡胶旧名	
GUP	玻璃纤维增强不饱和聚酯树脂	
GV	玻璃纤维增强热塑性塑料	
HDPE	高密度聚乙烯	
HMWPE	高分子量无支链聚乙烯	
HPC	羟丙基纤维素醚	
HR	聚(异丁烯/异戊二烯),见 butyl, PIB 和 GR－I	[ASTM]
IR	顺式 1,4 聚异戊二烯	[ASTM,BS]
KFK	碳纤维增强塑料	[DIN]
LDPE	低密度聚乙烯	
L－SBR	溶液聚合丁苯橡胶	

MA	改性丙烯腈纤维	
MBS	聚(甲基丙烯酸甲酯/丁二烯/苯乙烯)	
MC	甲基纤维素醚	
MDI	4,4-二苯基甲烷二异氰酸酯	
MDPE	中密度聚乙烯	
MF	三聚氰胺甲醛树脂	[ASTM;DIN;ISO]
MFK	金属纤维增强塑料	
MOD	改性丙烯腈纤维	
MP	三聚氰胺苯酚甲醛树脂	
M-PVC	本体聚合聚氯乙烯	
NBR	聚(丁二烯/丙烯腈)丁腈橡胶,见 PBAN	[ASRM]
NC	硝基纤维素酯,见 CN	
NCR	聚(丙烯腈/氯丁二烯)	[ASTM]
NDPE	低密度聚乙烯,见 LDPE	
NK	天然橡胶,见 NR	
NR	天然橡胶,见 NK	
ODP	苯二甲酸辛癸酯,见 DODP	[ISO]
OER	充油橡胶	
PA	聚酰胺	[ASTM;DIN;ISO]
PAA	聚丙烯酸	
PAC	聚丙烯腈,见 PAN,PC	[IUPAC]
PAN	聚丙烯腈,见 PAC,PC	
PB	聚 1-丁烯	[DIN]
PBAN	聚(丁二烯/丙烯腈)	
PBR	聚(丁二烯/吡啶)	[ASTM]
PBS	聚(丁二烯/苯乙烯)见 SBR	
PBT	聚 1-丁烯	
PBTP	聚对苯二甲酸丁二酯,见 PTMT	[DIN]
PC	1)聚碳酸酯	[ASTM;DIN;ISO]
	2)聚丙烯腈	[PAC,PAN,EEC]
	3)从前为后氯聚氯乙烯	
PCF	聚三氟氯乙烯纤维	
PCTFE	聚三氟氯乙烯,见 CFM	[DIN]
PCU	聚氯乙烯	
PDAP	聚苯二甲酸二烯丙酯,见 DAP,FDAP	[DIN]
PE	1)聚乙烯	[ASTM;DIN;ISO]
	2)聚酯纤维	[EEC]
PEC	氯化聚乙烯,见 CPE	[DIN]
PeCe	氯化聚氯乙烯,见 CPV,PC,PVCC	
PEO	聚乙二醇,见 PIOX	
PEOX	聚乙二醇,见 PIO	

PES	1)聚酯纤维	
	2)聚醚砜	
PET	聚对苯二甲酸乙二(醇)酯,见 PETP	
PETP	聚对苯二甲酸乙二(醇)酯,见 PET	[ASTM;DIN;ISO]
PI	反式 1,4 – 聚异戊二烯	[BS]
PIB	聚异丁烯	[BS;DIN]
PIBI	聚(异丁烯/异戊二烯)丁基橡胶,见 butyl,HR	
PIP	顺式 1,4 – 聚异戊二烯	
PL	聚乙烯	[EEC]
PMCA	聚 α – 氯甲基丙烯酸甲酯	
PMI	聚甲基丙烯酸亚胺	
PMMA	聚甲基丙烯酸甲酯	[ASTM;DIN;ISO]
PMP	聚 4 – 甲基 – 1 – 戊烯	[DIN]
PO	1)聚环氧丙烷	[ASTM]
	2)聚烯烃	
	3)酚氧树脂	
POM	聚甲醛树脂	[DIN;ISO]
POR	聚(环氧丙烷/缩戊甘油烯丙基醚)	
PP	聚丙烯	[ASTM;DIN;ISO]
PPO	聚苯醚	
PPSU	聚苯砜,见 PSU	[ISO]
PS	聚苯乙烯	
PSAN	聚(苯乙烯/丙烯腈),见 SAN	[DIN]
PSAB	聚(苯乙烯/丁二烯腈),见 SB	[DIN]
PSI	聚甲基苯基硅氧烷	[ASTM]
PST	聚苯乙烯纤维	
PS – TSG	聚苯乙烯注塑模制泡沫	
PSU	聚苯砜,见 PPSU	
PTF	聚四氟乙烯纤维	
PTFE	聚四氟乙烯	[ASTM;DIN;ISO]
PTMT	聚对苯二甲酸丁二(醇)酯,见 PBTP	
PU	聚氨酯	[BS]
PUA	聚脲纤维	
PUE	聚氨酯纤维	
PUR	聚氨酯	[DIN;ISO]
PVA	1)聚乙酸乙烯酯,见 PVAC	
	2)聚乙烯醇,见 PVAL	
	3)聚乙烯醚	
PVAC	聚乙酸乙烯酯	[ASTM;DIN;ISO]
PVAL	聚乙烯醇	[ASTM;DIN;ISO]
PVB	聚乙烯醇缩丁醛	[ASTM;DIN]

PVC	聚氯乙烯	[ASTM;DIN;ISO]
PVC	聚乙烯基咔唑	[DIN;ISO]
PVCA	聚(氯乙烯/乙酸乙烯酯),见 PVCAC	[DIN]
PVCC	过氯乙烯,见 CPVC,PC,PeCe,	[DIN]
PVDC	聚偏氯乙烯	[DIN;ISO]
PVDF	聚偏氟乙烯,见 PVF$_2$	[DIN;ISO]
PVF	聚氟乙烯	
PVF$_2$	聚偏氟乙烯,见 PVDF	
PVFM	聚乙烯醇缩甲醛,见 PVFO	[DIN;ISO]
PVFO	聚乙烯醇缩甲醛,见 PVFM	[DIN]
PVID	聚偏氰乙烯	
PVM	聚氯乙烯/甲基乙烯醚)	
PVP	聚乙烯基吡咯烷酮	
PVSI	含苯基和乙烯基聚(二甲基硅氧烷)	[ASTM]
PY	不饱和聚酯树脂	[BS]
RF	间苯二酚甲醛脂树	
SAN	聚(苯乙烯/丙烯腈),见 PSAN	[DIN;ISO]
SB	高冲击聚苯乙烯	[DIN;ISO]
SBR	聚(苯乙烯/丁二烯)丁苯橡胶	[ASTM;BS]
SCR	聚(苯乙烯/氯丁二烯)	[ASTM]
SI	1)聚硅氧烷	
	2)聚二甲基硅氧烷	[ASTM]
SIR	1)硅橡胶	
	2)聚(苯乙烯/异戊二烯)	[ASTM]
SMR	标准马来西亚橡胶	
SMS	标准马烯/α-甲基苯乙烯	[DIN;ISO]
S-PVC	悬浮聚合聚氯乙烯	
TC	工业级天然橡胶	
TCEF	磷酸三氯乙酯	[ISO]
TCF	磷酸三甲酚酯,见 TCP,TKP,TTP	[DIN;ISO]
TDI	甲苯二异氰酸酯	
TIOTM	偏苯三酸三异辛酯	[DIN;ISO]
TKP	磷酸三甲酚酯,见 TCF,TCP,TTP	
TOF	磷酸三辛酯,磷酸三(2-乙基己酯)	
TOP	磷酸三辛酯,磷酸三(2-乙基己酯),见 TOF	[IUPAC]
TOPM	均苯四酸四辛酯	[DIN;ISO]
TOTM	偏苯三酸三辛酯	[DIN;ISO]
TPA	反式 1,5-聚异戊烯,见 TPR	
TPF	磷酸三苯酯,见 TPP	[DIN;ISO]
TPP	磷酸三苯酯,见 TPE	[IUPAC]
TPR	1)反式 1,5-聚异戊烯,见 TPE	

2)热塑性弹性体,见 TR

TTP	磷酸三甲酚酯,见 TCF,TCP,TKP	
UE	聚氨酯弹性体	[ASTM]
UF	脲甲醛树脂	[ASTM;DIN;ISO]
UHMWPE	超高分子量聚乙烯	
UP	不饱和聚酯	[DIN]
UP－G－G	不饱和聚酯和玻璃纤维织物预浸物	
UP－G－M	不饱和聚酯和玻璃纤维毡预浸物	
UP－G－R	不饱和聚酯和玻璃纤维束预浸物	
UR	聚氨酯弹性物	[BS]
VA	乙酸乙烯酯	
VAC	乙酸乙烯酯	
VC	氯乙烯,见 VCM	
VC/E	聚(乙烯/氯乙烯)	
VC/E/MA	聚(乙烯/氯乙烯/顺丁烯二酸酐)	
VC/EV/AC	聚(乙烯/氯乙烯/乙酸乙烯酯)	
VCM	氯乙烯,见 VC	
VC/MA	聚(氯乙烯/顺丁烯二酸酐)	
VC/OA	聚(氯乙烯/偏氯乙烯)	
VC/VDC	聚(氯乙烯/偏氯乙烯)	
VPF	交联聚乙烯	
VSI	乙烯基聚二甲基硅氧烷	[ASTM]
WM	增塑剂	

附录二　部分常用高分子材料测试标准题录

一、一般

GB 1403－86	酚醛模塑料命名
GB 1603－79	环氧树脂分类、型号、命名
GB 1631－79	离子交换树脂分类、命名及型号
GB 1844－80	塑料及树脂缩写代号
GB 1845－80	聚乙烯树脂分类、型号和命名
GB 2035－80	塑料术语及其定义
GB 2546－81	聚丙烯及丙烯共聚物材料命名
GB 2547－81	塑料树脂取样方法
GB 2919－82	聚碳酸酯材料使名
GB 2943－82	胶粘剂术语及其定义
GB 2944－82	胶粘剂产品包装、标志、运输和贮存的规定
GB 3402－82	氯乙烯均聚和共聚树脂命名
GB 3403－82	氨基模塑料命名
GB 3961－83	纤维增强塑料术语及其定义

GB 4217 – 84	热塑性塑料管材的公称外径和公称压力(公制系列)
GB 4867 – 85	职业性急性有机氟聚合物单体和热裂解物中毒诊断标准及处理原则
GB 5471 – 85	热固性模塑料压塑试样制备方法
GB 5477 – 85	聚四氟乙烯材料命名
GB 5479 – 85	塑料对应术语
GB 6594 – 86	聚苯乙烯模塑和挤出料命名
GB 2 – 1122 – 77	热塑性塑料试样注射制备方法

二、产品标准

GB 1404 – 86	酚醛模塑料
GB 2920 – 82	熔融法聚碳酸酯树脂
GB 3024 – 82	溶剂型硬聚氯乙烯塑料胶粘剂
GB 3025 – 82	酮醛聚氨酯胶粘剂
GB 3026 – 82	HY – 919 环氧型硬聚氯乙烯塑料胶粘剂
GB 4316 – 84	固体古马隆 – 茚树脂
GB 5761 – 86	悬浮法聚氯乙烯树脂
GB 7126 – 86	鞋用氯丁橡胶胶粘剂
GB 7136 – 86	通用型模压用聚四氟乙烯树脂
HG 2 – 231 – 65	松香改性酚醛树脂
HG 2 – 234 – 67	聚四氟乙烯树脂(分散法)
HG 2 – 234 – 78	聚甲氟乙烯树脂(悬浮法)
HG 2 – 299 – 80	聚苯乙烯树脂(本体法)
HG 2 – 344 – 66	过氯乙烯树脂(涂料用)(试行)
HG 2 – 254 – 66	聚酰胺树脂 XAZ – 06(仿苏 68#)
HG 2 – 355 – 66	聚酰胺树脂 XAZ – G66(仿苏 54#)
HG 2 – 531 – 67	氟塑料 – 46
HG 2 – 741 – 72	E 型环氧树脂(E – 51.E – 44,E – 42,E – 20,E – 12(试行)
HG 2 – 775 – 74	聚氯乙烯树脂(悬浮法)
HG 2 – 868 – 76	聚酰胺 6 树脂
HG 2 – 869 – 76	聚酰胺 1010 树脂(1981 年确认)
HG 2 – 883 – 76	聚氯乙烯树脂(乳液法)(试行)
HG 2 – 885 – 76	001 × 7 强酸性苯乙烯系阳离子交换树脂(试行)
HG 2 – 886 – 76	201 × 7 强碱性季胺 1 型阴离子交换树脂
HG 2 – 887 – 76	氨基塑料粉
HG 2 – 888 – 76	高密度聚乙烯树脂(试行)
HG 2 – 1015 – 77	聚苯乙烯树脂(悬浮液)
HG 2 – 1398 – 81	低密度聚乙烯树脂
HG 2 – 1490 – 83	201 甲基硅油
HG 2 – 1491 – 83	295 硅油
HG 2 – 1492 – 83	275 超高真空扩散泵硅油
HG 2 – 1493 – 83	110 甲基乙烯基硅橡胶
HG 2 – 1494 – 83	室温硫化甲基硅橡胶

三、检验方法标准

1. 机械性能

GB 1039 - 79	塑料力学性能试验方法总则
GB 1040 - 79	塑料拉伸试验方法
GB 1041 - 79	塑料压缩试验方法
GB 1042 - 79	塑料弯曲试验方法
GB 1043 - 79	塑料简支梁冲击试验方法
GB 1843 - 80	塑料悬臂梁冲击试验方法
GB 2411 - 80	塑料邵氏硬度试验方法
GB 3398 - 82	塑料球压痕硬度试验方法
GB 3960 - 83	塑料滑动摩擦磨损试验方法
GB 4726 - 84	树脂浇铸体扭转试验方法
GB 5470 - 85	塑料冲击脆化温度试验方法
GB 5478 - 85	塑料滚动磨损试验方法
HG 2 - 149 - 65	塑料拉伸弹性模量试验方法
HG 2 - 151 - 65	塑料粘接材料剪切强度试验方法
HG 2 - 161 - 65	塑料低温对折试验方法
HG 2 - 162 - 65	塑料低温冲击压缩试验方法
HG 2 - 163 - 65	塑料薄膜低温伸长试验方法(1982 年确认)
HG 2 - 167 - 65	塑料撕裂强度试验方法
HG 2 - 168 - 65	布氏硬度测定法
HG 2 - 298 - 66	斯考特曲挠试验方法
HG 2 - 2164 - 62	塑料检验方法,抗劈强度测定法(执行)

2. 物理、化学性能

GB 1034 - 86	塑料密度和相对密度试验方法
GB 1034 - 86	塑料吸水性试验方法
GB 1035 - 70	塑料耐热性(马丁)试验方法
GB 1036 - 70	线膨胀系数试验方法
GB 1037 - 70	塑料透湿性试验方法
GB 1038 - 70	塑料薄膜透气性试验方法
GB 1408 - 78	固体电工绝缘材料工频击穿电压、击穿强度和耐电压试验方法
GB 1409 - 78	固体电工绝缘材料在工频、音频、高频下相对介电系数和介电损耗角正切试验方法
GB 1410 - 78	固体电工绝缘材料绝缘电阻、体积电阻系数和表面电阻系数试验方法
GB 1411 - 78	固体电工绝缘材料高压小电流间歇耐电弧试验方法
GB 1632 - 79	合成树脂常温稀溶液粘度试验方法
GB 1633 - 79	热塑性塑料软化点(维卡)试验方法
GB 1634 - 79	塑料弯曲负载热变形温度(简称热变形温度)试验方法
GB 1635 - 79	塑料树脂灰分测定方法
GB 1636 - 79	模塑料表观密度测定方法
GB 1841 - 80	聚烯烃树脂烯溶液粘度试验方法
GB 1846 - 80	聚氯醚树脂稀溶液粘度试验方法

GB 1847 – 80	聚甲醛树脂稀溶液粘度试验方法
GB 2409 – 80	塑料黄色指数试验方法
GB 2410 – 80	透明塑料透光率及雾度试验方法
GB 2412 – 80	聚丙烯等规指数测试方法
GB 2895 – 82	不饱和聚酯树脂酸值的测定
GB 2896 – 82	聚苯乙烯树脂中甲醇可溶物的测定
GB 2913 – 82	塑料白度试验方法
GB 2914 – 82	聚氯乙烯树脂挥发物(包括水)测定方法
GB 2915 – 82	聚氯乙烯树脂水萃取液电导率测定方法
GB 2916 – 82	聚氯乙烯树脂干筛试验方法
GB 2917 – 82	聚氯乙烯热稳定性测试方法,刚果红法和 pH 法
GB 3399 – 82	塑料导热系数试验方法护热平板法
GB 3400 – 82	通用型聚氯乙烯树脂增塑剂通用吸收量的测定
GB 3401 – 82	聚氯乙烯树脂稀溶液粘数的测定
GB 3682 – 83	热塑性塑料熔体流动速率试验方法
GB 4207 – 84	固体绝缘材料在潮湿条件下相比漏电起痕指数和耐漏电起痕指数的测定方法
GB 4317 – 84	固体古马隆 – 茚树脂外观颜色测定方法
GB 4318 – 84	固体古马隆 – 茚树脂酸碱度测定方法
GB 4608 – 84	部分结晶聚合物熔点试验方法,光学法
GB 4611 – 84	悬浮法聚氯乙稀树脂"鱼眼"测试方法
GB 4612 – 84	环氧化合物环氧当量的测定
GB 4613 – 34	环氧树脂和缩水甘油酯无机氯的测定
GB 4614 – 84	用气相色谱法测定聚苯乙烯中残留的苯乙烯单体
GB 4615 – 84	聚氯乙烯树脂中残留氯乙烯单体含量测定方法
GB 4616 – 84	酚醛模塑料丙酮可溶物(未模塑态材料的表观树脂含量)的测定
GB 4617 – 84	酚醛模塑制品丙酮可溶物的测定
GB 4618 – 84	环氧树脂和有关材料易皂化氯的测定
GB 5472 – 85	热固性模塑料矩道流动固化性试验方法
GB 5473 – 85	酚醛模塑制品游离氨的检定
GB 5474 – 85	酚醛模塑制品游离氨和铵化合物的测定,比色法
GB 6595 – 86	聚丙烯树脂鱼眼测试方法
GB 6596 – 86	膜渗透压法测定聚苯乙烯标准样品的数均分子量
GB 6597 – 86	蒸汽压渗透法测定聚苯乙烯标准样品的数均分子量
GB 6598 – 86	小角激光光散射法测定聚苯乙烯标准样品的重均分子量
GB 6599 – 86	体积排斥色谱法测定聚苯乙烯标准样品的平均分子量及分子量分布
GB 7132 – 86	未增塑醋酸纤维素含水量的测定
GB 7133 – 86	未增塑醋酸纤维素水解醋酸值的测定
GB 7137 – 86	聚四氟乙烯树脂粒度试验方法
GB 7138 – 86	聚四氟乙烯树脂表观密试验试验方法
GB 7139 – 86	氯乙烯均聚物和共聚物中氯的测定
GB 7140 – 86	聚对苯二甲酸乙二醇酯粒料含水量的测定

HG 2 – 146 – 65	塑料耐油性试验方法
HG 2 – 158 – 65	塑料导热系数试验方法(稳态法)(1982 年确认)
HG 2 – 1280 – 80	悬浮法聚氯乙烯树脂热稳定性测试方法(氯化氢水吸收法)
HGB 2124 – 61	塑料检验方法,透水测定法(试行)
HGB 2163 – 62	塑料检验方法,耐电压强度测定法(试行)

3. 燃烧性能

GB 2406 – 80	塑料燃烧性能试验方法,氧指数法
GB 2407 – 80	塑料燃烧性能试验方法,炽热棒法
GB 2408 – 80	塑料燃烧性能试验方法,水平燃烧法
GB 4609 – 84	塑料燃烧性能试验方法,垂直燃烧法
GB 4610 – 84	塑料燃烧性能试验方法,点着温度的测定

4. 抗老化、抗化学及抗环境性能

GB 1842 – 80	聚乙烯环境应力开裂试验方法
GB 2918 – 82	塑料试样状态调节和试验的标准环境
GB 3681 – 83	塑料自然气候曝露试验方法
GB 7141 – 86	塑料热空气老化试验方法 9 热老化箱法)通则
GB 7142 – 86	塑料长期受热作用后的时间 – 温度极限的测定

5. 卫生标准

GB 3560 – 85	食品包装用聚丙烯树脂卫生标准的分析方法
GB 4803 – 84	食品包装用聚氯乙烯树脂卫生标准
GB 5009.58 – 85	聚乙烯树脂卫生标准的分析方法
GB 5009.59 – 85	聚苯乙烯树脂卫生标准的分析方法
GB 5009.60 – 85	聚乙烯、聚苯乙烯、聚丙烯成型品卫生标准的分析方法
GB 5009.61 – 85	三聚氰胺成型品卫生标准的分析方法
GB 5009.67 – 85	食品包装用聚氯乙烯树脂成型品卫生标准的分析方法

6. 原料分析

GB 3391 – 82	聚合级乙烯中烃类杂质的测定,气相色谱法
GB 3392 – 82	聚合级丙烯中烃类杂质的测定,气相色谱法
GB 3393 – 82	聚合级乙烯、丙烯中微量氢的测定,气相色谱法
GB 3394 – 82	聚合级乙烯、丙烯中一氧化碳、二氧化碳的测定气相色谱法
GB 3395 – 82	聚合级乙烯中微量乙炔的测定,气相色谱法
GB 3396 – 82	聚合级乙烯、丙烯中微量氧的测定,原电池法
GB 3397 – 82	聚合级乙烯、丙烯中微量硫的测定,微库仑法
GB 3727 – 83	聚合级乙烯、丙烯中微量水的测定,卡尔费休法

7. 泡沫塑料

GB 6342 – 86	泡沫塑料和橡胶,线性尺寸的测定
GB 6343 – 86	泡沫塑料和橡胶,表观密度的测定
GB 6344 – 86	软质泡沫聚合物,拉伸强度和断裂伸长率的测定
GB 6669 – 86	软质泡沫聚合材料压缩永久变形的测定
GB 6670 – 86	软质泡沫塑料回弹性能的测定
SG 390 – 86	硬质泡沫塑料水蒸汽透过量试验方法

8. 增强塑料

GB 1446 – 83　　　　纤维增强塑料性能试验方法总则

GB 1447 – 83　　　　玻璃纤维增强塑料拉伸性能试验方法

GB 1448 – 83　　　　玻璃纤维增强塑料压缩性能试验方法

GB 1449 – 83　　　　玻璃纤维增强塑料弯曲性能试验方法

GB 1450.1 – 83　　　玻璃纤维增强塑料层间剪切强度试验方法

GB 1450.2 – 83　　　玻璃纤维增强塑料冲压式剪切强度试验方法

GB 1451 – 83　　　　玻璃纤维增强塑料简支梁式冲击韧性试验方法

GB 1462 – 78　　　　玻璃钢吸水性试验方法

GB 1463 – 78　　　　玻璃钢相对密度试验方法

GB 3139 – 82　　　　玻璃钢导热系数试验方法

GB 3140 – 82　　　　玻璃钢平均比热试验方法

GB 3354 – 82　　　　定向纤维增强塑料拉伸性能试验方法

GB 3355 – 82　　　　纤维增强塑料纵横剪切试验方法

GB 3356 – 82　　　　单向纤维增强塑料弯曲性能试验方法

GB 3357 – 82　　　　单向纤维增强塑料层间剪切强度试验方法

GB 3365 – 82　　　　碳纤维增强塑料孔隙含量检验方法(显微镜法)

GB 3366 – 82　　　　碳纤维增强塑料纤维体积含量检验方法(显微镜法)

GB 3854 – 83　　　　纤维增强塑料巴氏(巴柯尔)硬度试验方法

GB 3855 – 83　　　　碳纤维增强塑料树脂含量试验方法

GB 3856 – 83　　　　单向纤维增强塑料平板压缩试验方法

GB 3857 – 83　　　　不饱和聚酯树脂玻璃纤维增强塑料耐化学药品性能试验方法

GB 4550 – 84　　　　试验用单向纤维增强塑料平板的制备

GB 4944 – 85　　　　玻璃纤维增强塑料层合板层间拉伸强度试验方法

GB 5258 – 85　　　　玻璃纤维增强塑料薄层板压缩性能试验方法

GB 5259 – 85　　　　预浸料凝胶时间试验方法

GB 5260 – 85　　　　预浸料树脂流动度试验方法

GB 5349 – 85　　　　纤维增强热固性塑料管轴向拉伸性能试验方法

GB 5350 – 85　　　　纤维增强热固性塑料管轴向压缩性能试验方法

GB 5351 – 85　　　　纤维增强热固性塑料管短时水压失效压力试验方法

GB 5352 – 85　　　　纤维增强热固性塑料管平行板外载性能试验方法

GB 6006 – 85　　　　玻璃纤维短切原丝毡片粘结剂在苯乙烯中溶解时间的测定

GB 6007 – 85　　　　玻璃纤维毡片单位面积质量的测定

GB 6011 – 85　　　　纤维增强塑料燃烧性能试验方法,炽热棒法

GB 6056 – 85　　　　预浸料挥发分含量试验方法

GB 6057 – 85　　　　预浸纱带拉伸强度试验方法

GB 6059 – 85　　　　玻璃纤维增强塑料板材和蜂窝夹层结构弯曲蠕变试验方法

9. 胶粘剂

GB 2790 – 81　　　　胶粘剂180°剥离强度测定方法(金属对金属)

GB 2791 – 81　　　　胶粘剂T剥离强度测定方法(金属对金属)

GB 2792 – 81　　　　压敏胶粘带180°剥离强度测定方法

GB 2793 – 81　　　　胶粘剂不挥发物含量测定方法

GB 2794 – 81	胶粘剂粘度测定方法(旋转粘度计法)
GB 3689 – 83	平型胶带屈挠剥离试验方法
GB 3690 – 83	平型胶带拉伸性能试验方法
GB 4850 – 84	压敏胶粘带低束解卷强度测试方法
GB 4851 – 84	压敏胶粘带持粘性测试方法
GB 4852 – 84	压敏胶粘带初粘性测试方法,斜面滚球法
GB 6628 – 86	胶粘剂剪切冲击强度试验方法
GB 6629 – 86	胶粘剂拉伸强度试验方法
GB 7122 – 86	胶粘剂剥离强度试验方法浮滚法
GB 7123 – 86	胶粘剂适用期的测定方法
GB 7124 – 86	胶粘剂拉伸剪切强度测定方法(金属对金属)
GB 7125 – 86	压敏胶粘带厚度测定方法涡流法
GB 4 – 1550 – 84	绝缘用胶粘带电腐蚀试验方法
GB 4 – 1551 – 84	压敏胶粘带耐燃性测试方法(悬挂法)

10. 离子交换树脂

GB 5475 – 85	离子交换树脂取样方法
GB 5476 – 86	离子交换树脂预处理方法
GB 5757 – 86	离子交换树脂含水量测定方法
GB 5758 – 85	离子交换树脂粒度分布测定方法
GB 5759 – 86	氢氧型阴离子交换树脂含水量测定方法
GB 5760 – 86	阴离子交换树脂交换容量测定方法

四、塑料模具标准

GB 2256 – 80	塑料夹具用六角头螺钉
GB 2257 – 80	塑料夹具用内六角螺钉
GB 2258 – 80	塑料夹具用柱塞
GB 4169.1 – 84	塑料注射模具零件、推杆
GB 4169.2 – 84	塑料注射模具零件、直导套
GB 4169.3 – 84	塑料注射模具零件、带头导柱
GB 4169.4 – 84	塑料注射模具零件、带头导柱
GB 4169.5 – 84	塑料注射模具零件、有肩导柱
GB 4169.6 – 84	塑料注射模具零件、垫块
GB 4169.7 – 84	塑料注射模具零件、推板
GB 4169.8 – 84	塑料注射模具零件、模板
GB 4169.9 – 84	塑料注射模具零件、限位钉
GB 4169.10 – 84	塑料注射模具零件、支承柱
GB 4169.11 – 84	塑料注射模具零件、圆锥定位
GB 4170 – 84	塑料注射模具技术条件
GB 6330 – 86	印刷胶辊

五、制品标准

1. 检验方法

GB 2951.10 – 82	电线电缆、聚氯乙烯绝缘热失重试验方法
GB 2951.11 – 82	电线电缆、聚氯乙烯护套热失重试验方法

GB 2951.31 – 83	电线电缆、聚氯乙烯绝缘抗开裂试验方法
GB 2951.32 – 83	电线电缆、聚氯乙烯护套抗开裂试验方法
GB 3048.3 – 83	电线电缆、半导电橡塑材料电阻率试验方法
GB 3903 – 83	皮鞋剥离强度试验方法
GB 3904 – 83	鞋类耐折试验方法
GB 3905 – 83	鞋类耐磨试验方法
GB 4218 – 84	化工用硬聚氯乙烯管材的腐蚀度试验方法
GB 4493 – 84	橡塑鞋微孔材料硬度试验方法
GB 4494 – 84	橡塑鞋微孔材料交联密度特征试验方法
GB 4495 – 84	橡塑鞋微孔材料压缩变形试验方法
GB 4496 – 84	橡塑鞋微孔材料视密度试验方法
GB 5130 – 85	电气绝缘层压板试验方法
GB 6111 – 85	长期恒定内压下热塑性塑料管材耐破坏时间的测定方法
GB 6112 – 85	热塑性塑料管材和管件冲击性能的测试方法(落锤法)
GB 6671 – 86	热塑性塑料管材纵向回缩率的测定
GB 6672 – 86	塑料薄膜和薄片厚度的测定,机械测量法
GB 6673 – 86	塑料薄膜与片材长度和宽度的测定
GB 6844 – 86	片基表面电阻测定方法
GB 6845 – 86	片基厚度测定方法
GB 6981 – 86	硬包装容器透温度试验方法
GB 6982 – 86	软包装容器透湿度试验方法
SC 110 – 83	合成纤维鱼网线试验方法
SC 111 – 83	硬质球形浮子试验方法
LY 219 – 80	塑料贴面板物理性能检验方法

2. 制品规格

GB 1302 – 77	3020、3021 酚醛层压纸板
GB 1303 – 77	3240 环氧酚醛层压玻璃布板
GB 1781 – 79	广播录音基准带(适用于聚酯薄膜为带基的广播录音磁带)
GB 2811 – 81	安全帽
GB 3010 – 82	船用耐冲击硬聚氯乙烯塑料管适用范围
GB 3011 – 82	船用耐冲击硬聚氯乙烯塑料管材
GB 3012 – 82	船用耐冲击硬聚氯乙烯塑料管件通用技术条件
GB 3013 – 82	船用耐冲击硬聚氯乙烯塑料平接头
GB 3014 – 82	船用耐冲击硬聚氯乙烯塑料异径平接头
GB 3015 – 82	船用耐冲击硬聚氯乙烯塑料直角弯头
GB 3016 – 82	船用耐冲击硬聚氯乙烯塑料 45°弯头
GB 3017 – 82	船用耐冲击硬聚氯乙烯塑料直角三通接头
GB 3018 – 82	船用耐冲击硬聚氯乙烯塑料直角异径三通接头
GB 3019 – 82	船用耐冲击硬聚氯乙烯塑料 45°三通接头
GB 3020 – 82	船用耐冲击硬聚氯乙烯塑料圆形法兰
GB 3021 – 82	船用耐冲击硬聚氯乙烯塑料圆形折边松套法兰
GB 3022 – 82	船用耐冲击硬聚氯乙烯塑料扁圆形焊接法兰

GB 3023 – 82	船用耐冲击硬聚氯乙烯塑料扁圆形粘接法兰
GB 3791 – 83	盒式录音磁带尺寸及机械特性
GB 3806 – 83	聚氯乙烯塑料凉鞋
GB 3807 – 83	聚氯乙烯微孔塑料拖鞋
GB 3830 – 83	软聚氯乙烯压延薄膜(片)
GB 4085 – 83	半硬质聚氯乙烯块状塑料地板
GB 4206 – 84	有机硅层压玻璃布板
GB 4219 – 84	化工用硬聚氯乙烯管材
GB 4220 – 84	化工用硬聚氯乙烯管件
GB 4454 – 84	硬聚氯乙烯板材
GB 4455 – 84	农业用聚乙烯吹塑薄膜
GB 4456 – 84	包装用聚乙烯吹塑薄膜
GB 4492 – 84	橡塑鞋
GB 4723 – 84	印刷电路用覆铅箔酚醛纸层压板
GB 4724 – 84	印刷电路用覆铜箔环氧纸层压板
GB 4725 – 84	印刷电路用覆铜箔环氧玻璃布层压板
GB 5023.1 – 85	额定电压 450/750V 及以下聚氯乙烯绝电缆(电线)一般规定
GB 5023.2 – 85	额定电压 450/750V 及以下聚氯乙烯绝电缆(电线)固定敷设用电缆(电线)
GB 5023.3 – 85	额定电压 450/750V 及以下聚氯乙烯绝缘电缆(电线),连接用软电缆(电线)
GB 5129.1 – 85	酚醛层压纸板
GB 5129.2 – 85	环氧层压纸板
GB 5129.3 – 85	酚醛层压布板
GB 5129.4 – 85	酚醛层压玻璃布板
GB 5129.5 – 85	环氧层压玻璃布板
GB 5131.1 – 85	酚醛层压纸管
GB 5131.2 – 85	环氧层压玻璃布管
GB 5346 – 85	高水箱提水虹吸式塑料配件
GB 5663 – 85	药用聚氯乙烯硬片
GB 5664 – 85	高密度聚乙烯单丝
GB 5736 – 85	农药用钙塑瓦楞箱
GB 5737 – 85	食品塑料周转箱
GB 5738 – 85	饮料塑料周转箱
GB 5739 – 85	啤酒塑料周转箱
GB 6668 – 86	聚氯乙烯针织布基发泡人造革
GB 6674 – 86	喷灌用低密度聚乙烯管材
GB 6848 – 86	电影胶片片卷片芯尺寸
GB 6980 – 86	钙塑瓦楞箱
GB 7134 – 86	浇铸型工业有机玻璃板材、棒材和管材
GB 7135 – 86	浇铸型珠光有机玻璃板材
HG 2 – 62 – 65	硬聚氯乙烯板材
HG 2 – 212 – 65	酚醛层压板

HG 2 – 246 – 65	聚酯薄膜
HG 2 – 243 – 76	工业有机玻璃
HG 2 – 534 – 67	聚四氟乙烯板
HG 2 – 535 – 67	聚四氟乙烯棒
HG 2 – 536 – 67	聚四氟乙烯管
HG 2 – 537 – 67	聚四氟乙烯薄膜
HG 2 – 538 – 67	聚四氟乙烯板、棒填料制品
HG 2 – 539 – 76	聚四氟乙烯零件
HG 2 – 821 – 75	珠光有机玻璃板材(试行)
HGB 2161 – 62	硬聚氯乙烯焊条
HGB 2162 – 62	硬聚氯乙烯薄片
SG 8 – 67	硬聚乙烯塑料鞋底
SG 22 – 73	电缆工业用软聚氯乙烯塑料
SG 75 – 73	软聚氯乙烯压延薄膜
SG 78 – 75	硬聚氯乙烯管材
SG 79 – 75	软聚氯乙烯管材
SG 80 – 75	聚乙烯管材
SG 81 – 84	软聚氯乙烯吹塑薄膜
SG 82 – 75	聚乙烯吹塑薄膜
SG 83 – 75	聚氯乙烯人造革
SG 86 – 78	硬聚氯乙烯板材
SG 170 – 84	注塑布鞋
SG 187 – 80	聚四氟乙烯薄膜
SG 188 – 80	聚四氟乙烯棒
SG 189 – 80	聚四氟乙烯管
SG 190 – 80	聚四氟乙烯板
SG 212 – 80	硬质聚氯乙烯泡沫板材(试行标准)
SG 213 – 80	聚丙烯编织袋
SG 214 – 80	混凝土轨枕用聚氯乙烯垫片
SG 224 – 81	高压聚乙烯重包装袋(膜)
SG 232 – 81	聚苯乙烯泡沫塑料板材
SG 233 – 81	聚苯乙烯泡沫塑料包装材料
SG 234 – 81	塑料打包带
SG 243 – 81	黑色低密度聚乙烯电缆护套料
SG 244 – 81	聚氯乙烯塑料泡沫凉鞋
SG 245 – 81	软质聚氯乙烯挤出板材
SG 246 – 81	聚丙烯管材
SG 252 – 81	软质聚氨酯泡沫塑料
SG 259 – 82	聚乙烯吹塑桶
SG 260 – 82	蓄电池用聚氯乙烯烧结微孔隔板
SG 268 – 82	X_4A_1 型胶粘压合机

SG 274 – 82	离心式塑料通风机
SG 275 – 82	离心式塑料泵
SG 276 – 82	塑料注射模模架零件
SG 281 – 83	聚丙烯捆扎绳
SG 311 – 83	软聚氯乙烯印花薄膜
SG 354 – 84	聚丙烯吹塑薄膜
SG 369 – 84	聚丙烯(LDPE)吹塑农用地面覆盖薄膜(试行)
SG 384 – 84	聚氯乙烯夹芯发泡组装凉鞋
SG 387 – 84	丙烯腈 – 丁二烯 – 苯乙烯(ABS)塑料挤出板
SG 389 – 84	注塑布鞋模具
SG 116 – 83	塑料鱼箱规格系列、技术及卫生要求
LY 218 – 80	塑料贴面板
JC 316 – 82	普通玻璃钢波形瓦
JC 317 – 82	玻璃钢撑竿
JC 341 – 82	聚四氟乙烯石棉盘根
JB 678 – 82	橡皮和塑料绝缘控制电缆
JB 1141 – 82	航空用聚四氟乙烯绝缘电线
JB 3172 – 82	3520 酚醛层压纸管
JB 3173 – 82	4220 氨基压塑料